ANGEWANDTE TIERZUCHT

AUF
RASSENBIOLOGISCHER GRUNDLAGE

VON

Dr. CARL HOLECEK-HOLLESCHOWITZ
PRIVAT-DOZENT FÜR BESONDERE TIERZUCHTLEHRE
AN DER HOCHSCHULE FÜR BODENKULTUR IN WIEN

MIT 107 ABBILDUNGEN IM TEXT

WIEN

VERLAG VON JULIUS SPRINGER

1939

ISBN-13: 978-3-7091-9575-8   e-ISBN-13: 978-3-7091-9822-3
DOI: 10.1007/978-3-7091-9822-3

HERRN HOFRAT PROFESSOR Dr. Dr. e. h.

LEOPOLD ADAMETZ

DEM NESTOR DER ZOOTECHNISCHEN
FORSCHUNG UND MEISTER DER

TIERZUCHTLEHRE

GEWIDMET

Vorwort.

Vorliegende Arbeit für die Gewinnung von Leitsätzen einer fortschrittlichen Züchtung unserer Haustiere hat als Grundlage eine Reihe von Untersuchungen und Erhebungen zootechnischen Inhalts. Unter der Zahl dieser Arbeiten nehmen jene der Wiener zootechnischen Schule eine Sonderstellung ein, weshalb sie in einem Maße berücksichtigt erscheinen, daß ihre Einzelergebnisse mehr in der Fassung eines Gesamtüberblickes ein Bild ergeben, welches für den praktischen Züchter bei richtiger Anwendung mehr Nutzen versprechen kann, als die bisher übliche Art der züchterischen Überlegungen. Die Führung der Entscheidungen in der angewandten Tierzucht steht heute noch zum großen Teil unter dem Einfluß von Umwelt, Ernährung und gewissen Haltungsweisen unserer Haustiere, daß meist die bisher erkannten Gesetzmäßigkeiten aus Rasse und Erbgut nicht in dem Maße berücksichtigt werden, als es ihrer Wichtigkeit entspricht oder in das züchterische Denken der Praktiker eingeordnet werden kann. Gewiß sind die erstgenannten Faktoren für die Züchtung unserer Haustiere ungemein wichtig, doch für die Erzielung gewisser Fortschritte bleiben sie in der Anwendung innerhalb gewisser Grenzen beschränkt. Für Überschreitung dieser Grenzen insbesondere in der Zuchtarbeit nach Leistung gibt es in der weiten Praxis gewisse Ausnahmsfälle, die wir dem Wirken einer besonderen intuitiven züchterischen Arbeit zuschreiben und gewöhnlich als Züchtungskunst betrachten. Im Grunde beruht aber letztere auf nichts anderem, als auf der intuitiven Erfassung der Gesetze, welche die Beziehungen aus Rasse und Erbgut unserer Haustiere betreffen, seitens der Züchter. Bekanntlich läßt sich die intuitive Arbeit, somit auch die Züchtungskunst oder fortschrittliche Züchtungsarbeit nicht lehren bzw. weitergeben. Immerhin kann ich nach den Erfahrungen meiner Zuchtarbeit und der Geschäftsführung eines Zuchtverbandes behaupten, daß viele unserer Praktiker durch Vermittlung dieser Leitsätze, insbesondere durch Veranschaulichung der Wandlungsfähigkeit des Erbgutes innerhalb der bisherigen Erbgesetze für die Zucht unserer Haustiere, dem Gefühl einer intuitiven Arbeit und somit dem Wesen der Züchtungskunst näher kommen, wenn sie diese Erkenntnisse in den Rahmen ihrer Überlegungen aus der Haltung, Ernährung usw. richtig einfügen. Einen grundlegenden Baustein für diesen Weg bildet aber eine möglichst vollständige Rassenkenntnis unserer Haustiere auf Grundlage einer natürlichen und in der Folge auf einer züchterischen Entwicklung. Deshalb wurde hier den entsprechenden Rassenübersichten mehr Raum gegeben; trotzdem ließ ich mich von dem Bestreben leiten, diese in einer möglichst kurzen Fassung zu geben, um einen Überblick aus den Ergebnissen der rassebiologischen Arbeiten nicht zu verlieren. Es sind meist nur die für den Praktiker wichtigen Daten über die Rassen unserer Haustiere gegeben, wobei die Leistungsgrößen eine besondere Berücksichtigung erfuhren. Vielfach werden von einzelnen Rassen, namentlich bei Rindern, höhere Leistungswerte aufscheinen, als der gesamte Bestandesdurchschnitt einer Rasse gibt. Es ist dies mit Absicht geschehen, da die Leistungswerte mehr auf den Mitteilungen eines Durchschnittes fortschrittlicher Zuchten beruhen, damit auch der breiten Masse der bäuerlichen Züchter die Unterschiede augenfälliger ins Bewußtsein dringen, daß die Steigerungsfähigkeit gewisser Leistungswerte bei unseren Haustieren noch eine ansehnliche ist.

Für die Anteilnahme und Hilfe am Zustandekommen dieses Buches will ich Herrn Hofrat Prof. Dr. Dr. e. h. L. ADAMETZ herzlich danken vor allem für seine Erlaubnis der Verwendung von Abbildungen aus seinem Lehrbuch für allgemeine Tierzucht. Ebenso danke ich Herrn Prof. Dr. K. KELLER von der Tierärztlichen Hochschule in Wien und schließlich meinem Freunde Dr. RICH. Graf FRONIUS, Chefassistent der Landwirtschaftlichen Hochschule in Cluj (Klausenburg) für die mir seinerzeit überlassenen Photos aus dem Rassenbestande Rumäniens; ferner dem Verleger für das Entgegenkommen und die erstklassige Ausstattung des Buches. Ich bin mir indessen bewußt, daß sich hier Berichtigungen in manchem als nötig erweisen werden, namentlich wo es sich um die Kenntnis und Kennzeichnung ausländischer Rassen und deren Entwicklungsvorgänge im züchterischen Sinne handelt, weshalb ich jeder Anregung nach dieser Richtung eine willfährige Aufnahme zusichere, um im nächsten Schriftsatz diese Arbeit dem Grad einer menschlichen Vollkommenheit näher zu bringen.

Wien, im Februar 1939.

C. Holecek.

Inhaltsverzeichnis.

Zweiter Abschnitt.
Die Hausrinder und ihre Zuchtentwicklung.

Dritter Abschnitt.
Die Hauspferde und ihre züchterische Entwicklung.

Vierter Abschnitt.
Das Hausschwein und seine Zuchtentwicklung.

Seite

Sechster Abschnitt.
Die Zuchtentwicklung der Ziege.

Anhang.

Verzeichnis der Abbildungen.

Die mit * bezeichneten Bilder sind aus dem Lehrbuch für allgemeine Tierzucht von L. ADAMETZ entnommen.

Einleitung.

Rasse und Erbgut unserer Haustiere umfassen für eine Veranschaulichung eine ungemein schwierige Begriffswelt, wenn sie in ihren Unterschieden bei den einzelnen Rassebeständen im züchterischen Sinne verfolgt werden soll. Besondere Fragenstellungen ergeben sich, wenn die Arbeitsweise des bäuerlichen Züchters in diesem Sinne ausgerichtet und richtig eingefügt werden muß, um den Zuchtfortschritt möglichst im weiten Kreise zu sichern. Vielfach werden die großen Richtlinien für die Züchtung unserer Haustiere heute mehr und mehr aus dem Beziehungsbereich des Bauern genommen, da hier viel größere Interessen der Gemeinschaft in den Vordergrund treten, deren Übersicht mehr von den übergeordneten Stellen der Züchtergemeinschaften zu erwarten ist. Es wird aus diesen Gründen begreiflich, daß für die Vorstellungswelt des arbeitenden Züchters diese Schwierigkeit häufiger auftritt, sodaß die Begriffe über Rasse und Erbgut unbeachtet bleiben. Es ist durchaus bequemer, nur auf Grund der äußeren Erscheinung seine Entschlüsse für die Zucht zu fassen, als die Ergebnisse aus gewissen Gesetzmäßigkeiten der Vererbung und der rasselichen Wertung für die angewandte Züchtung zu gebrauchen. In den meisten Fällen stehen auch überdies die Fragen der Ernährung und der Haltung des Haustierstandes für den Züchter so sehr im Vordergrund, daß die Wichtigkeit einer Zuchtentwicklung und ihrer Zusammenhänge mit dem rasselichen Werturteil und des Erbgutes zurücktreten. Wenn auch oft die Fütterung und die Art der Weidehaltung oder Stallhaltung in seiner Vielgestaltigkeit eine dringende Lösung im Sinne der Befriedigung dieser Bedürfnisse unserer Haustiere erheischt, darf die Einschätzung der Notwendigkeit eines Fortschrittes in den Leistungsfragen und damit meist auch der rasselichen Wertung nicht übersehen werden. Die Leistung, das Rassegut und sein erbliches Verhalten stehen bei den Haustieren in ihren Einzelelementen untereinander in wechselseitiger Beziehung, deren Wichtigkeit dem Praktiker noch viel zu wenig ins Bewußtsein gedrungen ist. Damit soll nicht gesagt sein, daß die richtige Fütterung und Haltungsweise weniger wichtig erscheint und aus der vorherrschenden Stellung im Zuchtbetrieb künftig weniger beachtet werden soll, sondern aus den zusätzlichen Erkenntnissen der Vererbung im Rahmen des Rassegutes nur die Erfolgsmöglichkeiten der Züchtung erweitert werden können. Mit der sogenannten Magenfrage allein und der so häufig überschätzten Umweltswirkung bleibt dem Streben nach dem Fortschritt in der Züchtung wohl eine engere Grenze gesetzt. Wir müssen allerdings auch zugeben, daß selbst in der Haustierernährung uns noch viele offene Probleme entgegentreten, die unbeantwortet bleiben und für die Züchtung durch ihre mehr oder weniger deutlichen Zusammenhänge beachtenswert sind. Auch für die Haltungsfragen gilt dies zum Teil. Die Gewinnung der nötigen Futtermittel in genügender Menge und Güte beeinflußt in der Anwendung viele Entschlüsse der Tierzüchter. Es weist aber besonders die ungemein feine Reaktionsweise des Tierkörpers im Ausdruck seiner Leistungswerte immer auf diese Zusammenhänge aus der Ernährung und Bodenständigkeit gewisser Rassetypen hin. In seinem ganzen Umfang können diese Einflüsse heute nicht als gelöst betrachtet werden, besonders wenn wir die Wirkungen aus Umwelt in ihren wechselnden Größen auf unsere Bestände verfolgen und sie in Beziehung zum Rassenbild oder einer Gesetzmäßigkeit seines Erbgutes stellen. Allerdings sind diese Beziehungen durch die Umwelteinflüsse zu sehr verborgen oder sie können in den Auswirkungen auf den Lebensablauf eines Haustieres und seiner Stellung in seiner Art oder Rassegemeinschaft so verschiedenartige Gestalt einnehmen, daß wir sie kaum mehr zu überblicken vermögen, wenn die Generationsfolgen sich über größere Zeitabschnitte erstrecken. Überdies deuten oft andere Vorkommnisse auf noch wenig bekannte Zusammenhänge im Leben unserer Haustiere hin, worunter die innere Sekretion und die Vitaminfrage in der Fütterung, die Abhängigkeit der Widerstandskraft gegen Schädigungen genannt sind, die in der Einzelerkenntnis wohl manch wesentliche Bereicherung erfuhren, im Zusammenspiel der Lebensfragen jedoch zu wenig Aufschlüsse vermitteln. Nach dieser Richtung weisen Zusammenhänge auch auf gewisse Entwicklungsvorgänge anderer Art hin, die aus ähnlichen Anlässen, wie Ernährungsverschiedenheiten, Gesetzmäßigkeiten der Vererbung, abgeleitet werden. Aus den Ergebnissen einiger biologischer Gesetzmäßigkeiten werden die Folgerungen aus Züchtungsvorgängen in bestimmten Fällen für die Menschheitsentwicklung in Anspruch genommen, die sozusagen als Konvergenzvorgänge für den Arzt oder Rassenhygieniker um so mehr Interesse gewinnen, als in den Erbfragen und ihrem Zusammenhang zu einer Gemeinschaft manche Klarstellung aufscheint oder ein Schluß in zweifelhaften Fällen eine größere Sicherheit zuläßt. Die biologischen Vorgänge vollziehen sich hier allerdings unter wesentlich anderen Voraussetzungen; immerhin ist es bemerkenswert, daß die Auswirkungen des Stadtklimas auf die Menschen oft eine ähnliche Verminderung der Widerstandskraft gegen Schädigungen erkennen lassen, wie wir es aus der einseitigen Stallhaltung für bestimmte Haustierrassen sehen (Tuberkulose, vermehrte Anfälligkeit für seuchenhaftes Verwerfen, Maul- und Klauenseuche usw.). Auch die Ernährungsumstellung und veränderte Lebensweise vieler Städter führt zu Schädigungen gesundheitlicher Art, die nur durch vermehrte ärztliche Fürsorge oder durch eine Betonung der sportlichen Betätigung ausgeglichen werden konnte. Augenscheinlicher werden diese Unterschiede, wenn die Geburtenziffern der Stadt- und Landbevölkerung in den letzten Jahrzehnten verglichen werden. Vielfach wurde auch in der Haustierzüchtung innerhalb gewisser Kulturrassen eine vermehrte veterinäre Fürsorge erforderlich, ferner die Notwendigkeit einer Änderung der Haltungsweise einseitiger Stallhaltung durch Einführung gelegentlichen Weideganges oder Errichtung von Ausläufen erkannt. Aus dem Weg dieser Tatsachen, die auf biologische Konvergenzvorgänge hinweisen, darf nicht vergessen werden, daß einige wesentliche Unterschiede zu betonen sind. Der menschliche Einfluß in der Züchtung der Haustiere ist viel ausschlaggebender auf die Entwicklung, da die Auslesewirkung ungemein gesteigert werden kann, während in Entwicklungsvorgängen aus dem Rahmen der menschlichen Bevölkerung von einer so tief auswirkenden Einflußnahme eigentlich nicht gesprochen werden kann. Wohl steht ein ähnlicher Weg dem Wirken des menschlichen Geistes und Willens offen, der in gewissem Maße gelenkt wird, wenn durch gesetzliche Vorkehrung Schädigungen rasselicher Verfallserscheinungen verhindert, bzw. auf das geringste Maß beschränkt werden können.

Rasse, Erbgut und Umwelt in Wechselbeziehung der Zuchtarbeit.

I. Die Begriffswelt der Rasse bei Haustieren.

A. Wesen der Rasse in Anwendung allgemeiner Zuchtgrundsätze.

Die klare Begriffsbestimmung für „Rasse" ist heute noch immer schwierig zu geben, besonders wenn sie für die Vorstellung des Züchters in einer allgemeingültigen Umschreibung gegeben werden soll. Deshalb dürften auch die bekannten englischen Fachleute, vor allem JONES und CREW, es vermieden haben, eine Umschreibung des Ausdruckes der Rasse für die Begriffswelt des Züchters zu geben. Eine Vorstellung nach dieser Richtung geben die Ausführungen ADAMETZ,[1] die besonders durch die verschiedene Wertung des Rassebegriffes nach Landrasse, Übergangsrasse und Zuchtrasse eine Begriffsvorstellung vermittelt. Eine wörtliche Fassung des Rassebegriffes selbst wird nicht gegeben, sondern auf eine solche von bekannten Forschern der Haustierzüchtung hingewiesen. Es fördert die Verständlichkeit der Begriffswelt der Rasse für ihre Fassung in einer allgemeingültigen Form, wenn die Begriffsbestimmungen über Rasse von SETTEGAST,[2] WILCKENS[3] und KRONACHER[4] gegenübergestellt werden können.

SETTEGAST, 1878. „Zu einer Rasse sind alle Individuen derselben Art zu zählen, welche sich von anderen durch charakteristische Merkmale unterscheiden und diese bewahren, solange die bedingenden Umstände nicht mächtig genug sind, die Charaktere zu verändern."

WILCKENS, 1878. „Unter Rassetier verstehe ich: ein an bestimmte örtliche Verhältnisse angepaßtes Tier, dessen Anpassung sich kundgibt: durch regelmäßige Arbeit der organischen Apparate und durch bestimmte (typische), in den Geschlechtsfolgen beständig wiederkehrenden Körperformen. Das Wort Rasse entspricht also im wesentlichen einem geographischen Begriff."

WILCKENS, o. J. „Mit dem Worte Rasse bezeichnen wir eine durch Anpassung an gleichartige Lebensbedingungen entstandene Gruppe von gleichförmigen oder ähnlich geformten Haustieren. Solange die Lebensbedingungen fortdauern, unter deren Einfluß eine Rassenform entstanden ist, solange bleibt — unter übrigens gleichen Umständen — diese Form beständig und sie vererbt sich durch die Paarung gleichartiger Tiere derselben Rasse."

---

[1] L. ADAMETZ: Lehrbuch für allgemeine Tierzucht. Wien: Julius Springer, 1926.

[2] H. SETTEGAST: Die Tierzucht; die Züchtungslehre, S. 60/61. Breslau: W. G. Korn, 1878.

[3] M. WILCKENS: Form und Leben der landwirtschaftlichen Haustiere, S. 779. Wien: W. Braumüller, 1878. — M. WILCKENS: Die naturgesetzlichen Grundlagen der landwirtschaftlichen Tierhaltung, S. 126. Goltz, Handbuch 1890.

[4] C. KRONACHER: Lehrbuch für allgemeine Tierzucht. III. Berlin: P. Parey, 1917.

KRONACHER, 1917. „Unter Rasse verstehen wir heute im allgemeinen eine Gruppe von Tieren derselben Art, die auf Grund ihrer Abstammung, bestimmter morphologischer und physiologischer Eigenschaften und ihres Gebrauchszweckes eine engere Zusammengehörigkeit aufweisen, durch ihre äußeren Merkmale, Art und Umfang ihrer Leistungen sowie Erzielung dieser Leistungen an die Lebensbedingungen gestellten Ansprüchen sich von anderen Tiergruppen der gleichen Art unterscheiden und unter gleichbleibenden umgebenden Verhältnissen durchschnittlich eine nach Aussehen und Leistungen gleiche oder ähnliche Nachkommenschaft liefern.“

Für die Vorstellung des praktischen Züchters möchte ich vorerst festhalten, daß es sich bei dem Ausdruck der „Rasse“ um einen Sammelbegriff handelt, der in seinem Wesen und seiner Beziehung nur auf eine Mehrzahl von bestimmten Individuen Gestalt erhält und ein Gemeinschaftsverhältnis ausdrückt. Das einzelne Individuum bzw. der Einzelvertreter unserer Haustiere kann eine Rasse nie selbst ausmachen, sondern im Wesen nur seine Erscheinung, also sein äußeres und inneres Eigenschaftsbild muß sich im selben Ausmaß und denselben Wertgrößen bei gleichgearteten Tieren ausprägen und in einer bestimmten Weise sich auf die Nachkommen übertragen. Es hat diese gleichgeartete Gemeinschaft von Haustieren eine erbliche Festigkeit nach seinem Eigenschaftsbild aufzuweisen, um in seinem Wesen als Rasse gelten zu können. Bei der erblichen Übertragung eines rasselichen Eigenschaftsbildes auf die Nachkommen ergeben sich gewöhnlich innerhalb gewisser Grenzen Schwankungen der Wertgrößen einzelner Eigenschaften oder des gesamten Eigenschaftsbildes, die wir mit dem Begriff der Variation verbinden. Diese Schwankungen, die sich in meist nur kleinen Unterschiedswerten einzelner Eigenschaften oder des Gesamtbildes ausdrücken, sind in Abänderungen gegeben, die sich meist aus Umwelteinflüssen ableiten; für gewöhnlich verschwinden diese Änderungen, wenn die Wirkungsweise der Umwelt sich auf ihre übliche Norm einstellt. Die Variationsgrößen überschreiten für gewöhnlich auch nicht gewisse Grenzwerte, welche innerhalb einer rasselichen Schwankungsbreite liegen. Auf die Nachkommenschaft vererben sich auch die Variationsunterschiede nicht, sondern wir stellen meist fest, daß die Nachkommenschaft im einzelnen Falle wieder eine gewisse Eignung oder Fähigkeit zu variieren, selbst aufweist. Diese Variationsformen einer Nachkommenschaft im Rahmen der Rassegemeinschaft gruppieren sich gewöhnlich in einer bestimmten Weise um eine sogenannte Norm des Eigenschaftsbildes, welches wir als den Mittelwert der Eigenschaftsgrößen auffassen oder als Erscheinung der Norm im Gesamtbild erklären können. Erweisen sich in der Züchtung solche Abänderungen der Eigenschaftswerte oder des Gesamtbildes innerhalb der Rassegemeinschaft als erblich, so sprechen wir von einer erblich gefestigten Variation oder kurzweg Mutation. Dem Begriff der Mutation kommt für die Züchtung zur Abänderung, Neubildung oder Neuzusammenstellung eines rasselichen Eigenschaftsbildes eine ganz große Bedeutung zu. Allein zur Bildung eines neuen Rassebildes bei unseren Haustieren reicht für gewöhnlich das bloße Auftreten einer Mutation nicht aus, es muß noch eine Reihe anderer Faktoren zusammenwirken, daß sie in einer Rassegemeinschaft sich erhält, bzw. zu einer neuen Rassegemeinschaft aufsteigen kann. Die Mutation im richtigen Zeitabschnitt auszulesen und in genügender Zahl auf eine Nachkommenschaft zu übertragen, gelingt nicht immer oder eigentlich nur in seltenen Fällen. Die größte Schwierigkeit liegt hier schon in der Erkenntnis der Mutation im Zeitpunkt des Auftretens, ferner in der Erfassung ihrer erblichen Wertgröße, die über ein sogenanntes Normbild oder den Mittelwert zu einer höheren Wertauffassung führt und in der Nachkommenschaft erblich gefestigt sich weiter erhält. Über die Ursachen und die Auslösung solcher Mutationen können wir so gut wie nichts aussagen. Auch über die Veranlassung solcher mutativer Abänderungen ist mit Sicherheit nichts zu verlauten, wenn wir die Ausnahme gewisser Kurzwellenwirkungen betrachten und von einer gewissen züchterischen Intuition absehen. Nach dem gegenwärtigen Stande des Wissens gilt indessen als erwiesen, daß weder durch Umwelteinflüsse noch es durch menschliches Wirken im üblichen Sinne Änderungen im Sinne von Mutationen zu erzielen möglich wird, sondern alle Abänderungen, die wir auf diese Weise erhalten, in den Begriff der Variation fallen. Für den Züchter bleibt es wesentlich, beide Begriffe und Wirkungen der Variation und besonders der Mutation zu erfassen sowie in ihrer Unterscheidung streng zu trennen. In diesem Zusammenhang ist aber zu betonen, daß in der angewandten Züchtung die Erfassung der beiden Begriffe und ihrer Erscheinungsformen nur auf verschiedenem Wege möglich ist. Die Mutation ist bei weitem schwieriger zu fassen, während wir für die Variationsgrößen- und Variationsarten Hilfsmittel besitzen, welche klar und eindeutig entweder ziffernmäßig oder meßtechnisch exakte Werte liefern, können wir bei der Mutation dies in den seltensten Fällen, weil der Nachweis und die Erkenntnis solcher bereits Schwierigkeiten offenbart, die wir nur durch Züchtungsversuche lösen können und erst in den Nachkommen faßbar werden. Die lange Zeitdauer solcher Züchtungsversuche, die Generationsablaufen unterworfen sind, ferner die mögliche Kombination verschiedenster Umweltswirkungen, die Basis der Unsicherheit einer Mutationserkenntnis überhaupt stellt oft praktisch unüberwindliche Hindernisse. Der praktische Züchter wird gezwungen, hier andere Wege einzuschlagen, die neben dem gefühlsmäßigen Erfassen von Mutationen über das Verhalten des Erbgutes eine Linie zu finden hat, die aus diesen Voraussetzungen noch eine Reihe lebenskundlicher Ergänzungen in bestimmter Weise zusammen führen kann, damit die neu auftretende Höherwertigkeit sich erhält. Aus den Beobachtungen vieler Neubildungen unserer Haustiere im Rahmen einer Entwicklungsreihe können wir behaupten, daß das Auftreten von Neubildungen auf züchterischer Grundlage nicht allein von einer Mutation abhängig ist, sondern über den schwierigen Weg ihrer Erkenntnis noch im Zusammentreffen einiger biologischer Besonderheiten liegt. Letztere liegen in der Auslese im richtigen Zeitpunkt in der erfolgreichen Übertragung auf eine gesunde Nachkommenschaft, in der richtigen Einordnung des rasselichen Gesamtbildes. Die Einordnung in einen gemeinschaftlichen Rahmen ist deshalb wichtig, weil sie nur in diesem Zusammenhang eine richtige harmonische Höherwertung verbürgt und seine Lebenskraft im Gemeinschaftsrahmen der Rasse auf die Dauer mit größerer Wahrscheinlichkeit bewährt. Aus diesem Wege der Entwicklung kann sich für unsere Haustierrassen meist der Schlüssel für weitere Aufartung oder biologische Höherwertigkeit ableiten lassen. Die Wege und Verfahren, die zur exakten Erfassung der Variation führen, sind für die angewandte Züchtung zwar oft umständlich und zeitraubend, für eine fortschrittliche Arbeit aber unentbehrlich. Die Variationswerte, wie Variationskoeffizient, Abweichung von Mittelwerten, ferner die Gruppierung der Abweichung um den Mittelwert als Ausdruck der Streuung, mittlerer Fehler, Korrelationsmaße (Beziehungsmaße) und schließlich verschiedener Indizes, stehen heute in ihren bestimmten Ausdrucksweisen fest. Das bezügliche Schrifttum[1,2] gibt darüber Aufschluß.

Für die Vorstellung des Rassebegriffes bei den Haustieren wird es für den Züchter von Vorteil sein, wenn man damit den Ausdruck findet, daß gewisse Voraussetzungen bei gleichgearteten Tieren zusammentreffen müssen. Diese

---

[1] C. Patow: Biometrik. Berlin: P. Parey, 1928.
[2] W. Johannsen: Elemente der exakten Erblichkeitslehre. Jena: G. Fischer, 1926.

Voraussetzungen bestehen in einem Gemeinschaftsverhältnis, ferner in einem bestimmten Eigenschaftsbild und dessen im wesentlichen unveränderten erblichen Übertragung auf seine Nachkommenschaft. Es kann der Rassebegriff sonach durch die Gemeinschaft gleichgearteter Haustiere unter einem bestimmten Eigenschaftsbild und seiner Vererbung oder seinem Erbgut umschrieben werden. Streitfragen können sich über den Ausdruck Eigenschaftsbild ergeben, da innerhalb gleichgearteter Haustiere oft verschiedene Eigenschaftsbilder auftreten. Soweit diese in einer Art Mittelwert oder Norm gefaßt werden können, ergeben sie unter Voraussetzung eines unterschiedlichen Erbgutes und einem unterschiedlichen Gemeinschaftsbestand bestimmte Unterschiedswerte, die mit Rassenunterschieden oft gleichgesetzt werden. Je nach der Größe dieser Unterschiede ergibt sich auch eine Wertung der Rassen, welche für die Arbeit der Züchter in einer einheitlichen Fassung bedeutsam sein können. Sind diese Unterschiede so groß, daß sie augenfällig erkannt oder osteologisch verankert bleiben, so wird von Rassen im zoologischen Sinne gesprochen; sind die Unterschiedswerte klein, so wird von der Rasse im züchterischen Sinne oder auch praktisch-landwirtschaftlichen Sinne die Wertung bei Haustieren festgelegt. Diese Einteilung der Rasse nach der Auffassung im zoologischen Sinne und im landwirtschaftlich-praktischen Sinne halte ich für wesentlich, um in der Zucht der landwirtschaftlichen Haustiere die Zuchtfortschritte leichter veranschaulichen zu können. Es liegt dann weiter in der Entwicklung bei unseren Haustieren die Begriffsgrenze enger, wenn wir über die Wertung der Leistungen und besonders auch den Leistungsfortschritten ein Urteil zu fällen haben, wieweit sie auf der Linie der Höherwertigkeit in rasselicher Hinsicht liegen. Eine Aufartung in rasselicher Hinsicht kann aber nur dann ausgesprochen werden, wenn diese keine wie immer gearteten Einbußen an biologischer Lebenskraft, d. h. für die Erhaltung oder Erneuerung des Bestandes einer Rassegemeinschaft in sich schließt oder erwarten läßt. Aus dieser graduellen Auffassung des Rassebegriffes ergibt sich nach der Seite der Entwicklung der Haustierrassen in weit reichender Generationsfolge eine weitere Gliederung, die wir nach dem Begriff der Land- oder Naturrasse und dem Begriff einer Kultur- oder Zuchtrasse festlegen. Erstere ist bei Haustieren meist auf der Stufe einer sehr ursprünglichen Züchtung gegeben, bei der die Auslesewirkungen der Umweltsverhältnisse eine größere Rolle spielen, während bei der Kultur- oder Zuchtrasse die Züchtung auf einer sehr hohen Stufe steht, die sich gewöhnlich mit einer schärferen Auslesewirkung des Menschen vereinigt und die Leistungswerte meist sehr exakt erfaßt. An allen diesen graduellen Unterschieden in der Auffassung der Rasse wird nichts geändert, wenn wir in der Umschreibung der Rasse die drei Wesenspunkte als Forderung festhalten, daß

    1. eine bestimmte Eigenschaftsnorm innerhalb gleichgearteter Haustiere,

    2. die Vererbung derselben oder das Erbgut,

    3. die Gemeinschaft, die ein Verhältnis zueinander auf lebenskundlicher Grundlage der Erhaltung und Erneuerung derselben vorstellt,
die Veranschaulichung des Rassebegriffes für züchterische Zwecke schließen kann.

Aus dieser züchterischen Auffassung ergeben sich aber auch gleichgerichtete Bilder für die Menschheitsentwicklung nach dieser Richtung insofern, als eine Auffassung des Rassebegriffes im anthropologischen Sinne sich mit dem zoologischen Rassebegriff der Haustierzucht deckt, während die Auffassung der Rasse im züchterischen Sinne mit einem Rassebegriff im völkischen Sinne sich gleichsetzen ließe. Es wäre hier nur zu betonen, daß die Auslesewirkungen hier von ganz anderen Einflüssen abhängig bleiben, als wir dies für gewöhnlich bei der Haustierzucht beobachten können oder zu beeinflussen versuchen.

B. Über Kennzeichnung der Rasse.

Die Kennzeichnung der Rasse bei unseren Haustieren erfolgt heute im allgemeinen durch körperliche (morphologische) und funktionelle (physiologische) Eigenschaften, die in weiterer Folge in einer bestimmten Zusammenstellung oder unterschiedlichen Wertgrößen derselben ein bestimmtes Eigenschaftsbild geben, die in der Gesamtvorstellung des Haustierorganismus sich äußern. In der Praxis begnügt man sich meist mit der Erfassung wesentlicher Eigenschaften oder ihrer Wertgrößen, die für die augenfällige Beurteilung keine Schwierigkeiten bereiten, oder der sogenannten Leistungseigenschaften. Bei letzteren werden auch jene Organe oder Körpermaßverhältnisse in den Vordergrund des Interesses gerückt, die mit der Leistung bei unseren Haustieren in Beziehung gesetzt werden. Die Festlegung der Eigenschaften bzw. des Eigenschaftsbildes erfolgt heute bei den Zuchtrassen unserer Haustiere meist nach einem sehr strengen Maßstabe, der in seinen Wertgrößen und der Art seiner Anwendung durch die Zuchtvereinigungen festgelegt wird. Für gewöhnlich sind diese Bestimmungen im Herdbuchwesen der Vereinigungen festgehalten. Besonders zu beachten ist bei diesen Vorgängen, daß vielfach, besonders mit dem Ausdruck eines Eigenschaftsbildes, auch das Verhältnis der einzelnen Elemente in den Einzeleigenschaften zueinander hier bis zu einem gewissen Grade die Werterfassung schwierig gestaltet, denn das Eigenschaftsbild als Ganzes untersteht dem Zusammenspiel der verschiedensten Einzelmerkmale in der Verbundenheit und wechselseitigen Abhängigkeit, sodaß eine richtige Erfassung oder wertmäßige Beurteilung im züchterischen Verfahren oft schon große Schwierigkeiten verursacht. Die Schwierigkeiten kommen auch in den verschiedenen Beurteilungsverfahren der Zuchtvereinigungen zum Ausdruck, sodaß hier bereits Streitfragen und Unklarheiten entstehen, die vom Praktiker nur allzu leicht auch auf eine unklare Vorstellung über das Wesen der Rasse hinleiten. Die Ursache liegt meist darin, daß es ein absolut als gut hingestelltes Verfahren zur Beurteilung und Erfassung des Eigenschaftsbildes nicht geben kann, sondern seine jeweilige Zweckmäßigkeit in einem Verhältnis zur Feststellung der Werte, dem Grade seiner Richtigkeit, seinem Arbeitserfordernis usw. beruht. Bei vielen Rassen unserer Haustiere, namentlich solchen der primitiven und ursprünglichen Züchtungsstufe, bestehen keine Züchtervereinigungen. Demgemäß kann hier das rassemäßige Eigenschaftsbild nicht einer Bestimmung unterliegen, sondern es leitet sich meist aus still herausgebildeten oder nur mündlich übereingekommenen Feststellungen des Eigenschaftsbildes ab. Diese Art der Eigenschaftsbilder im rassemäßigen Sinne unterliegen in der Wertung des Gesamtbildes oft großen Schwankungen, nachdem sie über die Art der Grenzwerte manche Unterschiede in der Auffassung zulassen. Meist kommen aber diese Unterschiede nicht ins Bewußtsein der Züchter primitiver Rassen, da die Herausbildung augenfälliger Unterschiede im Eigenschaftsbild dieser ursprünglichen Rassen oft über eine mehrfache Dauer von Menschengenerationen läuft und die gegenwärtigen und zukünftigen Züchter an solche Übereinkünfte rasselicher Wertung ihrer Haustierbestände seitens ihrer Vorfahren sich nicht gebunden fühlen. Aus diesem Grunde halte ich es für selbstverständlich, daß der Rassenbegriff namentlich bei primitiven Völkern und Züchtern primitiver Rassen als eine übereingekommene Bezeichnung für die Haustiere und nicht als Ordnungsbegriff innerhalb einer Entwicklung betrachtet wird. Die Notwendigkeit einer solchen Festlegung des Eigenschaftsbildes bestimmter Haustierrassen wurde auch seitens der Züchtervereinigung erkannt, namentlich wenn sie ihre Zuchtarbeit nach fortschrittlichen Zielen ausgerichtet sehen wollten.

Dieses Eigenschaftsbild oder bestimmte Elemente desselben werden von den Vereinigungen der Zuchtrassen gewöhnlich in einem Rassestandard festgelegt. Dieser Ausdruck besagt eigentlich meist nichts anderes, als eine Umschreibung des Eigenschaftsbildes und die Art seiner Festlegung nach bestimmten Verfahren. Daß hier das Rassebild besonders in der Erfassung seiner Leistungsgrößen eine besondere Rolle spielt, ist nur zu rechtfertigen, denn sie bildet eigentlich die Grundlage aller züchterischen Bestrebungen, Fortschritte zu erzielen und diese wenn möglich erblich zu festigen, falls die Höherwertigkeit neuer Leistungsgrößen, sich auch im Rahmen der sonstigen körperlichen Lebenskraft im Rassenbestand sich bestätigt. Auch kann eine solche Festlegung des Rassenstandards den Ausgangspunkt bilden, der die Ermittlung von Unterschiedswerten gewisser Eigenschaftsbilder ermöglicht. Als Folge würde sich ergeben, daß bei unseren Haustieren die Veranschaulichung des Züchtungsfortschrittes in vielen Fällen auch beweiskräftiger als bisher erfolgen konnte. Um die Grundlagen einer Rassenkennzeichnung nach ihrem Zustandekommen weiter zu fassen, dürfte folgender Überblick auch für den Züchter nicht ohne Wert scheinen.

I. *Rassenbestimmende Eigenschaften.*

1. Körperliche Eigenschaften (Morphologie). Die Gestaltung des Rassebildes nach seinem Wahrnehmen. Erscheinung, Körperbau, anatomische Verhältnisse des Tieres.

2. Leistungseigenschaften. Gewisse Lebensäußerungen des Gesamtbildes oder einzelner Organe im Gebrauch der Tiere auf Grundlage der physiologischen Funktionen des Tierkörpers.

3. Konstitutionelle Eigenschaften. Dauer und graduelle Wertung der Leistung meist in Beziehung zur Lebenskraft der Tiere im normalen Sinne mit Rücksicht auf seinen Lebenswert innerhalb der Rassengemeinschaft.

II. *Rassenbildende Erscheinungen.*

1. Die Variation bzw. Mutation.

2. Die Entartung und Ausartung.

3. Beziehung der Vorgänge 1 und 2 im Zusammentreffen gewisser Gesetzmäßigkeiten für die natürliche bzw. züchterische Entwicklung gleichgearteter Tiere.

Es können für die Rasse oder den Rassebegriff in seiner Beziehung zum züchterischen Fortschritt die rassebestimmenden Eigenschaften als der beharrende Teil (statische Moment) im Entwicklungsvorgang hingestellt werden, während die rassebildenden Erscheinungen als der Teil zu betrachten wäre, der das Fortschreiten im Rahmen der erkannten Festigkeit des Erbgutes veranlaßt (dynamisches Moment). Die rassebildenden Erscheinungen haben für die Fortentwicklung sicher ein Ziel oder gesetzmäßigen Weg, die uns aber bei den Rassen unbekannt sind und nur auf Grundlagen der bisher bekannten natürlichen Entwicklungsbeispiele oder dem verwandtschaftlichen Verhalten können wir behaupten, daß bei solchen Vorgängen die Ausbildung harmonischer Lebenstüchtigkeit unter bestimmten Wirkungen der Umwelt im Vordergrund steht, ferner nach der Erhaltung der kennzeichnenden Art oder Gemeinschaft gleichzeitig eine jegliches menschliche Maß übersteigende Vorsorge entfaltet wird.

II. Das Erbgut unserer Haustiere.

A. Die Vererbung und ihre Gesetzmäßigkeit.

Die Erscheinung der Übertragung bestimmter Eigenschaften oder ganzer Eigenschaftsbilder von Eltern auf ihre Nachkommen waren lange vor den Untersuchungen GREGOR MENDELS den sorgfältigen Beobachtern bekannt. Indessen bleibt die Vielgestaltigkeit dieser Erscheinung vor allem die Aufeinanderfolge, die Erhaltung und Abänderung des ganzen Eigenschaftsbildes richtig zu erfassen, eine Schwierigkeit und eine der Ursachen, daß man verhältnismäßig selten in den Züchterkreisen zu klarer Vorstellung der Vererbung überhaupt kommt. Die Erkenntnis für ein gesetzmäßiges Verhalten bleibt umso schwieriger, je größer der Bestandsumfang der Rasse oder einer Gemeinschaft gleichgearteter Tiere gegeben ist und je länger ein Generationsablauf zeitlich in seiner Beziehung zur Beobachtung des Menschen steht. Bei unseren Haustieren sind die Verhältnisse nach dieser Richtung nicht gerade günstig zu nennen und dies ist vielleicht ein Faktor, daß unser Wissen über das Erbgut und seinem gesetzmäßigen Verhalten sehr mit Lücken versehen ist. Für den Praktiker der Tierzucht kamen bisher infolge der Fülle der Erscheinungen bei der Vererbung, ferner dem auftretenden Formenreichtum kaum exakte Versuche über das Verhalten des Erbbildes in Frage; immerhin stehen seine Beobachtungen, wofern sie in geeigneter Weise registriert und veranschaulicht werden können, in jenem Kreis, aus dem der größte Nutzen für die Anwendung der Zucht gegeben sein kann, wenn der gemeinschaftliche Zusammenhalt der Züchter auch über diesen Teil des Fachgebietes mehr als bisher gepflegt werden könnte. Die Grundlage zum Verständnis des erblichen Verhaltens der rasselichen Eigenschaftsbilder bei unseren verschiedenen Haustieren bilden die Vererbungsgesetze, ohne deren Beherrschung bei größtem Beobachtungsmaterial kaum ein geeigneter Überblick über Zuchtmöglichkeiten und Formeneinheitlichkeit gewonnen wird, soll die Anwendung auf züchterische Entschlüsse schließlich den Zweck dieses Wissens vorstellen. Die von GREGOR MENDEL nach seinen klassischen Versuchen[1] an Erbsen aufgestellten Vererbungsgesetze beinhalten den Ausdruck über das Verhalten der Nachkommen bei Paarung zweier Elternteile mit gegensätzlichen Eigenschaften. Die erste oder Gleichförmigkeitsregel stellt das gesetzmäßige Verhalten dieser Eigenschaften in der ersten Generation dar. Die zweite oder Spaltungsregel verfolgt das Verhalten der in Frage stehenden Eigenschaften in der nächstfolgenden Generation, wo aus den bestimmten, nach der ersten Regel möglichen Eigenschaftsbildern ganz gesetzmäßige Aufspaltungserscheinungen sich ergeben, die zahlenmäßig verankert bleiben. Die dritte oder Unabhängigkeitsregel stellt die Beziehungen der Eigenschaften untereinander aus dem Verhalten bei der Vererbung fest.

In der angewandten Tierzucht erweist sich, daß das Zahlenverhältnis der MENDELschen Vererbungsregeln nicht immer so deutlich in Erscheinung treten kann, da der Zusammenhang der Einzelheiten von Eigenschaften im tierischen Organismus inniger besteht und vielfach noch eigenen Lebensgesetzen unterworfen bleibt. Die Zahlenverhältnisse aus dem Vererbungsgange zeigen bessere Übereinstimmung, wenn die zu den MENDELschen Gesetzen zusätzliche Faktorenhypothese nach BATESON[2] gebraucht wird. Im Wesen beruht sie auf der Anwendung eines Faktorenpaares für jede einzelne Eigenschaft, das für die Anwesenheit bzw. Abwesenheit des betreffenden Merkmales bestimmend wirkt. Die Zahlenverhältnisse der Aufspaltungserscheinungen bei den Enkelgenerationen kommen der Übereinstimmung mit praktischen Ergebnissen dadurch besser zum Ausdruck. Es kommt bei dieser Faktorenhypothese statt des Merkmales mehr die Ursache, die Kraft als Element der Vererbung in den Vordergrund, die mit dem Ausdruck Gen, Faktor, Erbeinheit veranschaulicht werden. Damit zeigt sich aber die

---

[1] J. G. MENDEL: Versuche über Pflanzenhybriden. Abdruck in OSTWALDS Klassiker der exakten Wissenschaften. Herausgegeben von E. TSCHERMAK. Leipzig: Akad. Verlagsgesellschaft.

[2] W. BATESON: MENDELS Principles of Heredity. Cambridge: University Press, 1909.

Erfassung sämtlicher Gesetzmäßigkeit der Vererbung nicht erschöpft, verschiedene Wertigkeitsgrade und stufenmäßige Unterschiede können in den einzelnen Eigenschaften auftreten, die sich auch im Verhalten des Erbbildes ausdrücken. Die Gesetzmäßigkeit im Bau einer solchen Eigenschaftszusammensetzung zeigte der erweiterte Mendelismus, soweit solche Unterschiede noch im Erbgang ihren Ausdruck finden. NILSSON-EHLE brachte durch seine Hypothese der *Polymerie* die Erweiterung, die besagt, daß ein Merkmal in seinem Erbgang durch mehrere gleichsinnig wirkende Erbeinheiten veranlaßt oder hervorgerufen werden könne. Eine Erbeinheit kann ein bestimmtes Merkmal in einem kaum merkbaren Maße hervorbringen und jede weitere gleichsinnig wirkende Erbeinheit verstärkt die Wirkung der ersten bis zur vollkommenen Ausbildung dieses Merkmales. In diesem Vorgang muß aber nicht die Wirkung der gleichsinnig wirkenden Erbeinheiten als gleich groß sich erweisen.

Die auf den stofflichen Grundlagen der Vererbung ruhende Chromosomenforschung konnte noch weitere Bausteine dem Lehrgebäude von der Gesetzmäßigkeit des Vererbungsganges einfügen. Die Chromosomentheorie, die unter MORGAN[1] und seinen Mitarbeitern eine Ausgestaltung erfuhr, erwies sich für die Erweiterung des gesetzmäßigen Bildes der Vererbung als außerordentlich befruchtend. Zusammenhänge von Eigenschaften, die Geschlechtsvererbung, Neuzusammenstellungen innerhalb eines Eigenschaftsbildes bringen neue Erkenntnisse und damit die Grundlage, aus der sich die Wege für eine spätere bewußte Anwendung gestalten können.

Aus diesem Gesamtbild, wie es die Erblehre und die Rassenkenntnis uns vermittelt, hat sich noch kein unmittelbarer Nachweis ergeben, der uns die Weise der Entwicklung einzelner Rassen verfolgen läßt oder eine solche unter die menschliche Einflußnahme stellen könnte. Wir haben in der Haustierzucht allerdings einige Hinweise, die uns diesen Weg durch die Zuchtentwicklung einiger Haustierrassen näher bringen. Bei Berücksichtigung der heutigen Rassenbestände unserer Haustiere nach ihrer Ableitung aus den ermittelten Stammformen in einer ununterbrochenen Generationsfolge ergeben sich Unterschiede, die um so größere Werte aufweisen, je besser uns eine Gegenüberstellung von Zuchtrasse zur Landrasse und schließlich zur Stammform gelingt, welche auch in dem Erbgut dieser Formen sich ausdrücken müßte. Die Entwicklungslinie hatte von Generation zu Generation anscheinend in stetiger Folge in einem nicht zu übersehbaren Zeitabschnitt kaum faßbare Änderungen ausgebildet, die durch gesetzmäßige Folge heute in den Unterschiedswerten der Zucht- und Landrassen aufscheinen, über deren Ursachen wir allerdings nur auf Vermutungen gestellt bleiben (Summierung kleiner mutativer Bildungen). In einer Studie zum Wandel des Rassebildes der Haustiere[2] zeigen sich charakteristische Umformungen über das Schädelbild des Berkshire-Schweines. In der Erörterung über die Ursachen der Umformungen an diesem Schädelmaterial, welches über eine Zeit von 1882 bis 1913 und Tieren aus den Jahren 1933 bis 1937 gestellt wurde, wird bemerkt, daß die Wandlungen im Schädelbild besonders innerhalb der letzten 30 Jahre lebhaft vor sich gegangen sind. Tiefgreifende Wandlungen an solchen Merkmalen in einer engen Zeitspanne sind bemerkenswert, die durch den Satz des Verfassers erhöhte Bedeutung gewinnen. Die Abweichungen treten nicht plötzlich, sprunghaft auf, sie vollziehen sich in allmählichem Wandel unter den gleichbleibenden

---

[1] MORGAN, BRIDGE und STURTEVANT: The Genetics of Drosophila. Biographia Genetica, 1925.

[2] W. HERRE: Zum Wandel des Rassebildes der Haustiere. Studien am Schädel des Berkshire-Schweines. Kühn-Arch. **50** (1938).

Bedingungen des Hallischen Haustiergartens. — Aus diesen Hinweisen, die auf erkennbaren Tatsachen ruhen, könnten wir die Schlußfolgerung rechtfertigen, daß auch eine gewisse Wandlungsfähigkeit des Erbgutes innerhalb der Gesamtbestände der Haustierrassen besteht oder in gewissen Zeitabschnitten auftreten kann. Anscheinend vollziehen sich diese Abänderungen in einer nicht näher bekannten Gesetzmäßigkeit, die in ihrem Ablauf oft eine außerordentliche Zeitdauer beansprucht und innerhalb dieser Stufen mit kaum faßbaren Unterschiedswerten fortschreitet. Bisher ist es nur gelungen, diese Unterschiedswerte in einer ungemein durchgebildeten anatomischen Betrachtungsweise am Schädelmerkmalsbild unserer Haustiere herauszuarbeiten. Wir könnten darin einen Hinweis erblicken, wie wir einen Gegensatz überbrücken, der sich nach der Deszendenztheorie im Sinne DARWINS und der Unveränderlichkeit eines Erbgutes im Sinne der MENDELschen Gesetze ergibt, um eine Entwicklung in der Unterschiedsgröße von Landrasse zur Zuchtrasse zu veranschaulichen und um möglich den Ursachen einer solchen Erscheinung näherzukommen.

B. Erbgut einzelner Vertreter und ganzer Rassenbestände.

Die Rassenunterschiede unserer Haustiere weisen uns naturgemäß darauf, daß Unterschiede auch im Erbgut der verschiedenen Rassen bestehen müssen. Innerhalb dieser Rassen werden sich weitere Unterschiede im Erbgut der einzelnen Rassenvertreter bemerkbar machen, sodaß eine gewisse Entwicklungsspanne im Erbgang der einzelnen Eigenschaften und ganzer Eigenschaftsbilder möglich scheint. Das Erbgut einzelner Vertreter innerhalb der Haustierrasse erhält einen besonderen Wert für den Rassenbestand, wenn im Vereine gewisser mutativer Vorkommnisse sein Einfügen in einer züchterischen Entwicklung durch ein Überschreiten der sogenannten Eigenschaftsnorm veranlaßt wird, ohne daß eine Einbuße in seiner sonstigen biologischen Lebenswertigkeit auftritt. Um zu einem Überblick des Erbgutes der einzelnen Haustiere zu kommen, ist nachfolgende Zusammenstellung der Kenntnisse des erblichen Verhaltens verschiedener Eigenschaften gegeben.

a) Das Rind. Beim Erbgut des Rindes wendet sich das Interesse des Züchters in erster Linie der Vererbung der Milchergiebigkeit zu. Der Erbgang der Milchleistung ist infolge der vielfach beeinflußbaren Reaktionsweise der hier in Frage kommenden Organe recht schwierig zu fassen. Es ist heute bereits gelungen, einige für die Praxis verwertbare Leitsätze für die Vererbung der Leistungsanlagen der Milchergiebigkeit zu gewinnen, die in ihrer Durchführbarkeit allerdings sehr von der organisatorischen Durchbildung der Zuchtvereinigungen abhängig bleiben. Im Fragenkreis der Vererbung der Milchleistung ergaben sich zwei Wege für die Untersuchungen. Der eine Weg, der über das Erbbild durch Rassekreuzungen[1] eine Erkenntnis verfolgt, gibt zusammenfassend nachstehendes Ergebnis:

Die Vererbung von Milchmenge und Fettgehalt bei verschiedenen Rassekreuzungen ergab in der ersten Kreuzungsgeneration eine Milchmengenleistung und Milchfettprozente, eine Zwischenstellung der Ausgangsrassen, jedoch ist die Milchmengeleistung der Kreuzungstiere mehr der Rasse mit der höheren Leistung, der Milchfettgehalt nach Prozenten mehr der Rasse mit der niedrigen Leistung angenähert. Bei Kreuzung von Rassen mit sehr verschiedener Milchmengenleistung ist die Leistungshöhe der Kreuzungstiere der milchergiebigeren Rasse nicht so stark angenähert als bei Rassen mit mittleren Milchmengenleistungen und einer Hochleistungsrasse.

---

[1] G. FRÖLICH: Experimentelle Untersuchungen über die Fettvererbung beim Rind. Züchtungskde. **5** (1930).

Der zweite Weg, den vor allem Patow[1] und seine Mitarbeiter beschritten, sucht den Erbgang von Milchmenge und Milchfett innerhalb einzelner Rassen und Herden zu ermitteln, wobei besonders in den Vordergrund tritt, daß die Beeinflußbarkeit aus den verschiedenen Faktoren rechnerisch ausgeschaltet wird. Das Ergebnis, daß die Anlage des Erbganges der Milchleistung vielseitig bedingt (polymer) wird und mit drei Anlagenpaaren sowie Ergänzungspaaren für höheren Milchfettgehalt meist das Auslangen zu finden ist, besagt nach einer Anschauung von Patow wörtlich:

Wir dürfen annehmen, daß die Erbanlagen für Milchmenge gleichzeitig auch einen gewissen Mindestfettgehalt und damit eine gewisse Mindestfettmenge bedingen. Für höheren Fettgehalt werden besondere Erbanlagen vorhanden sein, die von denen der Milchmenge unabhängig sind. Diese beiden Arten von Erbanlagen werden jedenfalls nicht einfach sein, also nicht etwa je aus einem Mendelpaar bestehen.

Für die Anwendung des Züchters läßt in der Leistungsvererbung der Milchergiebigkeit sich sagen: Bei Kühen bevorzugt man diejenigen zur Zucht, die in normalen Laktationen und unter Berücksichtigung des Alters über dem Durchschnitt der Herde stehen, bei Stieren (Bullen) jene, welche mit Müttern hoher Milchleistung Töchter bringen, die deren Milchleistungen erreichen oder sogar übertreffen.

Für die Art der Vererbung des Körpergewichtes in Betracht kommende Anlagen konnten bisher in der Zahl der Anlagenpaare in keinem Fall mit Sicherheit nachgewiesen werden, da durch die große Beeinflußbarkeit des Körpergewichtes nichterbliche Ursachen kaum zur Gänze ausgeschaltet werden können. Für die Art der Größenvererbung ergibt sich eine mehr allgemeine, nicht allein für Rinder gültige Fassung,[2] die dem Praktiker eine gute Vorstellung für den Erbgang der Körpergröße vermitteln kann.

1. Die Unterschiede der Körpergröße sind durch das Zusammenwirken mehrerer Anlagepaare bedingt.

2. Es gelingt aus F_2, F_3, F_4 usw. Generationen von Generationen verschieden großer Ausgangsrassen, in den Größenanlagen erbreine, nicht mehr spaltende Zwischenformen zu isolieren.

3. In manchen Fällen ist es möglich, reinerbige Formen aus späteren Kreuzungsgenerationen zu isolieren, die mit ihren Mittelwerten die Ausgangsformen unter- bzw. überschreiten.

Die Körperformen und die Größenverhältnisse mit den Gestaltungen von Einzelteilen des Rinderkörpers sind nach den Ergebnissen vieler Untersuchungen erblich vielseitig (polymer) veranlagt. Allerdings ist die Beeinflussung durch andere Faktoren hier sehr weitgehend, daß hier schwer eindeutige Resultate zu gewinnen sind.

Das erbliche Verhalten von Körpermaßen nach einem Versuch von Weiss, den Adametz[3] mitteilt, vermittelt einigen Einblick über den Erbgang aus einer Kreuzung von Ostfriesen- und Kuhländer-Rindern. Auszugsweise.

Von den Kopfmaßen herrscht die größere Zwischenhornlinie der Kuhländer gegen die kleinere der Ostfriesen. Die kleinere Stirnenge und Stirnweite bei den Ostfriesen, auf die Kopflänge als Bezugsmaß gerechnet, verhält sich unvollkommen

---

[1] C. v. Patow: Milchvererbung beim Rind. Sammelreferat. Z. Züchtg. Reihe B **6** (1926).

[2] H. F. Krallinger: Angewandte Vererbungslehre für Tierzüchter. Stuttgart: E. Ulmer, 1937.

[3] L. Adametz: Beobachtungen über die Vererbung morphologischer und physiologischer Merkmale und Eigenschaften bei Kreuzungen von rotscheckigen Ostfriesen mit Kuhländer-Rindern. Z. Züchtg. Reihe B **1** (1924).

herrschend, so daß der schmale Kopf der Ostfriesen in der ersten Kreuzungsgeneration aufscheint. Die Hornbildung war größer als bei den beiden Ausgangsrassen. — Von der Rumpflänge überwogen in der Kreuzung die kürzeren Rücken und die längeren Lenden der Ostfriesen. Ferner ergab sich ein überdeckendes Bild des horizontalen Kreuzbeines des normalen Beckens und des normalen Schwanzansatzes der Ostfriesen gegenüber das ansteigende Kreuzbein und Becken sowie dem hohen Schwanzansatz der Kuhländer. — Die relativ schmälere Brustbreite der Kuhländer zeigte sich über die relativ größere der Ostfriesen herrschend. Die Beinlänge der Kreuzung übertraf die beiden Ausgangsrassen. Gewisse fehlerhafte Stellungen der Buggelenke der Kuhländer wurden durch die herrschende Überdeckung der normal gestellten Buggelenke der Ostfriesen in der Kreuzung beinahe ganz beseitigt. — Bei diesen Kreuzungen ist allerdings zu berücksichtigen, daß die in Reinzucht nachgezogenen Ostfriesen in dem Versuchsort kleinere Abänderungen zeigten, die sich in einer Vergröberung des Hornes und Verkürzung der Rumpflänge ausdrückten.

Die Hornbildung der Rinderrassen zeigt im erblichen Verhalten durchwegs ein übereinstimmendes Bild. Die auftretende oder vorhandene Hornlosigkeit verhält sich durchaus herrschend über die Hornbildung.

Die Vererbung der Körperfarben beim Rind zeigt sich bei den verschiedenen Rassen nicht einheitlich. Das Verhalten der weißen Körperfarbe ist entsprechend der Rasse verschieden. Als weiße Farbe werden hier alle Ausfärbungen bezeichnet, die trotz des weißen Bildes Pigmenteinlagerungen in kleinerem Ausmaße erkennen lassen. Es verhält sich:

Weiß des Niederungsviehs vererbt sich rezessiv; es tritt bei herrschenden Pigmentstufen nicht sichtbar auf. — Weiß des Shorthorn-Viehs vererbt sich in einer Mittelform. Weiß der rückenblässigen Rassen (Pinzgauer, einiger skandinavischer Rassen, englisches Park-Rind) vererbt sich herrschend (dominant).

Schwarz herrscht über Rot; nach dem Kreuzungsbild von schwarzbuntem Vieh mit Angler-Vieh. — Schwarz vom Niederungsvieh ist herrschend über Gelb und Gelbrot des Alpenfleckviehs. Eine Ausnahme zeigt dieses Verhalten gegenüber den Farben des schottischen Hochlandviehs. — Schwarzbunt herrscht im allgemeinen über Rotbunt; Niederungsrassen.

Die Verteilungsformen von Schwarz- und Weißzeichnungen der verschiedenen Scheckungsarten verhalten sich unterschiedlich:

Die Pinzgauer Zeichnung oder Rückenscheckung vererbt sich herrschend gegenüber der Einfarbigkeit. — Die Scheckzeichnung in der Art der schwarzbunten und rotbunten Tiefland-Rinder und des Alpenfleckviehs (Simmentaler Zeichnung) verhält sich im Erbgang rezessiv zur Einfarbigkeit der Rinder. — Die eigenartige Farbwirkung einer melierten Zeichnung (Mischeffekte), einer Art Verteilung, wie sie beim Shorthorn-Rind (Rotschimmel) auftritt, ist im Erbgang noch nicht erkennbar. — Die Gürtelzeichnung, wie sie beim holländischen Lakenvieh auftritt, ist in ihrem Erbgang noch nicht vollständig erfaßbar. Die bisherigen Beobachtungen lassen erkennen, daß diese Gürtelzeichnung gegenüber der Einfarbigkeit herrschend auftritt; gegenüber der Scheckenzeichnung aber unvollkommen herrschend im Erbgang beobachtet wird.

Albino (völliger Pigmentmangel) führt in doppelter Wertigkeit der Anlage zu erbreinen Vertretern, die dann als Albino äußerlich sichtbar wird. Dies ist beim Braunvieh[1] nachgewiesen, wo in einfacher Wertigkeit die Albinoanlage äußerlich nicht kennbar ist. Albino bei schwarzbuntem Vieh verhält sich anders.

b) Das Pferd. Der Erbgang von Eigenschaften des Pferdes beschränkt sich nach der bisherigen Kenntnis auf das Verhalten der Körperfarbe und gewisser formbildender Elemente des Körperbaues. Über den Erbgang der Leistungseigenschaften ist ein sicherer direkter Nachweis nicht erbracht; die vereinzelten

---

[1] P. CARSTENS, A. MEHNER und J. PRÜFER: Untersuchungsergebnisse über das Auftreten und Verhalten von Albinos beim Braunvieh. Züchtungskde. 9 (1934).

Ergebnisse gründen sich vorläufig nur auf Beobachtungen, was daraus abgeleitet werden kann, daß die objektive Fassung der Leistungsanlagen nur vereinzelt erfolgte. Die Zugleistungsprüfungen werden erst seit wenigen Jahren
(erstmals in Deutschland) durchgeführt.

Die Vererbung der Haarfarben beim Pferd gründet sich auf die Untersuchungen R. A. WALTHERS.[1] Es hat sich erwiesen, daß hier mit sechs Faktorenpaaren
das Auslangen gefunden werden kann, und zwar:

Faktor A für Gelb ⎫
     „   a   „ Rot ⎬ Grundpigment,

„ B „ Schwarz herrscht über A und a das Grundpigment,

„ C „ Braun, bei Anwesenheit von B, herrscht über A a B und veranlaßt
Braunzeichnung,

„ D „ Schimmelzeichnung herrscht über A a B C,

„ E „ Scheckung herrscht über Grundpigment, Schwarz- und Braunzeichnung,

„ F „ Schabrackenzeichnung und Tigerung herrscht über Grundpigment,
Schwarz, Braunzeichnung und Scheckung.

Die kleinen weißen Abzeichen vererben sich unabhängig von den eigentlichen
Körperfarben. Für den Praktiker ergeben sich zur Erzüchtung einer bestimmten
Körperfarbe folgende Leitsätze:

Aus Paarungen von Füchsen mit Füchsen erhält man mit größter Wahrscheinlichkeit *Füchse*. Aus Paarungen von Braunen oder Rappen mit Füchsen ergeben sich Aufspaltungen in *Braune, Rappen* und *Füchse*. Aus Paarungen von Rappen und Rappen
spalten *Rappen* und *Füchse*. Aus Paarungen von Rappen und Braunen spalten
Rappen und *Braune*.

Das Verhalten des Erbfaktors für Schimmel, der volle Farbe vollkommen
überdeckt, wirkt sich dahin aus, daß erbreine Schimmel mit Schimmel oder
Nichtschimmel gepaart immer Schimmel ergeben. Aus Paarungen gemischt-
erbiger (erbunreiner) Schimmeln mit Nichtschimmel ergeben sich Schimmel und
Nichtschimmel in einem Verhältnis von 1:1. Zur Erzielung von Rappen oder
Braunen ist die Paarung von zwei erbsicheren Rappen bzw. Braunen der sicherste
Weg. Das Erscheinungsbild eines Pferdes nach der Farbe gibt hinsichtlich seines
Erbgutes nach der Farbe keine sicheren Aufschlüsse, wenn Zuchtbuchführung
und Ahnentafel nicht zu Rate gezogen werden können.

Nach Untersuchungen von MUNCKEL[2] ist die erbliche Anlage für die Abzeichen
beim Pferde herrschend über das Fehlen der Abzeichen. Die Form und Größe
der Abzeichen und ihre Koppelung mit bestimmten Körperfarben deutet auf
einen komplizierten Erbgang hin.

Von der Form- und Längenausbildung der Haare beim Pferde wurde nur
innerhalb bestimmter Rassen ein gesetzmäßig erbliches Verhalten beobachtet,
das innerhalb einzelner Familien Besonderheiten aufweisen kann. Bemerkenswert ist, daß der Kötenbehang gewisser Kaltblut-Pferde im Erbgang sich unvollkommen herrschend (dominant) verhält, wenn solche Kaltblut-Pferde mit
Pferden ohne Kötenbehang gepaart werden.

Von den körperlichen Merkmalen wurden nach Paarung von kaltblütigen
Hengsten mit Warmblut-Stuten nach MÜLLER[3] die Erbgänge folgender Eigenschaften bekannt.

---

[1] R. A. WALTHER: Beiträge zur Kenntnis der Vererbung der Pferdefarben.
Hannover: Schaper, 1912.

[2] H. MUNCKEL: Untersuchungen über Farben und Abzeichen des Pferdes und ihre
Vererbung. Z. Züchtg. Reihe B **16** (1929).

[3] M. MÜLLER: Die Vererbung der Körperteile und des Geschlechtes. Hannover:
Schaper, 1910.

Stark aufgesetzter Hals des Kaltblutes vererbt sich erkennbar herrschend. — Beinstärken erreichen vielfach nicht die Mittelstärke zwischen beiden Elternformen; es scheint eine unvollkommen überdeckende Erbweise der Beinstärke des Warmblutes aufzutreten. Das Shire-Pferd vererbt dagegen seine größere Beinstärke besser (durchschlagender) als das belgische Pferd. — Schräge Schulter des Kaltblutes vererbt sich erkennbar herrschend. — Spaltkruppe des Kaltblutes vererbt sich fast durchwegs herrschend. — Schräges Kreuz des Kaltblutes verhält sich im Erbgang herrschend gegenüber einem geraden oder mehr ebenen Kreuz.

Beim englischen Vollblut wird die Zahl 6 der Lendenwirbel im Erbgang als herrschend gegenüber der Zahl 5 angegeben. — Das Auftreten der Ramsnase bei Pferden soll mit dem Auftreten der Zahl 6 der Lendenwirbel verknüpft sein. — Das nach vorn hängende Ohr soll im Erbgang das Stehohr überdecken.

Der Erbgang physiologischer Nutzleistungen beim Pferde, wie sie namentlich für das englische Vollblut bedeutsam wären, ist noch sehr wenig geklärt. Nach BEZON soll der natürliche Schrittgang der Pferde sich rezessiv gegenüber dem Trabgang verhalten. VON DER PLANK gibt das erbliche Verhalten des Steppganges der Hackney-Pferde als herrschend gegenüber dem niedrigen Gang des friesischen Pferdes an. Nach E. LAUPRECHT[1] wird die Veranlagung von Mutterstuten zur Zwillingsträchtigkeit in einem rezessiven Erbgang gedeutet.

c) Das Schwein. Die Erfassung des Erbganges der wirtschaftlich erwünschten Eigenschaften der Rassen des Schweines bildet unter den Haustieren eine der wichtigsten Feststellungen. Vielfach stehen bei diesem Haustier mehr als anderswo diese Eigenschaften zu der Formausbildung der Schweine in sehr enger Beziehung, die durch eine Beeinflußbarkeit innerhalb weiter Grenzen aus der Umwelt die Schwierigkeiten in solchen Versuchen vielfach verstärkt. Nach Untersuchungen in Göttingen[2] ließ sich aus 100 kg schweren Schnellmasttieren eine Reihe der zu diesen Kreuzungen verwendeten Schweinerassen aufstellen, die mit dem

> hannover-braunschweigischen Landschwein,
> veredelten Landschwein,
> schwäbisch-hällischen Schwein,
> Berkshire-Schwein,
> Middle White-Schwein

für diesen besonderen Fall gegeben werden. Die einzelnen Maße in dem Material bei 100 kg schweren Tieren zeigen im Mittel folgende Ergebnisse der ersten Kreuzungsgeneration.

Widerristhöhe nähert sich derjenigen der größeren Rasse bzw. übertrifft dieselbe etwas. — Rumpflänge, am lebenden Tier gemessen, ist ungenau und verhält sich nicht eindeutig. Für die Betrachtung der Kreuzungen ist sie wenig geeignet. — Seitenlänge des geschlachteten Tieres übertrifft diejenige der beiden Elternrassen oder nähert sich zwischen beiden Eltern liegend, derjenigen der größeren Rasse. — Röhrbeinumfang vererbt sich zwischen beiden Elternrassen liegend, nähert sich aber oft der Elternrasse mit dem kleineren Maß. — Kopflänge wird zwischen den Längen der Eltern liegend vererbt. — Stirnbreite nähert sich zwischen den Elternrassen liegend, der Elternrasse mit dem kleineren Maß, oder sie ist noch kleiner als die letztere. — Halsumfang nähert sich zwischen den Elternrassen liegend, der Elternrasse mit dem kleineren Maß, oder er ist noch kleiner. — Brusttiefe übertrifft das Maß beider Elternrassen. — Brustbreite ist fast so groß wie bei der Elternrasse mit größerem Maß oder überragt dieselbe. — Brustumfang ist größer als bei den beiden Elternrassen. — Umdreherbreite übertrifft in den meisten Kreuzungen diejenige der beiden Elternrassen.

---

[1] E. LAUPRECHT: Über die Vererbung der Veranlagung zur Zwillingsträchtigkeit beim Pferde. Züchtungskde. **10** (1935).

[2] J. SCHMIDT, E. LAUPRECHT und W. WINZENBURGER: Beiträge zur Vererbung der Mastleistung des Schweines. I. II. III. Züchtungskde. **9** (1934).

Es ergibt sich also, daß in den in Göttingen durchgeführten Versuchen die Kreuzungstiere verschiedener Schweinerassen in den Längen-, Breiten- und Tiefenmaßen des Rumpfes im Mittel an die Werte der Ausgangsrassen mit den größeren Maßen herankommen oder sie zum Teil sogar übertreffen. Der Knochenanteil und die weniger wertvolle Halsgegend sind verhältnismäßig verringert.

Weiter wurde in der Nährstoffausnutzung und der Mastdauer folgendes Verhalten festgestellt:

Zusammenfassend wird aus diesen Versuchen über die Futterverwertung der untersuchten Tiere verschiedener Schweinerassen festgestellt, daß diese weitgehend von der Rassezugehörigkeit abhängig, d. h. erblich bedingt ist. In der ersten Kreuzungsgeneration der Kulturrassen des verwendeten Materials ist die Futterverwertung im Mittel besser als bei den beiden Elternrassen. Nur zwei Kreuzungen mit geringer Individuenanzahl zeigen ein anderes Bild. Die Nachkommen des Wildschweinebers mit Hausschweinen hatten einen höheren Nährstoffverbrauch zur Erzeugung von 100 kg Lebendgewichtszunahme als ihre mütterlichen Rassen.

In dem erblichen Verhalten der Leistungsgrößen nach Ergebnissen von Ausschlachtungen in der ersten Kreuzungsgeneration kann auszugsweise folgende Übersicht gegeben werden. Verfügt wurde über ein Vergleichsmaterial nach den veredelten Ausgangsrassen hinsichtlich der Ausschlachtergebnisse bei 100 kg Lebendgewicht:

> deutsches weißes Edelschwein,
> deutsches veredeltes Landschwein,
> schwäbisch-hällisches Schwein,
> Berkshire-Schwein,
> Middle White-Schwein.

Bei der Ausschlachtung zeigten in dieser Reihenfolge, mit dem deutschen weißen Edelschwein beginnend, im allgemeinen das Gewicht der Speckseite und der Flomen eine Zunahme, das Schinkengewicht und der Schlachtverlust dagegen eine Abnahme. Kopf, Kamm-, Kotelett-, Hüftstück und Blattbauchstück verhielten sich nicht eindeutig. — Das in diesen Kreuzungen ebenfalls verwendete hannover-braunschweigische Landschwein (welches sich im Körperbau und Erbmasse von den genannten Rassen scharf unterscheidet) zeichnet sich durch ein hohes Gewicht der Flomen und der Speckseiten aus, sowie durch ein verhältnismäßig geringes Gewicht des Kopfes, der Kamm-, Kotelett-, Hüftstücke und des Schinkens. Sein Schlachtverlust ist geringer als derjenige des veredelten Landschweines und des weißen Edelschweines.

Es ergibt sich im großen und ganzen aus diesen Versuchen, daß die erste Nachkommengeneration einiger verschiedener Rassenkreuzungen des Schweines hinsichtlich der Höhe des Schlachtverlustes sowie hinsichtlich des Anteiles der Speckseite und der Flomen am Gesamtgewicht sich der Elternrasse mit dem höheren Anteil derselben nähert oder sie sogar übertrifft. Demgegenüber richtet sich die gewichtsmäßige Ausbildung des Schinkens und des Blattbauchstückes weitgehend nach der Elternrasse mit dem geringeren Gewicht dieser Teilstücke oder sie ist noch kleiner als diese.

Über die Vererbung der Schweinefarben sind aus den Göttinger Versuchen[1] ebenfalls Ergebnisse zu gewinnen, die die Kenntnisse über die Erblichkeit der Farbe, der Zeichnung des Haarkleides aus früheren Arbeiten erweitern bzw. bestätigen. Zusammenfassend kann folgende Übersicht gegeben werden:

---

[1] J. SCHMIDT und E. LAUPRECHT: Beitrag zur Vererbung der Schweinefarben. Züchtungskde. **11** (1936).

Weiße Farbe des veredelten Landschweines und des englischen Middle White-Schweines beruht auf den gleichen Erbanlagen. — Die Hampshirefärbung überdeckt Berkshirefärbung. Der Unterschied beider beruht auf einem Faktorenpaar.— Hampshire mit hannover-braunschweigischem Landschwein liefern eine Nachzucht mit starker Schwankungsbreite des Scheckungsgrades. — Durch ein Faktorenpaar bei Überdeckung (Dominanz) von Weiß können die Ergebnisse aus den Paarungen erklärt werden von:

veredeltem Landschwein mit Hampshire-Schwein,

Middle White-Schwein mit hannover-braunschweigischem Landschwein,

weißem Edelschwein mit hannover-braunschweigischem Landschwein.

Kreuzungen zwischen Wildschweinen und veredelten Landschweinen folgen im Erbgang der Farbe einem einfachen MENDEL-Schema. Weiß überdeckt (dominiert) die Wildfärbung. Die Längsstreifen des Wildschweines überdecken (dominieren) ungestreiften Zustand.

Hannover-braunschweigisches Landschwein mit Wildschwein zeigt in der ersten Kreuzungsgeneration, daß die weiße Gürtelscheckung die Einfarbigkeit überdeckt. Die Körperfarbe der Kreuzungstiere ist schwarz mit dunkelbraunen Längsstreifen.

d) Das Schaf und die Ziege. Die Kenntnis des Erbganges der Eigenschaften des Schafes ist nicht so weit fortgeschritten wie beim Schwein. Verschiedene Umstände erschweren hier die eindeutige Festlegung des erblichen Verhaltens. Es spielt bei den meisten Eigenschaften die mehrsinnige Anlage (polymer) eine größere Rolle. Die Wolleigenschaften der Schafe zeigen nach KRONACHER und SCHÄPER,[1] MACALIK[2] usw. ein verschiedenes erbliches Verhalten der Kreuzungstiere einzelner Rassen.

Merinos mit Leicester geben in der ersten Kreuzungsgeneration ein zwischenstufiges Verhalten (intermediär) nach der Wollfeinheit. — Rambouillets mit verschiedenen Fleischschafrassen geben in der ersten Generation eine zwischenstufige Wollfeinheit. — Grobwollige slowakische Schafe mit feinwolligen Schafrassen zeigen ebenfalls zwischenstufiges Verhalten.

Nach den Aufspaltungen der ersten Kreuzungsgeneration ist die erbliche Veranlagung der Wollfeinheit polymer bedingt. Das gleiche Bild gilt für die Wollänge.

Leicester mit Merinos geben nach der Wollänge in der ersten Generation ein zwischenstufiges Verhalten. — Grobwollige slowakische Schafe mit Kreuzungsprodukten von Merinos und englischen Fleischschafen zeigen in der ersten Kreuzungsgeneration ebenfalls ein zwischenstufiges Verhalten.

Die Vererbung hinsichtlich der Farbe zeigt nach ADAMETZ,[3] FRASER, ROBERTS, TÄNZER usw. folgende Ergebnisse:

Schwarz der Karakul herrscht über Braun derselben Rasse.

Grau der Karakul (Schiras) ist herrschend über das Schwarz und Braun.

Schwarz der Karakul ist herrschend über das Weiß der Rambouillets und der Landschafe (Zackel-, Kärtner-, Rhön-, Leine-, Leicester- und Merino-Schafe).

Weiß der Merino ist herrschend gegenüber Schwarz und Braun derselben Rasse.

Die Vererbung von Abzeichen bei Karakul-Schafen verhält sich gegenüber der Einfarbigkeit rezessiv.

---

[1] C. KRONACHER und W. SCHÄPER: Spaltend oder intermediär? Beitrag zum Entscheid über die Vererbungsform des Charakters Wollfeinheit. Z. Züchtg. Reihe B **6** (1926).

[2] B. MACALIK: Studien über die Wolle und die Pelze der slowakischen Schafe. Publ. Min. Landwirtsch. Prag, 1924.

[3] L. ADAMETZ: Studien über die MENDELsche Vererbung der wichtigsten Rassenmerkmale der Karakulschafe bei Reinzucht und Kreuzung mit Rambouillets. Bibliotheca genetica, Nr. 1 (1917).

Das Körpergewicht zeigt in der ersten Generation aus Kreuzungen nachstehender Rassen einen zwischenstufigen Erbgang.

Merinos mit walachischen Schafen, erste Kreuzungsgeneration Zwischenstufe, Muflon mit anderen Schafrassen zeigt in der ersten Kreuzungsgeneration ebenfalls Zwischenstufe. — Die schmale Brust der Rambouillets verhält sich gegenüber der breiten Brust der Southdown-Schafe herrschend in der ersten Kreuzungsgeneration. — Die Ohrlosigkeit der Schafe zeigt im Erbgang ein rezessives Verhalten, welches auf mehreren oder einem Genpaar beruht. — Der Fettschwanz der Karakul-Schafe verhält sich herrschend gegenüber dem Normalschwanz in der ersten Kreuzungsgeneration. — Die Vererbung des Gehörnes zeigt einen vielgestalteten Vererbungsgang je nach der Schafrasse. — Weibliche Merinos mit langhörnigen Böcken anderer Rasse geben in erster Generation langhörnige Tiere. Weibliche Merinos mit hornlosen Böcken anderer Rasse geben in der ersten Kreuzungsgeneration weiblich hornlose und männlich gehörnte Tiere. Gehörnte Dorset-Schafe mit ungehörnten Suffolks geben in der ersten Kreuzungsgeneration für die Erbanlage des Gehörnes im männlichen Geschlecht eine herrschende Ausbildung und im weiblichen Geschlecht eine rezessive Ausbildung. Die Vielhörnigkeit bei Schafen verhält sich im Erbgang für die erste Kreuzungsgeneration herrschend.

Über das erbliche Verhalten der Rassen- und Leistungsmerkmale der Ziege sind unter den Haustieren am wenigsten bestimmte Ergebnisse bisher bekannt geworden. Aus dem Tiergarten von Schönbrunn ist bekannt, daß sich die Vielhörnigkeit hier herrschend vererbt. Abgesehen von vereinzelten Beobachtungen über die Farbe ist die Kenntnis des Erbgutes der Ziege bis heute am dürftigsten geblieben.

III. Die Umwelt und Zuchtmethodik.

Neben den Fragen aus Rasse und Erbgut unserer Haustiere wird eine Reihe Auswirkungen oder Einflüsse aus der Umwelt beobachtet, die zum Teile in der Verschiedenheit der Verhältnisse aus den Standorten der Zuchten oder der Zuchtgebiete in weiterem Umfange selbst liegen. Zum Teile wurde festgestellt, daß der Haustierorganismus in seiner Umweltsreaktion außerordentliche Unterschiede zu überbrücken vermag, deren Abgrenzung oder Schwankungsbreiten durchaus noch nicht feststehen. Aus dieser Fähigkeit wird eine rassebedingte Reaktionsnorm bei vielen unserer Haustierrassen abgeleitet, über deren Art und Weise heute noch kaum eine richtige Vorstellung zu gewinnen ist, da die einzelnen Faktoren aus der Umwelt und der Wechselbeziehung für den Organismus in einer Gesamtwertung viel zu wenig erfaßt werden können. Selbst über die so wichtige Akklimationsfähigkeit unserer Haustierrassen ist vorläufig nur eine Stelle richtig berufen, Antworten auf diese Fragen zu geben.[1] Die Fragen, die vornehmlich für den Praktiker aber in den Vordergrund treten, gründen sich größtenteils auf die Fütterung, die Haltung und schließlich die Aufzucht, soweit letztere aus Arbeit des Züchters im Betrieb und somit auch der Umwelt abhängig bleiben muß.

A. Die Ernährungsweisen der Haustiere.

Die dringlichste und erste Lösung für die Erhaltung der Tierbestände stellt durchwegs die Ernährung unserer Haustiere vor. Sie kann für unsere Verhältnisse keineswegs ohne Rücksichtnahme auf die weiteren Bedingnisse der Umwelt

---

[1] S. v. NATHUSIUS: Der Haustiergarten und dazu geh. Sammlg. im Landwirtsch. Institut d. Univ. Halle. 1912. — S. v. NATHUSIUS: Ergebnisse der im Haustiergarten Halle angestellten Versuche usw. Vereinigung deutscher Schweinezüchter. 1913.

erfolgen, denn der Zusammenhang mit Klima und Boden offenbart sich hier so weitgehend, daß die Art der Fütterung aus diesen Faktoren abhängig ist. Besonders in der jetzigen Zeit muß für die heimischen Haustierrassen das Bestreben mehr hervortreten, die Fütterungsgrundlagen aus dem Heimatboden zu fördern, damit für die weitere Ausgestaltung der bäuerlichen Tierzucht Grundlagen bestehen, die es von den Zufälligkeiten einer fremden Zufuhr oder wirtschaftlichen Krisenzeit unabhängiger machen können. Als bahnbrechend für das Durchdringen dieses Gedankengutes sind Arbeiten J. KÜHNs und seiner Mitarbeiter auf diesem Gebiete zu nennen. Die Beschränkungen gestatten mir nicht, auf alle diese Einzelfragen näher einzugehen, aber es hat manches gestellte Problem von der Aktualität für die Haustierzucht nichts eingebüßt, sodaß ich auf die Untersuchungen aus dieser Schule zur Futtergewinnung bislang wenig bekannter Futtergewächse hinweise. Neue Kulturpflanzen für die Futtergewinnung oder ihre Eignung für bisher nicht geeignete Böden stehen immer im Vordergrund des Interesses, besonders in Fällen, wo der Eiweißbedarf für die Fütterung aus eigenem Anbau zu decken ist. Im Zusammenhang steht dann die entsprechende Aufbewahrung, die die Konservierungsverfahren in ihrer Brauchbarkeit näher beleuchtet, worüber bereits J. KÜHN[1] schon 1885 die näheren Umstände erläuterte und für das Einsäuern der Futtermittel (Silowirtschaft) als Ausgangspunkt betrachtet werden können. Aus der geänderten Lage nach dem Weltkrieg ergaben sich besonders für die Ernährung der heimischen Rassen neue Probleme. Es wird besonders in der Schweinehaltung zur Aufgabe, daß der teilweise Ersatz des Fischmehls durch Pflanzeneiweiß[2] ermöglicht wurde, ferner die Verwendung der Produkte des Hackfruchtbaues mehr zu berücksichtigen sind, hauptsächlich der Kartoffel und der Rübe.[3,4] Auch die Nebenerzeugnisse des Zuckerrübenbaues treten stärker in den Vordergrund bei der Fütterung, wenn die Grundlage des eigenen Wirtschaftsfutters erweitert in Betracht kommt. Namentlich die Verwendung der Köpfe des Krautes und die Gewinnung einer geeigneten Rübenkrautsilage sind hier als neue Wege zur Vermehrung des Futters erprobt worden. Auch eine andere Art der Konservierung des Rübenkrautes zeigte gute Erfolge, die besonders nach Behebung der anfänglichen Mängel auch in einem weiteren Kreise die Verwendung erlangen konnte, als durch Fütterungsversuche[5] die zweckmäßige Einfügung des Trockenblattes in die Futtermengen bei Pferden und Schweinen ermittelt werden konnte. Weitere Abfallprodukte der Rübenzuckerherstellung sind in den verschiedenen Schnitzelarten und der Melasse gegeben. Durch zweckmäßige Verwendung der letzteren kann zum größten Teile der Verbrauch der Ölkuchen bei der Milchviehfütterung eingeschränkt werden. Besonders die eiweißsparende Wirkung der Melasse führt hier zur Einsparung des teuersten und wichtigen Nährstoffs des Futtereiweißes.[6] In diesem Zusammenhange tritt sehr häufig die Frage nach einer Beseitigung des Rauhfuttermangels auf, der in Hackfruchtgebieten oft vorkommt und doch im Grundfutter unentbehrlich ist,

---

[1] J. KÜHN: Das Einsäuern der Futtermittel. Berlin: P. Parey, 1885.

[2] H. LÜTHGE: Versuche zur Feststellung zweckmäßiger Fütterungsmaßnahmen und Schweinezucht. Kühn-Arch. **23** (1930).

[3] G. FRÖLICH und H. LÜTHGE: Versuche über die zweckmäßige Form der Roggen-, Kartoffelmast bei Schweinen. Kühn-Arch. **31** (1932).

[4] G. FRÖLICH und H. LÜTHGE: Versuche mit wirtschafteigenen Erzeugnissen des Hackfruchtbaues (Kartoffel, Zucker-, Futterrüben) in der Schweinemast. Kühn-Arch. **34** (1934).

[5] G. FRÖLICH und M. WITT: Zur Frage der Rübenblatt-Trocknung. Landwirtsch. Wschr., Prov. Sachsen, 1928/1934.

[6] G. FRÖLICH: Die Verfütterung von Zuckermitteln. Halle: W. Brandt, 1930.

namentlich um die hier diätisch ungünstigen Futterwirkungen auszugleichen, die im Gefolge der übermäßigen Verfütterung der Erzeugnisse aus dem Hackfruchtbau auftreten. Entsprechender Zwischenfruchtbau kann hier mit Vorteil verwendbare Silage bzw. hochverdauliches Heu liefern. Selbst die Trocknung dieser so gewonnenen Mengen wurde bereits ins Auge gefaßt, worüber zur Feststellung des Futterwertes der künstlich getrockneten Heuarten schon ein umfangreiches Material[1] vorliegt. Diese aufgezeigten Wege der Fütterung, besonders die steigende Verwendung bestimmter Nebenerzeugnisse des Ackerbaues, leiten auf die Fragen der Bodenständigkeit der Ernährung aus der eigenen Scholle hin, die als einer der wichtigsten Faktoren der Umweltswirkung betrachtet werden, so daß seitens der Praktiker Umweltswirkung und bodenständige Futterwirkung oft gleichgesetzt werden.

B. Die Haltungsfragen und die Umwelt.

Von einer natürlichen Haltungsweise unserer Haustiere kann heute selten gesprochen werden, wenn wir die Bestände in Europa ins Auge fassen und die Zuchtrassen besonders hervorheben. Die durchwegs erhöhten Leistungswerte der letzteren bedingen meist mehr Aufmerksamkeit in der Stallhaltung und Nutzungsart, um die gegensätzlichen Einflüsse der Außenwelt möglichst auszugleichen. Abgesehen von der Art der Stallbauten, die oft durch Landschaften und klimatische Verhältnisse bedingte Sonderheiten aufweisen, bleiben selbst im sogenannten Stallklima graduelle Unterschiede bestehen, die in bestimmten Umweltswirkungen, der Temperatur, dem jahreszeitlichen Wechsel und der Lage, begründet werden. Diese Einflüsse werden entschieden merkbarer, wenn zusätzliche Faktoren aus der Ernährung und Nutzung zusammentreffen und dadurch Schädigungen offenbar werden. Geringe gesundheitliche Widerstandskraft, Anfälligkeiten für Tuberkulose, Banginfektion, Maul- und Klauenseuche und so weiter, die durch die veterinäre Fürsorge, erhöhte Sorgfalt bekämpft werden oder in einem gewissen Wechsel von Stallhaltung und Weidegang einzudämmen sind. Auch die eigentliche Wartung und psychische Einwirkung[2] durch das Personal geben hier Angriffspunkte, die bisher nur vereinzelt Beachtung fanden, für die Praxis nach Fassung der Umweltswirkung sicher eine Rolle spielen. Entscheidender bleiben hier aber jene Umwelteinflüsse für die Züchtung, die tatsächlich nicht nur auf gewisse Auswirkungen hinweisen, sondern für das Auge faßbare Änderungen im Gefolge haben. Es kann sich hier durchwegs nur um Modifikationen handeln und Aufschlüsse über eine solche Reaktionsweise wird meist nur das Verhalten der Zuchten oder Rassen geben, welche nach gänzlich verschiedenen Standorten in der Absicht einer gleichen Nutzungsweise versetzt wurden. A. SCHOTTERER[3] berichtet über solche Standortseinflüsse auf Oberinntaler-Kühe durch das Flachland und bemüht sich, diese exakt zu fassen. Seine zusammenfassenden Schlußsätze ergeben: Messungen an Original-Oberinntaler-Kühen und an ihrer im Burgenland aufgewachsenen Nachzucht haben keine mit Sicherheit metrisch erfaßbare Auswirkung von Wettergang

---

[1] G. FRÖLICH und F. HARING: Ausnutzungsversuche mit künstlich getrocknetem, zerkleinertem, eiweißreichem Grünfutter am Wiederkäuer. Tierernährung 1937. — F. HARING: Nährstoffgehalt und Verdaulichkeit von getrockneter, grüner Luzerne und von Wickgemenge aus sogenannter Landsberger Mischung, ein Vergleich von Gerüsttrocknung und künstlicher Trocknung. Forschungsdienst 5 (1938).

[2] C. KRONACHER: Tierpsychologie, Tierzucht und Tierhaltung. Dtsch. Landwirtsch. Tierz. 40 (1936).

[3] A. SCHOTTERER: Über Standortsvariationen bei Rindern. Z. Züchtg. Reihe B 31 (1935).

und Scholle erkennen lassen. Es gelang bei der Beurteilung der Tiere mit bloßem Auge mit ziemlicher Sicherheit, die erwachsenen eingeführten Kühe von ihrer im neuen Standort erhaltenen Nachzucht zu unterscheiden. Maßgebend für das Urteil waren mehr oder minder stark ausgeprägte Abweichungen vom Rassetyp, die bei den Tieren im neuen Standorte auftraten. Sie kamen hauptsächlich in den Merkmalen zur Beobachtung, die von praktischen Züchtern zu den Sammelbegriffen „Adel und Trockenheit" zusammengefaßt werden. Die Rinder des neuen Standortes wiesen weniger Adel auf und waren nicht so trocken als die Originalimporte. Die Abweichung ist standortsbedingt. Es wird dies weniger für eine Folge des Wetterganges als für ein Ergebnis der üppigen Fütterung gehalten. Von Wichtigkeit werden die Erwägungen für die Wirkung aus der Umwelt bei größeren Unterschieden, wenn die Einheitlichkeit in Typ und Leistung auch in sogenannten Nachzuchtgebieten aus bestimmten Gründen erreicht werden soll. Es sind oft Verhältnisse, die einer züchterischen Entwicklung nicht förderlich sind; für das Streben nach einer Bodenständigkeit eine Lösung aber erheischen, wie wir es für viele Gebiete vorgezeichnet finden, beispielsweise im Nachzuchtgebiet mittlerer rheinischer Höhenlagen für das rotbunte Tiefland-Rind.[1]

Am meisten beachtenswert erscheinen bestimmte Haltungsweisen, wie wir sie bei der Alpung von Milchkühen in der Auswirkung der Umwelt feststellen, daß hier eine Schwankung der Leistungswerte nach der Milchergiebigkeit allgemein bekannt ist. Diese Umweltsreaktion wird durch die sprichwörtliche Robustheit und Erhöhung der körperlichen Widerstandskraft von Rinderrassen in den Alpen gekennzeichnet, die den Ausdruck aber gleichzeitig mit einem Abfall von der üblichen Leistungshöhe aufweisen. Dieser Abfall der Leistungshöhe berichtigt sich in seinem Werte, wenn die gealpten Tiere aus diesem Einflußgebiet in das normale Umweltsverhältnis der Talwirtschaft rückversetzt werden.

Aus der Umweltswirkung für die Haltung bei Rindern kann unter Betonung der Festigkeit des Rassebildes gesagt werden, daß es keinen absoluten äußeren Einheitstyp für große Gebiete geben kann, wenn wesentliche Unterschiede der Bodenkultur zufolge von Klima- und Bodenverhältnissen wirksam werden. Für die praktische Züchtung ergeben sich daraus Anforderungen, die besonders für bäuerliche Züchter in einer typmäßigen Ausbildung der Größe und Schwere gestellt werden und die sich innerhalb gewisser Grenzen nach dem Futter, das aus der Wirtschaft gereicht werden kann, richten muß, wodurch praktisch meist der Ausdruck der Bodenständigkeit umrissen wird. KRONACHER gibt diese Fassung in nachstehenden Sätzen: „... Gerade die Herausbildung eines eigenen, den Sonderverhältnissen des jeweils fraglichen Gebietes angepaßten und für die Ausnutzung der Wirtschaftsverhältnisse in diesen besonders geeigneten Typs bei der Bodenständigmachung einer eingeführten Rasse in einem Nachzuchtgebiete bildet einen Gradmesser und einen Beweis für die Richtigkeit der Wahl der Rasse[2] und bei ihrer Ausgestaltung und Ausnutzung getroffenen Maßnahmen ..."

Vielfach wurden den Wirkungen aus der Umwelt und geänderten Haltungsweisen bei unseren Haustieren eine so ausschlaggebende Rolle zugesprochen, daß sie als bewegende Ursachen allein für eine Entwicklung in Anspruch genommen sein wollten. Die Verpflanzung selbst empfindlicher Zuchtrassen unserer Haus-

---

[1] F. GEMMEKE: Anpassungsfähigkeit und Haltungsbedingungen des rotbunten Tieflandrindes in mittleren rheinischen Höhenlagen. Diss. Bonn, 1938.

[2] C. KRONACHER: Das Problem der Bodenständigkeit in den Nachzuchtgebieten. Dtsch. Landwirtsch. Tierz. **41** (1937).

tiere könnte diese Ansicht allein widerlegen. Wenn wir die Bestände des Braunviehs, der Holstein-Friesen-Rinder und vieler anderer Rassen, nach U. S. A., Kanada ins Auge fassen, können wir solche Veränderungen im Rassengut nicht nachweisen, die lediglich auf Umweltswirkungen beruhen. Die Verpflanzung der Schafbestände nach Australien und Südafrika sowie Amerika, wie überhaupt der Rassenbestand an Haustieren dieser Länder, müßte auf Grundlage dieser Tatsachen einen nach dieser Richtung auswertbaren Nachweis ergeben, der aber trotz dem riesenhaften Umfang der Schafbestände in Australien in diesem Sinne selbst bei der großen Unterschiedlichkeit der Umweltsfaktoren nicht erbracht werden konnte. Im Wesen der einzelnen Haustierrassen beruht auch die Eigenschaft der Eingewöhnung in fremde Umweltsverhältnisse, die im verschiedenen Maße entwickelt ist, wie es die Verbreitung unserer Haustiere vielfach beweist. Unter der Akklimatisationsfähigkeit wird nicht allein eine Anpassungsfähigkeit an Klima schlechthin zu verstehen sein, sondern auch der Boden, die Ernährung, die Nutzung und Haltung in das Zusammenwirken von Einzelkräften einbezogen sein müssen. Diese sogenannte Scholleeinwirkung[1] steht in der Forderung des Ausdruckes der Bodenständigkeit eines Zuchtprinzips verankert. Am besten gibt FRÖLICH[2] die Beziehung von Umwelt und Rasse, die in ihrem Ganzen und in ihrer Festigkeit durch Umwelteinwirkung im Wesen unveränderlich bleibt.

C. Die Aufzuchtfragen.

Für das Erreichen der besten Nutzungsgrößen bei den einzelnen Haustieren kommt in der Lebensdauer keinem Zeitabschnitt so ausschlaggebende Bedeutung zu, wie der Aufzucht und der Jugendentwicklung der Tiere. Einesteils wirken in diesem Stadium hemmende und fördernde Faktoren sich am nachhaltigsten für den Organismus aus, denn die Wachstumsvorgänge erfordern einen von den Extremen der Umwelt möglichst ungestörten Ablauf zur Entfaltung, andernteils liegt im Interesse durch eine naturgemäße und zweckmäßige Aufzucht eine Einsparung der besonders wertvollen Nährstoffe bzw. Futtermittel zu erzielen, die anderwärts eine Ernährungslücke schließen würden, während sie hier im Übermaß für die Zucht durch die sogenannten Üppigkeitsformen mehr Schaden als Nutzen stiften können.

Um die Umweltsauswirkungen und ihre Beziehung zu den Erbanlagen und dem Rassegut im Entwicklungsstadium der Haustiere zu erfassen, liegen nur wenig exakte Ergebnisse vor. Der klassische Versuch WILCKENS', der einseitigen und gegensätzlichen Ernährung zweier Kälber mit Vollmilch einerseits und mit fast ausschließlicher Rauhfutterernährung anderseits, gibt über die Reaktionsweise des Entwicklungsganges einzelner Organe des Rinderkörpers einigen Aufschluß, wenn die Umweltswirkung aus der Ernährung extreme Formen annimmt. Es erscheinen die Untersuchungen HENSELERS[3] über die Entwicklung bei Rindern von diesem Standpunkte um so wertvoller, als gerade die praktischen Fragen für die Zucht in den Vordergrund treten und durch die Bestände des

---

[1] W. ZORN und G. FREIDT: Der Einfluß von Wetter und Klima auf unsere landwirtschaftlichen Nutztiere; ein Beitrag zur Haltungsfrage auf bioklimatischer Grundlage. Züchtungskde., Nr. 1 (1939).

[2] G. FRÖLICH: Über Beziehungen zwischen Umwelt und Rasse. Züchtungskde. 4 (1929).

[3] H. HENSELER: Untersuchungen über die Entwicklung von Kälbern verschiedener Rinderrassen im Haustiergarten zu Halle unter Zuhilfenahme von Messungen, Gewichtsfeststellungen und Lichtbildern, zugleich ein Beitrag zur Ermittlung der Bedeutung von Erbgut und Umwelt für die spätere Gestaltung des Tierkörpers. Kühn-Arch. 49 (1938).

hallischen Haustiergartens die Bedeutung von Umwelt und Erbgut herausgearbeitet werden konnte. Im zusammenfassenden Ergebnis ermöglicht diese Arbeit folgende Schlüsse, die nach HENSELER aus der genannten Arbeit im Wesen folgenden Auszug geben. Bei gleichen, im allgemeinen normalen, d. h. nicht extrem hungrigen und nicht extrem üppigen Aufzuchtsverhältnissen, wie sie im hallischen Haustiergarten vorliegen, haben sich alle Versuchstiere in ihren Rasseeigenschaften, d. h. ihrem Erbgut in entsprechender Weise zu typischen Vertretern der betreffenden Zuchten entwickelt. Der Unterschied im Klima und in den sonstigen Haltungsverhältnissen gegenüber den Verhältnissen im Ursprungsland der Versuchstiere konnte den der Rasse bzw. dem Erbgut entsprechenden Charakter nicht erschüttern. Zu beachten ist hier besonders, daß die hallischen Versuchstiere in der züchterischen Betrachtung als ausgesucht typische und charakteristische Vertreter der betreffenden Zuchten ausgegeben werden. Ein weiterer Versuch[1] nach dieser Richtung, wenn auch weniger eindeutig zufolge der geringen Anzahl der Versuchstiere, zeigt die Schwierigkeit für die Klarheit in diesen Fragen und ist nach der Schlußansicht der Verfasser bemerkenswert. Die Verfasser verlauten auszugsweise. — Sieht man von den ungeklärten physiologischen Verhältnissen hinsichtlich der Milchdrüse ab, so bleibt zusammenfassend eine sehr starke Modifikation des Wachstumsverlaufes und der Gesamtentwicklung durch stark veränderte Ernährungs- und Haltungsbedingungen festzustellen. Die hier beobachtete Beeinflussung der Gesamtentwicklung durch äußere Verhältnisse geht erheblich weiter als man in der Regel annimmt und zeigt wieder deutlich, wie wenig wir noch über die Grenzen der erblichen Bedingtheit morphologischer und physiologischer Eigenschaften, im besonderen jener quantitativer Natur wissen.

Ein weiteres Zeugnis für den Einfluß aus der Umwelt für die Pferde stellt eine Untersuchung über die Fohlenentwicklung durch HÖPLER[2] vor, die im Ergebnis folgendes besagt. — Zusammenfassend wird behauptet, daß das Wachstum der Fohlen durch das Lebensalter und durch die Jahreszeiten beeinflußt wird. Ferner regenreiche Jahre sich innerhalb der Weideperiode und der folgenden Winterfutterperiode entwicklungshemmend auswirken. Schließlich durch Übergang zum Kunstfutterbau und Luzernebau im besonderen auf das Tiefenwachstum der Fohlen fördernd eingewirkt werden konnte.

Abschließend kann zur Umweltswirkung für die Aufzucht gesagt werden, daß wohl Modifikationen für die Erscheinung der Tiere am ehesten im Stadium der Jugendentwicklung möglich werden, diese nicht erblicher Natur sein können. Durch extreme Auswirkung werden gewisse Abänderungen vielleicht auffälliger, doch ist über ihren Verlauf und die Grenzwerte der Abänderungen noch kein endgültiges Urteil möglich. Mit Sicherheit kann bejaht werden, daß im Rassegut und im Erbgut durch Einflüsse aus der Umwelt keine erblichen Abänderungen durch Umwelteinwirkungen während der Aufzucht im üblichen Sinne erreicht werden.

D. Auslese und Paarungstechnik.

Hinsichtlich der Zuchtmethodik bei unseren Haustieren können wir für die Anwendung kein allgemeingültiges Rezept aufstellen, welches für die Rassen

---

[1] C. KRONACHER, J. KLIESCH und H. SCHUBERT: Untersuchungen über das Wachstum und die Entwicklung eines weiblichen Hinterwälder Kalbes von der Geburt bis zum Abschluß des Wachstums unter besonders günstigen Aufzuchtverhältnissen. Z. Züchtg. Reihe B **36** (1936).

[2] E. HÖPLER: Einfluß der Umwelt auf die Entwicklung von Fohlen. Z. Züchtg. Reihe B **30** (1934).

einzeln zum Erfolg führt. Über die bekannten Methoden der Reinzucht, der Inzucht oder Verwandtschafts- und schließlich der Kreuzungszucht in ihren vielfältigen Variationen zu ihrer Durchführung etwas zu sagen, würde eine Wiedergabe der meist schriftlich zugänglichen Erfahrungen der bekannten Zuchterfolge bei unseren Haustierrassen bedeuten. Aus der Übersicht der bisher gehandhabten Methoden geht nur so viel hervor, daß jede dieser Methoden, am richtigen Zuchtmaterial und im geeigneten Zeitpunkt verwendet, seitens der entsprechenden Personen einen Zuchtfortschritt auslösen kann, es aber besonders für die heutigen Entschlüsse der für die Landeszucht Verantwortlichen nicht immer leicht ist, eine gerechte Wertung einzelner Methoden in besonderen Fällen zu geben. Auf Grund des bereits vorhandenen Tatsachenmaterials ist es vielfach von Interesse, die Ergebnisse der Werturteile der einzelnen Züchtungsverfahren nach ihrem Zustandekommen zu berücksichtigen und hinsichtlich ihrer Anwendung zu überblicken, wie die Erfolgsmöglichkeiten bei unseren Haustieren bestehen.

Über die Möglichkeiten und Ergebnisse des Reinzuchtverfahrens herrscht im allgemeinen seitens der Züchter eine Übereinstimmung, da für die Fortführung bewährter Rassen und Zuchten es das geeignetste Zuchtverfahren vorstellt. Aus dieser Einstellung ergibt sich, daß weder Vorteile noch Nachteile aus ihrer Anwendung zu erwarten seien, ihre Wichtigkeit aber dort aufscheint, wo bei einer Zuchtrasse aus umgebenden Gebieten von weniger leistungsfähigen Rassen die Gefahr einer Leistungsverminderung in den Vordergrund für das Bestehen und den Standard der Zuchtrasse eintritt. Schwieriger indessen ist die Fassung des Reinzuchtbegriffes[1] innerhalb seiner Grenzen an und für sich, wenn seine Anwendung innerhalb eines weiten Kreises von Züchtergemeinschaften gegeben ist, wo die Ausgeglichenheit der Bestände weniger Fortschritte oder für die Fassung der Rasse innerhalb bestimmter Gebietskreise die Grenzen nicht festgelegt erscheinen. Das Verfahren der Inzucht hat in seinen verschiedenen Anwendungsformen innerhalb bestimmter Zeiträume in der Tierzucht eine wechselvolle Beurteilung erfahren. Teils wurden durch dieses Verfahren wertvolle Zuchten und Rassen geschaffen, teils hatte sie durch ihre Anwendung in gewissen Fällen, meist durch kritiklose Nachahmung, bekannt gute Zuchten geschädigt oder sogar zum Erlöschen gebracht. Im Ausdruck der Züchter erfolgte die Beurteilung der Handhabung der Inzucht einem wechselnden Spiel der Bejahung und Ablehnung, wie es sich im Bild einer sogenannten Mode in der Haustierzüchtung widerspiegelt. Diese Einschätzung der Inzucht ist unzutreffend, wenn man nur einigermaßen über Wert und Unwert der Entwicklung einiger Zuchtrassen eine Vorstellung gewinnt, wie der Weg über die einzelnen Stufen von Ausgangsrasse zur eigentlichen Zuchtrasse zu verlaufen scheint. Dieses Für und Wider in der Anwendung der Inzucht stellt ADAMETZ[2] in ihrer Auswirkung in anschaulicher Weise dar. Die Schlußfolgerung für die Bedeutung der Inzucht bleibt in ihren außerordentlichen Vorteilen, die in der Anwendung durch erfahrene Züchter auftreten können und sie deshalb nicht allgemein, sondern nur besonders Berufenen[3] innerhalb bestimmter Zuchten zur Anwendung freizugeben ist.

Eine der Verwandtschaftszucht nahestehende Züchtungsmethode besteht in der sogenannten Linienzucht, die in den Grundgedanken mit den gleichen Mitteln

---

[1] A. LYDTIN und A. HERMES: Der Reinzuchtbegriff und seine Auslegung in deutschen und ausländischen Züchtervereinigungen. Arb. Dtsch. Landwirtsch.-Ges. H. 157 (1909).

[2] L. ADAMETZ: Lehrbuch der allgemeinen Tierzucht, S. 238—272. Wien: Julius Springer, 1926.

[3] W. DARRÉ: Die Verantwortung der Tierzucht. Kühn-Arch. 49 (1938).

wie bei der gewöhnlichen Verwandtschaftszucht unter möglichster Beschränkung der Inzuchtstärke einen geschlossenen Stand einer Richtung zu wahren oder zu erreichen sucht. Die Hauptbedeutung[1] der Linienzucht besteht in der Verbreitung bestimmter Anlagen eines als hochwertig erkannten Ahnen in seinen Nachkommen. Die Linienzucht erhöht den verhältnismäßigen Anteil der erbreinen Anlagen und vermindert bei richtiger Führung meist den der erbunreinen; die Zuchtwahl ist indessen allein im Zusammenwirken fähig, die Anzahl der erwünschten Erbfaktoren auf Kosten der unerwünschten zu erhöhen. Indessen verdient in diesem Zusammenhang eine Beobachtung aus den Ergebnissen der Linienzuchten festgehalten zu werden. Aus Beobachtungen und Mitteilungen vieler Züchter aus Frankreich und England sowie auch aus deutschen Zuchten fällt mir auf, daß häufig die wertvollsten Linien von Leistungsrichtungen innerhalb bestimmter Rassen nach einem mehr oder weniger großen Zeitablauf zum Erlöschen kommen. Aus dem Bestand der Rassegemeinschaft treten in der Regel neue Individuen in diese Linien zur Stufe der gesonderten Leistungsrichtung ein und führen sie in ihren Wertgrößen fort, zum Teil übertreffen sie das ursprüngliche Merkmals- oder Leistungsbild. In den vielen Wiederholungsfällen der wertvollen Linien innerhalb gewisser Zuchtgeschichten erscheint immer wieder die Tatsache, daß nach einer Reife der durchgezüchteten Linien ein Erlöschen auftritt und nur durch eine besondere Auswahl oder Ergänzung aus dem größeren Rassenbestand eine Weiterführung möglich wird. Ähnliche Vorgänge werden überdies für einige Rassen-, sogar Artgemeinschaften bestätigt, daß hier eine Gesetzmäßigkeit einer Entwicklung zur Höhe und folgendem Zusammenbruch aus einem Teil sich wiederholt, während ein anderer Teil in einer Ursprünglichkeit sich besser, d. h. unverhältnismäßig länger bewahrt, sodaß aus diesen unterschiedlichen Wegen doch gewisse Entwicklungen auf die Einheit einer gesetzmäßigen Verankerung hinweisen.

Der Erfolgsweg aus den verschiedenen Züchtungsverfahren verstärkt auch diesen Hinweis. Aus der Erkenntnis für die Wertung[2] und Anwendung der gebräuchlichsten Zuchtverfahren wird behauptet, daß bei Verfolgung des Zuchtzieles ein sinnvolles Nach- und Nebeneinander bestimmter Zuchtverfahren die größten Erfolgsmöglichkeiten verspricht.

Die Kreuzungszucht findet Verwendung als Veredlungskreuzung, als Verdrängungskreuzung zur Verbesserung von Form und Leistung bestimmter Rassen. Nicht im Sinne einer Zucht zur Erzeugung von Gebrauchstieren wird die Kreuzung mehr und mehr angewendet. Im züchterischen Sinne ist die Methode der Kreuzungszucht keinesfalls allgemein zu verwenden oder zu empfehlen. Dem Einwand, daß schließlich viele der neuen und leistungsfähigen Zuchtrassen in ihrem Ursprung aus vorangegangenen Kreuzungen neue Impulse für die Zuchtentwicklung ableiten (englisches Vollblut, Shorthorn, bestimmte Schweinerassen usw.), können aus der Haustierzüchtung ebenso Fälle gegenübergestellt werden, daß durch wahllose Kreuzung in größerem Umfange viele der ursprünglichen Rassen in ihrem Bestehen gefährdet wurden oder auch verschwunden sind. In der Kreuzungszucht bleibt immer entscheidend ihre beschränkte Anwendung und eine folgerichtig einsetzende Auslesewirkung nach Zuchtzielen, die keine Beeinträchtigung der biologischen Lebenskraft im Gefolge haben. Für die Kreuzungszucht kann es auch kaum eine Regel für eine allgemeine Anwendung geben, denn

---

[1] A. Sciuchetti: Grundlagen und Folgerungen der Linienzucht. Züchtungskde. **10** (1935).

[2] L. Krüger: Begründung, Wert und Anwendung der gebräuchlichsten Zuchtverfahren. Züchtungskde. **11** (1936).

sie kann nur für den Bereich besonderer Zuchtaufgaben gelten, die nur von Praktikern mit hohem Verantwortungsbewußtsein durchgeführt werden können. Auf Grund vieler züchterischer Erfolge aus dem Verfahren der Kreuzungszucht kann in einer biologischen Wertungsweise eine Erkenntnis zum *Ausdruck* gebracht werden, daß die Kreuzungszucht in bestimmten Fällen das Gefüge einer Reihe von Erbfaktoren in einem Rassegut in ihrem Zusammenhang auflockert und eine richtig einsetzende Auslese nach erwünschten Eigenschaften sich leichter und schneller zu einem Ziele führen läßt. Diese Erklärung würde viele Widersprüche aus so manchem Zuchtverfahren zur Festigung eines bestimmten Erbbildes unserer Zuchtrassen dem Verständnis näherbringen.

Für die Paarungs- und Auslesetechnik führen die Richtlinien bei der Haustierzucht bereits aus dem Umwelteinfluß in das rein Persönliche des Züchters. Für die Erfahrungsgrundsätze des Anpaarens der Haustiere ist für deren Durchführung heute ein *fördernder Umstand* beachtenswert. Die künstliche Befruchtung gibt mehr Unabhängigkeit und, wie ihr Gebrauch bei Rindern[1] usw. zeigte, kann ihre Anwendung nur gerechtfertigt werden, wenn auch noch viele Züchter sich des Eindruckes nicht erwehren, daß hier die Natur des Tieres in einem Funktionsablauf zu sehr betrogen würde.

In dieser Unabhängigkeit, in der Handhabung einer je nach den Umständen vorteilhaften Zuchttechnik, besonders in der Führung einer geeigneten Auslese liegt dann der größte Angriffspunkt, den das menschliche Wirken in der Haustierzucht zum Ausdruck bringen kann, wenn die Kenntnis des Rassegutes und eines erblichen Verhaltens in den Rahmen der züchterischen Richtlinien eingefügt werden kann. Die Kenntnis der Stammeskunde und der Rassenkunde unserer Haustiere gibt für diesen Weg die erfolgreichsten Beispiele und die Weiser für eine Auslese. Alle maßgebenden Gesichtspunkte für die Auslese der Tiere bei der Züchtung auch nur aufzuzählen ist unmöglich, man wird sich vielfach damit begnügen müssen, aus den Körperformen der äußeren Erscheinung und den sonstigen faßbaren Merkmalen ein Bewertungsurteil zu finden, welches der Richtlinie des Zuchtzieles entspricht. Dieses Urteil mehr von persönlichen Auslegungen unabhängig zu machen und mehr die rein sachliche Seite in einer objektiv faßbaren Form auszudrücken, bildete von jeher eine Fragestellung für die Züchter. Vielfach schritt man auch zum Ausdruck solcher Bewertung in Ziffern und der Feststellung in einwandfreien Meßgrößen, denen in bestimmten Fällen ein Fortschritt[2] in der Tierbeurteilung zugesprochen wird. Es stehen dabei auch für die Auslese eine Menge von Rücksichten auf die sogenannten Leistungsmerkmale im Vordergrund oder eine Rücksichtnahme auf jene Organe, deren Beschaffenheit direkt einen Schluß auf die Leistungsfähigkeit zulassen würden. In dieser Berücksichtigung nach der Leistung sind besondere Erfordernisse nach Gesundheit, passendem Alter usw. in das Zusammenspiel des Lebensganzen des Zuchttieres einzufügen, wozu oft noch eine Reihe der feineren züchterischen Unterscheidungen kommen, die außerordentlich schwer zu fassen sind. Die Umschreibung letzterer, die nach meinen Beobachtungen und Aussprachen einer ganzen Reihe namentlich englischer Züchterkreise in einem ungemein ausgeprägten Formensinn beruhen, möchte ich mit dem Hinweis auf eine Schilderung von G. RAU[3] kennzeichnen, worin es sich um einen Gesichtsausdruck in seiner Be-

---

[1] A. DIAN: Risultati dal 1° Centro di Fecondazione Artificiale del Veneto per bovini a Dolo (Venezia). La Fecondazione Artificiale. Mailand, 1938.

[2] A. SCHMID: Die Zahl in der Beurteilung der äußeren Erscheinung der Haustiere. Schweiz. Landwirtsch. Mh. 16 (1938).

[3] G. RAU: Die Beurteilung des Warmblutpferdes.. Anleitungen d. Dtsch. Ges. f. Züchtungskde., H. 36/38, S. 7 (1935).

ziehung zur Erfassung eines Zuchtwertes handelt. Der Weg der Auslese berücksichtigte bisher auch zum allergrößten Teile die äußere Erscheinung, während die Verhältnisse aus der Vererbung meist zum geringsten Teil oder vielfach gar nicht in Betracht gezogen wurden. Die Ahnentafeln oder Angaben über die Leistungen der Vorfahren oder der Verwandten des Zuchttieres bleiben noch zu sehr bei den züchterischen Entschlüssen außer acht und doch ist das Erbbild der bedeutsamste Faktor in der Züchtung überhaupt. Die erbkundlichen Erwägungen treten auch noch deshalb in den Hintergrund, da sie durch großen Aufwand, der zu einem Überblick über die Erbgüte führen soll, zu umständlich und unbequem wird. Diese Unbequemlichkeit darf den Züchter aber durchaus nicht abschrecken nach der Beurteilung der äußeren Verhältnisse, den Versuch zu unternehmen, die Güte der Erbmasse seiner Zuchttiere zu ermitteln. Die Verfahren zur Ermittlung der Erbmasse unserer Zuchttiere sind vielfach neu und in einem weiten Anwendungskreis noch nicht erprobt, aber es kann vielfach als Fortschritt betrachtet werden, wenn Züchter in dieser Gedankenrichtung selbst dort einen Versuch nach dieser Arbeitsweise unternehmen, wo die Angaben über die Vorfahren des Zuchttieres dürftig zu nennen sind und um weiter aus den direkten Verwandtschaften des Tieres zu etwaigen Nachkommen eine Wahrscheinlichkeit für das erbliche Verhalten ableiten zu können.

Zweiter Abschnitt.

Die Hausrinder und ihre züchterische Entwicklung.

I. Abstammung und Rassendifferenzierung der Rinder.

A. Die Stammformen und das Hausbarwerden der Rinder.

Nach dem heutigen Wissensstande der Haustierforschung leiten wir unsere Hausrinder in der Herkunft von Wildrindern ab. Über die Formen dieser Wildrinder können wir uns in der Hauptsache das Erscheinungsbild im Zeitpunkt des Hausbarwerdens der Rinder auf Grund von Funden des bestimmbaren Schädel- und Skelettmaterials ein mehr oder weniger zutreffendes Bild aufbauen, soweit wir nicht in Widerspruch mit dem bisher erforschten Lebensbild dieser Rinder geraten. Die Ergänzung zum Ganzen eines solchen Lebensbildes können wir ferner aus überlieferten Bildern von Wildrindern gewinnen. Am wertvollsten sind nach dieser Richtung die erschlossenen Felszeichnungen der vorgeschichtlichen Völker gewisser Höhlen in den Alpen, in Südwesteuropa und in Nordafrika. Auch das überlieferte Bild des Urs in der HERBERSTAINschen Abbildung[1] aus dem 16. Jahrhundert ist nach dieser Richtung wertvoll. Die Beschreibungen der Vertreter der letzten Exemplare des europäischen Ur-Rindes, welche in den massowischen Wäldern 1627 erlegt wurden, können einigen Aufschluß zum Lebensbild beisteuern. Die neuesten Versuche über die Rückzüchtung des Urs, wie sie bisher am erfolgreichsten im Tierpark von Hellabrunn zu München seitens H. HECK in Angriff genommen wurden, können nach den bisher erreichten Ergebnissen unsere Kenntnis über die Vorstellung und Lebensart des Ur-Rindes erweitern. Um aber den Zeitfaktor in der Entwicklung einer Rasse und in weiterer

---

[1] A. NEHRING: Die HERBERSTAINschen Abbildungen des Ur und des Bison. Landwirtsch. Jb. 25 (1896). — L. ADAMETZ: Über das in ULRICH VON RICHENTALschen Chronik des Konstanzer Konzils befindlichen Bildnis des Auerochsen. Sonderdruck Z. landwirtsch. Versuchswesen in Österr. 11 (1908).

Folge der Zucht eines Tieres nicht zu übersehen, um die möglichen Variationen und Veränderungen des Erbgutes in seiner, allerdings schwer erfaßbaren, Fortentwicklung aus dem Entwicklungsweg nicht auszuschalten, bleiben die vorgeschichtlichen Urkunden der Höhlenbilder und die anatomischen Grundlagen aus den Funden die sichersten Beweisstücke. Von den Höhlenbildern sind für die Haustierwelt die wertvollsten aus einigen südfranzösischen Höhlen sowie die aus Spanien wie Altamira, Minateda und Nordafrika usw. Von den anatomischen Grundlagen aus Funden ist ein reiches osteologisches Material vorhanden, dessen zum Teil sicher fundierte Zeitbestimmung uns einen Überblick über die Art der Wildrinder gestattet, die für das Gebiet von Europa und seiner angrenzenden Landstrecken als Stammformen für unsere Hausrinder in Betracht kommen. Über die Art und Zahl dieser Wildrinder gingen vielfach die Meinungen der einzelnen Forscher auseinander, aber mit den zahlreicher werdenden Funden aus der Vorgeschichte lassen sich immer mehr Belegstücke heranziehen, die die ursprünglich widerstreitenden Meinungen korrigieren und zu fortschreitender Klarheit in das Wissensbild über unsere Hausrinder nach der Rassengliederung und ihren Entwicklungsweg bis zur heutigen Züchtungsstufe einfügen. Diese mühevolle Art des Zusammentragens der einzelnen urkundlichen Belegstücke gibt auch für das Bild unserer Haustierrassen die Unterlagen, die die gesetzmäßigen kleinen Änderungen des Erbgutes der Rasse und in weiterer Folge auch der Art in den Reihen der Generationen zuläßt. Über die Formen gewisser Zwischenstufen muß manche Wissenslücke aufscheinen, da der lange Entwicklungsweg im Maßstab einer Generationsdauer des Menschen und seiner geschichtlichen und vorgeschichtlichen Zeiträume kaum überbrückt werden kann, um den Ablauf einer entwicklungsmäßigen Gesetzmäßigkeit nach dem Aufbau und der Festigkeitsdauer einer bestimmten Erbmasse zu erfassen.

Jede gesetzmäßige Veränderung der Art im Sinne der Entwicklung nach der DARWINschen Deszendenztheorie wird den unmittelbaren Nachweis, vermöge der Unüberbrückbarkeit solcher Zeiträume, in der Reihe einer stetigen Folge der Stammeslinie kaum veranschaulichen lassen, wenn die Unterschiedlichkeit der Arten in der heute übereingekommenen wissenschaftlichen Nomenklatur feststeht. Dagegen ergibt sich die Möglichkeit in einem praktisch erweiterten Rassenbegriff der heutigen wissenschaftlichen Bestimmungsweisen im Wege des Zuchtablaufes der rezenten Haustierrassen zum Nachweis einer stetigen Entwicklung. Vielleicht kann man zur Vorstellung auch eines gesetzmäßigen Aufartungsganges gelangen, welcher die Veränderungen eines bestimmten Erbgutes erkennen und nachweisen läßt. Für Veränderungen des Erbgutes bei gewissen. Haustierrassen und ihre Festigung im Sinne der ständigen Erhaltung eines neuen Eigenschaftsbildes oder Eigenschaftswertes bietet der Entwicklungsweg unserer Haustierrassen eine reiche Zahl von Beispielen. Allerdings muß für die Wertung unserer Haustierrassen und ihre Gliederung nur ein Weg maßgebend bleiben, der sich nur auf den Grundlagen einer natürlichen Entwicklung aufbauen darf. Die Wertung kann sich dann nur nach den stammesgeschichtlichen Grundlagen, ihrer Urkunden und den nachweisbaren zuchtgeschichtlichen Entwicklungen richten. Mögen diese Unterlagen noch so schwierig zu beschaffen sein und in ihrer Erfassung unzugänglich erscheinen, sie bleiben der einzige Weg, um über die gesetzmäßige Fortentwicklung unserer Rinder und ihre natürliche rasseliche Wertung Richtlinien zu vermitteln, die den Schlüssel für die Erkenntnis des Weges zu einer Aufartung geben oder im praktischen Sinne zum Verständnis der höher gearteten rasselichen Leistungsformen führen können.

In Verfolgung dieser Leitlinie ist hier der Versuch unternommen, für unsere heutigen Rassen der Haustiere die natürliche Folge im Entwicklungsweg aufzuzeichnen, die sich aus der Reihe der Wildrinder als Stammformen über das Hausbarwerden und die große Zahl der vorläufig noch unüberblickbaren Generationsfolgen ergibt, solange wir den Zeitpunkt der Überführung in den Hausstand und die jeweilige Dauer einer einzelnen Zuchtfolge nicht verläßlich ermitteln können. Immerhin bleibt es wertvoll, auf Grund der heutigen Rassenbestände unserer Haustiere in ihren Verschiedenheiten die rasseliche Wertung immer näher an ihre natürliche Entwicklung anzuschließen, um über den Weg der verschiedenen Bilder des Erbgutes unserer Haustierrassen den gesetzmäßigen stetigen

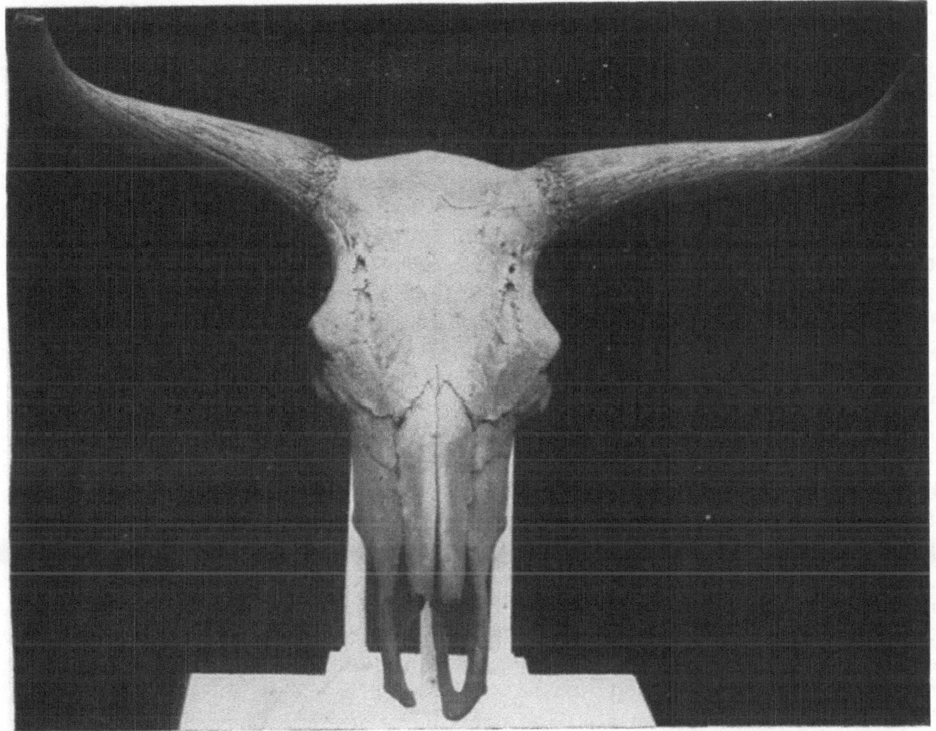

Abb. 1   Schädel vom Ur-Rind, Bos primigenius Boj. (Schlankhörnige Form. London Kens. Mus.)

Änderungen näherzukommen. Über ihre Ursachen oder Gründe, die die Veränderungen auslösen, könnte man einen neuen Einblick gewinnen, und wäre es nur vorläufig in der Form einer theoretischen Erkenntnis. Die Art des Vorgehens führt uns bei den europäischen Haustierrassen und besonders bei den Rassen der Rinder zu einem Überblick, der durch die Art der Züchtungsstufe gewissermaßen auch als Wertausdruck im eingeschränkten Sinne für die Rasse selbst gültig sein kann.

Um zu einer zusammenstellenden Schau über die Unterlagen zur Gewinnung eines Lebensbildes über die europäischen Wildrinder zu kommen, soweit sie für die Abstammung der heimischen Rinderrassen in Betracht zu ziehen sind, möchte ich nachstehendes ausführen. Nach den bisher ermittelten zwei Arten eines Ur-Rindes betrachten wir das eigentliche Ur-Rind (*Bos primigenus* Boj.) und eine kleinere kurzhörnige Art des Ur-Rindes, fälschlich Auerochs genannt (*Bos europ. brachyceros* A.), als Stammformen.

Die kurzhörnige Form des Ur-Rindes als Stammform stützt sich auf Funde, die ADAMETZ[1, 2] untersuchte. Diese beiden Wildrindschädel aus den Funden von Krzeszowice und Pamiatkowo zeigen auf weitgehende Ähnlichkeit des Schädelbaues bei den sogenannten Kurzhorn- (*Brachyceros*-) Rassen hin, die bestandsreicher und ausgeprägter bei den Rassengruppen im Bereiche der Balkanhalbinsel festgestellt wurden. Die Art dieses Wildrindes nach den kennzeichnenden Merkmalen des Schädelbaues zeigen auch in einer späteren Folge der Entwicklung im hausbaren Zustand die Pfahlbaurinder. Die Formenausgestaltung aus diesen Funden eines bereits hausbaren kurzhörnigen Rindes kann in einer gewissen Ausbildung mit dem heutigen Verbreitungskreis des europäischen Kurzhornrindes in Übereinstimmung gebracht werden. Die Funde des langstirnigen Rindes in England, die aus den Torfmooren bei Wismar, die Schweizer Pfahlbaufunde usw. geben die Unterlagen ab.[3, 4]

Über den Ur Europas, der in der großen Reichweite seines Verbreitungsgebietes auf die angrenzenden Kontinente sein Vorkommen in den einzelnen Zeiträumen bestätigte, gibt es eine reichere Zahl von Schädeln und Skeleten, daß über diese Form des Wildrindes sich ein zutreffendes Lebensbild zurechtstellen läßt. Funde aus dem Diluvium, Alluvium und in vorgeschichtlicher Zeit sind in einer Zahl vorhanden, daß wir auch über seine Variation und seine Unterarten ein Bild gewinnen können. Die Funde[5, 6] aus Steinheim bei Stuttgart, aus den ostpreußischen Gebieten, aus England, Schweden, ferner den Alpen- und Apenningebieten werden über den Umfang der möglichen Abänderungen gerecht, daß wir die Unterschiede, die sich nach der Abstammung nach bestimmten Formen erkennen lassen, für die Fortentwicklung der Generationsfolgen über ein Erbbild heranziehen können, soweit wir die einzelnen Zeitabschnitte mit einiger Sicherheit bestimmen könnten. Als Ergänzung können nach dieser Richtung, wie bereits erwähnt, die vorgeschichtlichen Abbildungen und die Jagdbilder und Bildwerke der frühgeschichtlichen Völker[7] Vorderasiens, Ägyptens und Griechenlands gelten.

Der Vorgang des Hausbarwerdens unserer Rinder ist uns weder bekannt noch im Zeitpunkt der Durchführung für uns näher bestimmbar. Die Meinungen und Ansichten sind zu widersprechend und, soweit diese nicht auf der Kenntnis einer exakten Methodenübersicht der Zähmung und der Überführung der betreffenden Wildform in den hausbaren Zustand beruhen, dürfte dieser Punkt kaum weiter einen Fortschritt nach der Richtung der weiteren Klarstellung zu verzeichnen haben. Ob nun die Übernahme in den Hausstand aus kultischen, wirtschaftlichen bzw. beiden Zweckbestimmungen gemeinsam erfolgte oder sich

----

[1] L. ADAMETZ: Studien über Bos (europaeus) brachyceros, die neue Stammform der Brachycerosrassen des europäischen Hausrindes. J. Landwirtsch. **46** (1898).

[2] L. ADAMETZ: Kraniologische Untersuchungen des Wildrindes von Pamiatkowo. Arb. Lehrk. Tierz., H. f. B. Wien, Bd. 3. Wien: Julius Springer, 1926.

[3] L. RÜTIMEYER: Die Fauna der Pfahlbauten in der Schweiz. Neue Denkschr. d. Schweiz. Naturforsch.-Ges. Vol. 19 (1862).

[4] W. ZENGEL: Die prähistorischen Rinderschädel im Museum zu Schwerin. Bern; Diss. 1910.

[5] L. H. BOJANUS: De Uro nostrate. Nova acta. Acad. Leop. Carol. **13** (1827).

[6] K. HITTCHER: Untersuchungen von Schädeln der Gattung Bos unter besonderer Berücksichtigung einiger in ostpreußischen Torfmooren gefundenen Rinderschädel. Königsberg: Diss, 1888.

[7] U. J. DUERST: Die ältesten bisher bekannten subfossilen Haustiere und ihre Beziehungen zu prähistorischen und frühgeschichtlichen Rinderschlägen. Hannover: Schaper. 1910. — U. J. DUERST: Wilde und zahme Rinder der Vorzeit. Natur und Schule. **2** (1903).

aus einem gewissen Triebe des Gemeinschaftsempfindens des primitiven Menschen zu seiner Tierwelt ergab, muß dahingestellt bleiben. Sicher ist, daß eine solche primäre Vorstellung aus einer bestimmten psychischen Einstellung sich ergeben mußte und die Schrittentwicklung nach einer Gemeinschaft zwischen Mensch und Tier hier aus dem ersten Stadium eine Form annahm, die den Gegebenheiten von Umwelt und Entwicklung und der Summe eines bestimmten Erbgutes sich von beiden Seiten aus vollziehen mußte. Allgemein ist heute die An-

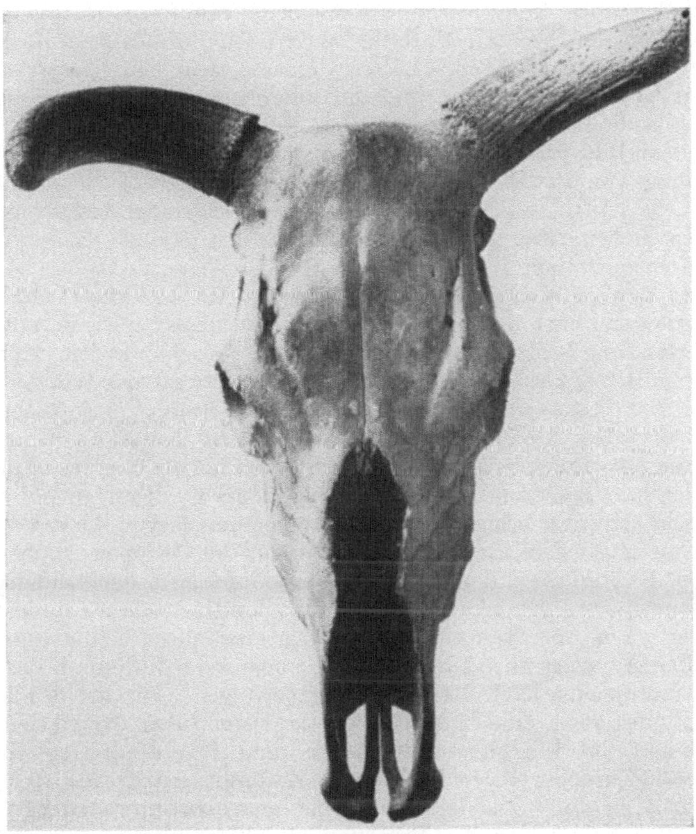

Abb. 2. Wildrind von Pamiatkowo (Europäus Form), Bos europ. brachyceros A.; Stammform der Rassen in Kennzeichnung der Kurzhornrinder.

nahme, daß das Hausbarwerden des Rindes in verschiedenen Zeitpunkten und verschiedenen Örtlichkeiten stattfand und in einen sehr frühen Zeitpunkt der Lebensentwicklung des Menschen selbst zurückgreift. Bei unseren verschiedenen Stammformen der Wildrinder ist ferner der Umstand der biologischen Wertung in diesem besonderen Fall nicht so unwichtig, wenn wir bedenken, daß die rasseliche Differenzierung , soweit sie faßbar scheint, besonders innerhalb eines Zeitraumes eine wesentliche Ausgestaltung erfuhr, bzw. in den überlieferten Zuchtentwicklungen ein größerer Auftrieb verzeichnet werden kann, wenn die Wildformen aussterben oder in einer so minimalen Bestandgröße existieren, daß sie praktisch aufgehört haben, für das Leben der hausbaren Nachkommen eine Rolle zu spielen. Sicher ist hier auch eine Form der Auslesewirkung mitbestimmend, deren Fassung schwierig ist, für die Grundlagen der Rasseentstehung aber wichtig bleibt.

B. Zucht- und Auslesewirkungen nach Verteilung der Stammeslinien in weiteren Generationsfolgen als Grundlage der Entwicklung rasselichen Erbgutes.

In der Auffassung von rasselichen Unterschieden der beiden angeführten Wildrinder selbst können wir heute nichts Bestimmtes sagen, es sei, daß wir aus der weitreichenden Verbreitung des Urs und seiner großen Variationsbreite gewisse Schlüsse ableiten, die auch in der Aufstellung von Unterarten[1, 2] des Urs seinen Ausdruck findet. Die Unterschiede von Stammrassen ließen nach Untersuchungen am rezenten Material heute noch Formenkreise erkennen,[3] die wir mit einer westeuropäischen Abart, einer nordischen Unterart und dem eigentlichen Ur in Mitteleuropa und der angrenzenden Gebiete fassen können. Nach dem Stande der heutigen biologischen Kenntnis hinsichtlich der Variationsfrage und dem Bild über gewisse Mutationsörtlichkeiten gewinnt die Frage der Herausbildung von rasselichen Unterschieden mehr Wahrscheinlichkeit, wenn wir uns an die hausbaren Nachkommen dieser Wildrinder halten und ein Bild zu gewinnen suchen, wie in ihrer Stammform der gesamte Rassenbestand der Rinder den europäischen Raum erfüllt und auf welche Nachweise wir das Entstehen eines solchen Verteilungsbildes in seiner Entwicklung stützen können. Ein Nachweis kann nach der Richtung der Wanderungen gewisser Volkselemente in ihrer Verbindung bestimmter Haustierrassen erbracht werden. Für die Frühzeit der europäischen Geschichte können wir einerseits aus der Wanderung alpiner und hamitischer Volkselemente eine Linie in der Erfüllung europäischer Gebiete durch die hausbaren Abkömmlinge des Urs und des Kurzhorn-Rindes ableiten. Inwieweit die Überführung der Wildrinder in den hausbaren Stand auf europäischem Boden stattgefunden hat, darüber können wir allgemein haltbare Nachweise nur sehr schwer erbringen. Nach Untersuchungen von ADAMETZ[4] gewinnen wir in Europa einen gebietsweisen Überblick für die Gruppen der beiden unterschiedlichen Rassenkreise der hausbaren Nachkommen der beiden Stammesformen, wonach zwei Einbruchstore für eine kontinentale Ausbreitung festgestellt werden. Von der Stammform einer Unterart des Ur-Rindes ist der Weg aus dem alten Ägypten über Nordafrika, die spanische Halbinsel, die westlichen Gebiete in Europa bis nach Britannien zu verfolgen. Für die Stammform des Kurzhorn-Rindes liegt ein Einbruchstor im Osten über Kleinasien nach der Balkanhalbinsel, im Weg über den Alpen- und Karpatenbogen ebenfalls bis in den Westen Europas. Es bleibt hier die Bestandesgruppe gewisser Kurzhornrassen in einem ziemlich geschlossenen Gebiet eines bestimmten Teiles von Westeuropa erhalten, wenn wir die Bretagne, die Kanalinseln, Jersey, Guernsey, weiter Irland und Wales im Zusammenhang betrachten. Inwieweit hier eine frühere oder spätere gebietsweise Geschlossenheit der Rotviehgruppe im Mittelgebirge in ihrer Linie nach Osten und gewisser Landschaften der Ost- und Nordsee bestanden hat, kann in der Art und dem Umfang aus den Wanderungen

---

[1] M. HILZHEIMER: Natürliche Rassengeschichte der Haussäugetiere. Berlin: W. de Gruyter & Co., 1926.

[2] K. MALSBURG: Über neue Formen des kleinen diluvialen Urrindes. Krakau: Akad. d. Wiss., 1911.

[3] L. ADAMETZ: Der sexuelle Dimorphismus am Schädel des Urs und seine Beziehungen zum Rassen- und Abstammungsproblem des Hausrindes. Wien: Biologia Generalis **6** 1930.

[4] L. ADAMETZ: Haustierrassen und Kulturpflanzen des alpinen Menschentypus als Weiser für dessen Herkunft. Berlin: Z. Züchtg. Reihe B **31** (1935). — L. ADAMETZ: Herkunft und Wanderung der Hamiten, erschlossen aus ihren Haustierrassen. Leipzig; O. Harrassowitz, 1920.

der germanischen Volksteile sich ergeben. Allerdings ist im letzteren Falle zu
berücksichtigen, daß wir hier sehr exakt die rasseliche Verwandtschaft der heute
vorhandenen Bestände, die sich aus diesem Zeitraum möglichst in ihrem primitiven Eigenschaftsbild erhalten haben, im Ergebnis heutiger Untersuchungen
als Weiser heranziehen müssen. Soweit wir in der antiken Tierwelt faßbare
Überlieferung für die Klärung des Zusammenhanges von Rasse und Erbgut
auf Grundlage einer Entwicklung bei Rindern herausfinden können, kommen
wir zu dem Schluß, daß im wesentlichen die Bestandsaufteilung im Sinne der
Rassen nach den heutigen Stammeslinien bestanden hat. Die Veränderungen
sind in erster Linie aus den historischen Wanderungen der germanischen Völker-
stämme nur in gewissen Gebieten als nachhaltig abzuleiten, bei weitem entscheidender dürfte für die Rinder sich ihr züchterisches Geschick auf eine Ent-

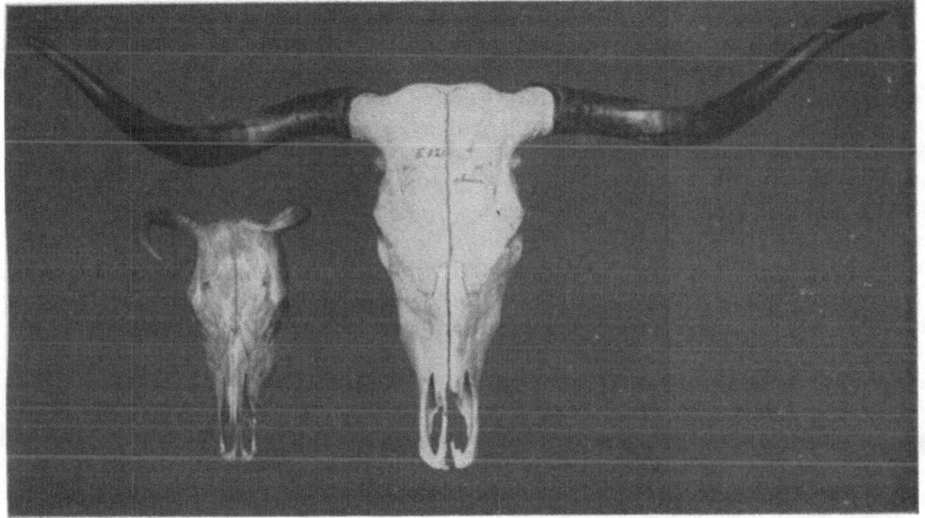

Abb. 3. Schädel der andalusischen Rinderrasse (rechts) (kennzeichnendes Schädelbild für reine Primigenius-
Rassen).   Schädel des albanesischen Rindes (links) (kennzeichnendes Schädelbild für reine Brachyceros-
oder Kurzhorn-Rassen).

wicklung gewisser Rinderbestände ausgewirkt haben, die ihnen in den einzelnen
Gebieten zugänglich waren oder von ihnen zum Aufbau in einer rasselichen Entwicklung herangeholt wurden. In Thrazien, Mösien, Illyrien dürften die langhörnigen Nachkommen des Ur-Rindes kaum so nachhaltig eingewirkt haben,
daß eine Änderung des Verteilungsbildes gewisser Rasseinseln südlich der Donau
und Save erfolgte. In Hellas, Peloponnes, den Inseln blieb die kurzhörnige Rasse
in ihrem Zuchtgebiet ohne weitere Veränderung erhalten mit Ausnahme jener
Gebiete, die Grenz- oder unmittelbares Nachbargebiet der weit früher in das
Land gekommenen Ur-Rindnachkommen waren. Italien dürfte in dieser Zeit
einen Auftrieb seiner Rinderzucht erlebt haben und COLUMELLA weist auf gewisse
Unterschiede hin, aus denen wir die Zuchtgebiete des Apennins, Etrurien, Umbrien,
Campanien, Apulien und Sizilien mit dem Schluß auf einen Bestand ableiten
können, der in der Hauptmasse Nachkommen des Ur-Rindes verkörpern dürfte.
Die Angaben[1] über Gallien, besonders das transalpine Gallien, Britannien,
Germanien lassen nach CÄSAR und TACITUS eine bestimmte Stellungnahme

---

[1] O. KELLER: Die antike Tierwelt. Leipzig: W. Engelmann, 1909.

Holecek, Angewandte Tierzucht.   3

weit weniger zu, denn gewisse Widersprüche bleiben nach einer züchterischen Auffassung kaum tragbar und eine Unterlage für ihre Aufklärung fand sich bisher nicht, wenigstens nicht in der Form, daß man sie als unwiderleglich betrachten könnte. Dagegen zeichnet sich das Alpenrind der Helvetier in einer Form ab, daß wir die Nachkommen der Torfkuh für ihre rasseliche Zwischenstufe in die Generationsfolgen einfügen können. Ebenso gilt dies für Spanien und den Rinderstand von Kyrenaika, ferner den des alten Ägypten mit den anschließenden Gebieten Syriens, wo nach den Zitaten des PLINIUS und ARISTOTELES die prächtigen hochgebauten Langhornrinder nicht den Bestandsumfang aufrechterhielten, daß das Bild dieser Rinder dort bestehen blieb, welche Tatsache mit dem heutigen Zustand sich gut in Übereinstimmung bringen läßt.

Um eine Rasseentwicklung im züchterischen Sinne auch den Praktikern in ihrem Erscheinungsbild unter Betonung der möglichen Fortentwicklung zu veranschaulichen, möchte ich auf die Bildfolge guter Rassetypen bei unseren bekanntesten Rinderrassen hinweisen, die durch die Gegenüberstellung verschiedener Züchtungsstufen erzielt werden kann. Es wäre dies bei den a) Berner-Rotschecken alter Zuchtrichtung und dem Simmentaler-Rinde, b) der Formenreichtum der Abkömmlinge des Fleckviehs im Vergleich zur ursprünglichen Ausgangsrasse, c) dem alten Bündner-Vieh, dem Montafoner alter Zuchtrichtung und den Hochzuchten des Schweizer-Braunviehs, d) den alten primitiven Typen des Niederungsviehs und den Ostfriesen- und Holländer-Rindern in ihrer Hochzuchtform sowie einigen Rassen, die von Zuchtstufen der Landrasse zur Zuchtrasse und Hochzucht in verhältnismäßig kurzer Zeit verbessert werden konnten. Die weiter exakte Aufnahme eines Bestandes unter besonderer Berücksichtigung der erblichen Unterschiede in Form und Leistung kann im Verein zu einer solchen Bildfolge der unterschiedlichen Züchtungsstufen ein und derselben Rasse in reiner Stammeslinie einen Entwicklungsweg aufzeigen. Die Auswertung dieses Verfahrens gibt in der Reihe der unterschiedlichen Zuchtstufen derselben Rasse das Ergebnis der mannigfachen Auslesewirkungen in einem rasselichen Bestandesumfang in seiner Beziehung zum Gesamtverhalten des Erbgutes wieder. Wenn weiter die Umweltauswirkungen in einer Norm einzuschätzen sind, kann dieser bildliche Vergleich der Generationsfolgen in seiner rasselichen Größe eine Vorstellung der erreichbaren Möglichkeiten der Wandlungsfähigkeit nach Fortentwicklung gewisser Erbanlagen vermitteln. Mit Ausnahme von gewissen, schwieriger faßbaren, morphologischen Eigenschaften des Schädels und besonderen meßbaren Leistungswerten müssen wir uns heute beim Rinde eingestehen, daß unsere derzeitigen Hilfsmittel diese Wandlungen zu fassen heute unzulänglich sind und sie nur in besonderen Fällen für eine Erkenntnis auf exakt meßbarer Unterlage möglich scheinen würden.

II. Der Rassenkreis der Stammeslinie des Ur-Rindes.

Der Rassenkreis des Ur-Rindes läßt im Hinblick auf seine Verbreitung in den europäischen Landschaften und der angrenzenden Gebiete eine Gliederung erkennen, die nicht nur zahlenmäßig, sondern auch nach der Gestaltung gewisser Merkmale in größeren Unterschieden zum Ausdruck kommt. Die Tatsache bringt es mit sich, daß eine richtige natürliche Ordnung hinsichtlich der Folge der einzelnen Rassengruppen auf Schwierigkeiten stößt, da wir über die Ursachen und den Gang der Entwicklung selbst sehr durchgreifender Rassenunterschiede nur auf Vermutungen gestellt sind, denen wir nur an umfangreichen Untersuchungen der einzelnen hierhergehörenden Rassen eine Stütze verleihen können. Eine Ansicht ging ursprünglich dahin, daß für jede Gruppe eine besondere Art des Wildrindes als Stammform in Frage kommen könne. Die Hypothese erwies mangels erbrachter Beweise mit der fortschreitenden Zahl der Untersuchungen der gegenwärtigen Rassen Rassenbestände als unhaltbar. Immerhin bringt der Nachweis der Variabilität des Ur-Rindes nach dieser Richtung einige Klarheit für die unterschiedliche Gestaltung dieser Rassengruppen, deren Trennung aber um so schwieriger wird, je mehr sich innerhalb der Rassenbestände züchterische Einwirkungen durch Kreuzungen und Auslese im modernen Sinne bemerkbar machen. Von den Variationsformen des Ur-Rindes[1] ist heute eine Reihe unterscheidbar, obwohl diese präzise Trennung innerhalb der einzelnen Gruppen nicht immer mit Sicherheit gelingt. Eine Trennung läßt sich am leichtesten zwischen der nordischen Art des Urs und der Sonderform des südwesteuropäischen Urs durchführen. Die Form des europäischen Urs in den mitteleuropäischen und osteuropäischen Ebenen und der Apennin-Halbinsel ist heute sehr umstritten, denn die Form des breitstirnigen primigenen Rindes kann sich auch aus einer Form herleiten, welche eine Rassengruppe durch Auslesewirkung einer Mutationsform bereits hausbar gemachter Rinder von den anderen Gruppen unterscheidet, bzw. nach der Richtung in einer langen Entwicklung unterschiedlich gestalten konnte. Gegenüber dem Kurzhorn-Rinde läßt sich eine Reihe von Unterschieden zootechnisch festhalten, die am durchgreifendsten am Kranium der Rinderrassen zum Ausdruck kommen. Bei den Landrassen, die hinsichtlich der erblichen Verankerung dieser Merkmale ein festes Gefüge aufweisen, lassen sich die Unterschiede ohne Schwierigkeiten feststellen. Diese Schwierigkeiten steigen mit fortschreitender Entwicklung zur Zuchtrasse, da durch züchterische Einflußnahme fremde Bluteinflüsse und die Auslesewirkung vielfach neue Formen einzeln aufscheinen, die sich einzeln in einem Gesamtmerkmalsbild schwieriger fassen lassen. Züchterisch sind heute im Rassenkreis des Ur-Rindes die Unterschiede meist nur nach den Leistungswerten deutlicher, und in einer allgemeinen Richtlinie können wir behaupten, daß sich die Milchleistungen beim Kurzhorn-Rassenstamm leichter in großen Wertgrößen erzüchten lassen als beim Ur-Rind. Ausnahme bildet hier die größte und bedeutendste Gruppe der Niederungsrinder. Diese Ausnahmestellung läßt sich hier insofern erklären, als gerade hier bei den meisten Rassen die Auslesewirkung nach dieser Nutzungsrichtung durch einen intelligenten Züchterstand am schärfsten und weitesten entwickelt ist.

Allgemeine kennzeichnende Merkmale des Ur-Rinderstammes können nach dem Kranium, den Körperverhältnissen und Leistungen festgehalten werden. Von diesen sind als kennzeichnend herauszuheben: Der Schädelbau bleibt verhältnismäßig im Gesamteindruck lang und schlank, die Stirn eben, im Ausmaß meist mehr breit und kurz zur Gesichtslänge. Ferner tiefe, schmale Schläfengruben. Starke Längsentwicklung des Nasenfortsatzes, der Zwischenkieferbeine, der Ansatz der Hornzapfen ist meist kräftig, nie in der gestielten Form des Kurzhorn-Rindes auftretend. Das Hinterhaupt in seinen Verhältnismaßen bringt die Breitenwerte meist immer über die Höhenwerte deutlich zum Ausdruck. Große Maßwerte der Zwischenhornlinie sind bei den meisten Rassengruppen gegeben.

A. Die Rassen des Niederungsrindes.

Die Niederungsrassen in einer allgemeinen Kennzeichnung der Rinder vom strengen rasselichen Standpunkt zu geben, bietet große Schwierigkeiten. Eines-

---

[1] L. ADAMETZ: Der sexuelle Dimorphismus am Schädel des Urs und seine Beziehung zum Rassen- und Abstammungsproblem des Hausrindes. Biologia Generalis **6** (1930).

teils ist ein Großteil dieser Rassen zootechnisch nur wenig bearbeitet, andernteils sind in ihren einzelnen Züchtungsstufen oft sehr gegensätzliche Zielelemente verfolgt worden, daß die Auswahlwirkung in ihrem Entwicklungsgange durch die einzelnen Zeiträume oft verschiedene Richtungen einschlug. Besonders lehrreich sind die Zuchtbestrebungen in ihrer Folge seit dem Dreißigjährigen Kriege, die aber nur in einzelnen Zuchtgebieten dieser Rassengruppe in dem Ablaufe des 18. und 19. Jahrhunderts genauer verfolgt werden können. Es ist be-

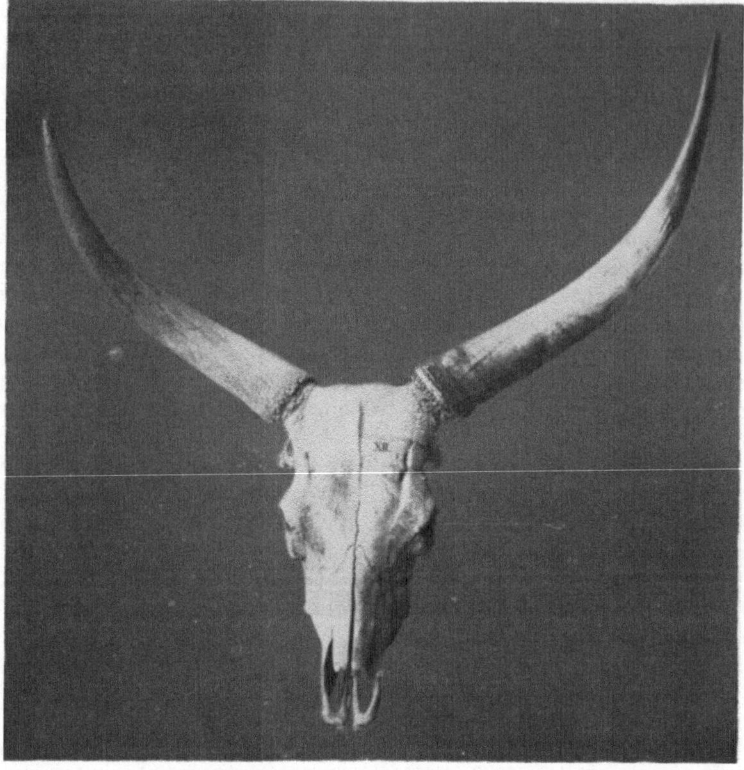

Abb. 4. Schädel eines ungarischen Steppenviehstieres. Kennzeichnende Schädelausbildung nach der Stammeslinie der Ur-Rindabkömmlinge.

zeichnend, daß viele moderne Zuchtbestrebungen erstmals hier auftauchen und demzufolge einzelne Niederungsrassen die wertvollsten Stämme für gewisse Größenwerte der Leistung stellen. Immerhin finden wir hier die leistungsfähigsten Kulturrassen und die zahlreichsten Hochzuchten vor, wenn wir den Bestand dieser Rassen in der statistischen Bearbeitung nach dieser Frage darstellen möchten. Auffällig ist, daß die gesamte rasseliche Gliederung durchwegs eine reiche Zusammensetzung wertvoller Nutzungseigenschaften bietet, was dadurch zum Ausdruck kommt, daß hier eines der Zentren der Haustierzucht besteht, welche Eliten der Leistungsrassen lieferte. Die Abkunft der Niederungsrinder, ihre Entwicklung nach hochwertigem Erbgut im Rahmen der Umweltverhältnisse durch die besonders intensive und stetige Zuchtarbeit ist mehr in großen Zügen festgelegt und viele Einzelfragen harren noch einer wissenschaftlichen Bearbeitung. Nach den Habitusformen und den heute vorliegenden Nachweisen über ihre Herkunft reihen wir die Niederungsrinder allgemein in die Rassen der Abkömmlinge der europäischen Ur-Rinder, der sogenannten primigenen Rinder ein, dem sie auch in einer Kennzeichnung im rasselichen Sinne mit gewissen Ausnahmen entsprechen. Durch vereinzelte Untersuchungen sind Einflüsse eines Kurzhorn-Rindes nachgewiesen und es scheint nach den Ergebnissen einzelner Gebiete, daß der Einschluß des brachyzeren Blutes bei richtiger Auswahlwirkung zum Reichtum mancher Nutzungseigenschaften in günstigem Maße sehr viel beigetragen hat. Auf Grund einer zootechnischen Untersuchung[1] läßt sich bei Berücksichtigung des Ganges erbmäßiger Verankerung von Nutzungseigenschaften im Verlaufe der Zuchtgeschichte die Vermutung ableiten, daß die Betonung und Wiederherauszüchtung wertvoller rasselicher Blutsanteile im Verlaufe einer größeren Zahl der Generationsfolgen sich bei einzelnen Rassen des Niederungsrindes erhärten ließe. Es wäre für die Veränderung von Rassekomplexen bei Rindern sicher eine wertvolle Erkenntnis, die praktische Bedeutung um so mehr gewinnen kann, weil nach den Tendenzen der Rassevereinheitlichung im norddeutschen Tiefland hier sich Wege eröffnen, die die bisherige Vermutung zootechnischer Untersuchungen bestätigen würden. Für die Zielsetzung gewisser Landeszuchten und namentlich der Wertung der rasselichen Komponenten mit dem verschiedenen Verhalten auf unterschiedliche Umweltverhältnisse wären solche eingehende Untersuchungen besonders für die angewandte Züchtung wertvoll. Besonders kennzeichnend namentlich für die deutschen Niederungsrassen ist ihr Zuchtbestreben nach Ausgeglichenheit nicht nur der Körperformen, sondern auch der Leistungswerte. Am augenfälligsten ist aber die Tatsache, daß der Umfang der Körperfarbe anscheinend in einer gesetzmäßigen Weise eine stetig fortschreitende Änderung die Richtung erkennen läßt, daß die schwarzbunten Rinder in den letzten Jahrzehnten auf Kosten der rotbunten oder vorwiegend rotbunten Rassen zahlenmäßig immer mehr und mehr aufrücken. Von der Gruppe der Niederungsrassen sind nach dem gegenwärtigen Stande der rasselichen Kennzeichnung und Entwicklung in der Reihe folgende Vertreter zu nennen.

1. Das ostfriesische Rind.[2] Das Zuchtzentrum ist das Gebiet Aurich in Hannover. Die Ostfriesen sind sehr ausgeglichene großrahmige und schwere Rinder. Das Lebendgewicht der Kuh beträgt im Durchschnitt etwa 600 kg; es schwankt von 500 bis 800 kg, das Körpergewicht der Bullen ist entsprechend höher. Die schwarzweiße Farbe ist vorherrschend, es gibt auch noch rotbunte und einfarbige braunrote Ostfriesen. Die Rasse zählt zu den leistungsfähigsten Milchrindern, Herden mit 4000 kg Durchschnittsleistung im Milchertrag sind zahlreich, Rekordleistungen mit mehr als 10000 kg Milchertrag nicht selten. Fettgehalt der Milch beträgt 3,08—3,3%.

2. Das Jeverländer-Rind.[3] Das Zuchtgebiet befindet sich im Nordwesten Oldenburgs, dessen Grenze nach Westen Ostfriesland bildet. Die Jeverländer sind große, ebenmäßig gebaute Tiere. Im Durchschnitt erreicht das Lebendgewicht der Kuh bis 600 kg, variiert zwischen 450 und 750 kg. Die Farbe der Jeverländer ist schwarzbunt, das Aussehen des Körperschnittes weist wie bei den Ostfriesen auf ein ausgesprochenes Milchrind hin. Der Milchertrag wird für

---

[1] A. STAFFE: Über Rasse und Herkunft der holländischen Rinder unter Berücksichtigung des rotbunten Maas-Rhein-Ijsselviehs. Arb. Lehrk. Tierz., H. f. B. Wien, Bd. 3. Wien: Julius Springer, 1925.

[2] H. GROSS: Das ostfriesische Rind. Leipzig: R. C. Schmidt & Co., 1905.

[3] H. MÜLLER: Das Jeverländer Rind. Leipzig: R. C. Schmidt & Co., 1904. — G. ROTHES: Vererbungsstudien an Rindern des Jeverländer Schlages. Arb. Dtsch. Ges. Züchtungskunde, **20** (1914).

den Durchschnitt der Leistungsherden mit 3500 kg angegeben. Hohe Einzelleistungen sind nach Größe und Häufigkeit wie bei den Ostfriesen zu finden. Der Fettgehalt der Milch wird im Durchschnitt mit 3,08% angegeben, nach den Prüfungsergebnissen schwankt der Prozentsatz zwischen 2,80 und 3,45.

3. **Das Wesermarsch-Rind.**[1,2] Sein Zuchtgebiet befindet sich in Oldenburg, wo die Weser- und Moormarschen als sein Ursprungsgebiet angesehen werden. Dieses Oldenburg-Wesermarsch-Rind soll den Charakter einer Landrasse lange bewahrt haben, dem man keine hohe Leistungsfähigkeit und kein schönes Aussehen zuschrieb. Eine Zeitlang sollen Shorthorns zur Veredlung dieses Rindes verwendet worden sein und entsprechende Zuchtwirkung hat sie in den Nutzungseigenschaften nach Mastfähigkeit und Frühreife verbessert. Das Lebendgewicht

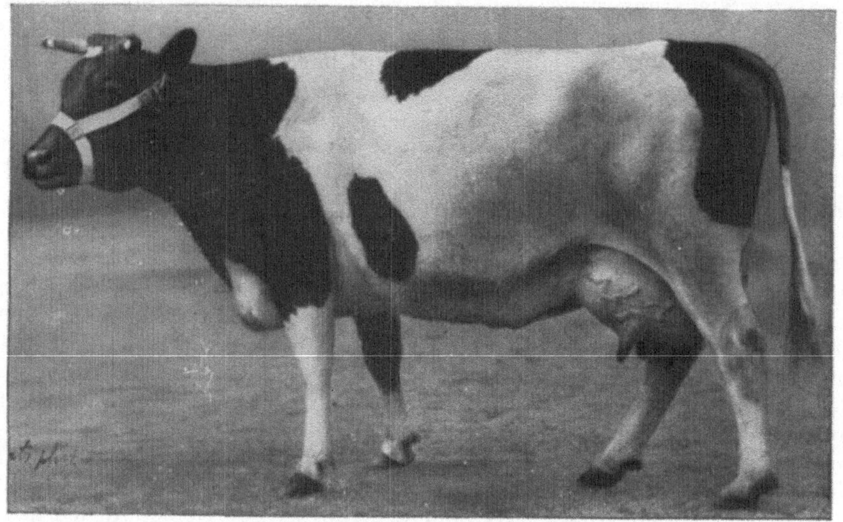

Abb. 5. Friesische Kuh, Franziska Nr. 33643. (Verfeinerter Milchtypus.) Kennzeichnend für Niederungsrassen einseitig auf hohe Milchleistung gezüchtet.

der Kuh schwankt zwischen 650 und 750 kg. Die Farbe dieser Rinder ist schwarzbunt, nach ihrer Körperform werden sie als schwere, kräftige Tiere gekennzeichnet, die zugleich milchergiebig und mastfähig genannt werden. Der Durchschnitt der Leistungsherden wird mit 3500—4000 kg Milchertrag angegeben, dessen Fettgehalt 3,25—3,30% beträgt.

4. **Das ostpreußische Tiefland-Rind.**[3,4] Sein Zuchtgebiet ist Ostpreußen und es wird überdies in verschiedenen Verbreitungsgebieten anderer Rassen eingebürgert. Sein Zuchtaufbau und die Entwicklung nach seiner rasselichen Festigung ist durch Vereinigung wertvoller Nutzungseigenschaften mit dem Streben nach erblicher Verankerung im Rahmen neuer Umweltverhältnisse sehr lehrreich

---

[1] P. CORNELIUS: Das Oldenburger Wesermarsch-Rind. Hannover: Schaper, 1908.

[2] K. FREYSCHMIDT: Die aus anderen Gebieten eingeführten Bullen und ihre Bedeutung für die Rinderzucht in der Oldenburgischen Wesermarsch. Hannover: Schaper, 1925.

[3] J. PETERS: Das schwarzweiße Tieflandrind. Königsberg: Herdbuchges., 1911.

[4] B. SCHMIDT: Ostpreußisches Leistungsvieh in der Tilsiter Niederung. Berlin Deutsch. Ges. f. Züchtungskde., 1916.

für die Methodik und Zielrichtung von Landeszuchten. Es sind große, sehr ausgeglichene Tiere, das Kuhgewicht wird im Mittel mit 600 kg angenommen, variiert zwischen 500 und 700 kg. Die Farbe ist schwarzweiß und in der Form wird es als ausgesprochenes Milchmastrind gekennzeichnet. Die Milcherträge sind nicht so gleichmäßig im großen Bestand der Rasse; es werden bei kontrollierten Kühen Ergebnisse mit 3200—3400 kg Durchschnitt angegeben, doch sind Herdendurchschnitte von 4000 kg Milchertrag nicht selten. Der Fettgehalt der Milch schwankt von 3,05 bis 3,30% im Durchschnitt.

5. Das rotbunte Holsteiner-Rind.[1] Das Holsteiner-Rind ist in dem weiten Marschgebiet Holsteins und seiner angrenzenden Bezirke rasselich nicht einheitlich, aber in der Entwicklung von der ursprünglichen Marschrasse für die

Abb. 6. Friesische Kuh, Trijntje VI, Nr. 46442. (Weniger einseitiger Milchtyp.) Kennzeichnend für Niederungsrassen nach Milchmastrichtung gezüchtet.

Züchtungskunst sehr aufschlußreich. Über die Beeinflussung durch Holländer-Rassen und später durch Shorthorns liegen zootechnische Untersuchungen eigentlich nicht vor. In der Zuchtgeschichte unterscheidet man eine Reihe von Schlägen, die heute züchterisch nur unterscheidbar sind, wenn das Erbgut in seinen Beziehungen zur Umwelt durch genaue Untersuchungen erfaßt werden kann. In dieser Richtung ist das vereinzelt vorkommende alte holsteinische Geestrind in der extensiven Form als Übergangsrasse in seinem Zuchtaufbau sicher ein wichtiges Glied gewesen. Unterschieden unter dem Rinde Holsteins werden: a) das Breitenburger-Rind,[2] b) das rotbunte Holsteiner-Rind[3] (Wilstermarsch- und Dithmarsch-Rind). Es sind durchwegs rotbunte, schwere, große Rinder. Das Körpergewicht der Kuh erreicht 600—750 kg. Nach der Leistung sind es typische Milchmastrinder mit relativer Frühreife. Die Masteignung ist sehr gut, die Milchleistung wird im großen Durchschnitt mit 3000 kg bei 3,13

---

[1] R. GEORGS: Das rotbunte Holsteiner-Rind. Hannover: Schaper, 1914.

[2] D. RATJEN: Der Blutaufbau des Breitenburger-Rindes. Berlin: Diss., 1924.

[3] J. IWERSEN: Beitrag zur Frage des gegenwärtigen Standes der schleswig-holsteinischen Rindviehhaltung und Zucht. Göttingen: Diss., 1926.

bis 3,4% Fettgehalt angegeben. Höhere Milchleistungen einzelner Bezirke werden gemeldet. Ähnlich dem Holsteiner-Rind ist

6. das rotbunte Niederrheiner-Rind. Das Zuchtgebiet umfaßt den nordwestlichen Teil der Rheinprovinz. Die Zuchtgeschichte weist auf Einflüsse aus Holland und Westfalen. Es sind große Rinder, deren Lebendgewicht bei der Kuh etwa 600 kg erreicht. Die Farbe ist rotbunt und wird in der Zweckbestimmung als gutes Milchmastrind bezeichnet. Frühreife, Mastfähigkeit sind gut, die Milchergiebigkeit wird im Durchschnitt mit 3300 kg bis 3,46% Fettgehalt angegeben.

7. Das rotbunte westfälische Niederungsrind. Das Zuchtgebiet umfaßt hauptsächlich das westfälische Münsterland. Es ist nicht so schwer wie die früher erwähnten Rassen. Das Lebendgewicht der Kuh schwankt zwischen 500 und 600 kg.

Abb. 7. Friesischer Stier, Adolf Nr. 13950. (Hohe Rumpfbefestigung und vortretender Milchtypus.)

Es zählt noch zu den großen Rinderschlägen, die Farbe ist rotbunt, seine Leistungsrichtung ein gut ausgeglichenes Milchmastrind. Es ist gut mastfähig, seine Milchergiebigkeit wird im Durchschnitt mit 3000 kg bei etwa 3,1—3,5% Fettgehalt angegeben. Nach seiner Zuchtentwicklung ist es mehr dem Einfluß in früher Zeit den mitteldeutschen Rindern zugeneigt, während das niederrheinische Rind im Einzugsbereich Hollands mehr hervortrat.

8. Die holländischen Rinderrassen.[1] a) *Das Maas-Rhein-Ijsselrind.*[2] Das Zuchtgebiet umfaßt das Gebiet von Limburg, den östlichen Teil von Nordbrabant und Oberijssel. Es ist ein rotbuntes Rind, welches dem niederrheinischen Niederungsrind rasselich verwandt ist. Seine Körperform weist auf die Milchmastrichtung in seiner Leistung. Es zählt zu den mittelschweren bis schweren Rindern; das Körpergewicht der Kühe variiert zwischen 450 und 600 kg. Von einzelnen Zuchtvereinigungen werden Durchschnittserträge von etwa 4500 kg

---

[1] R. Hofmann: Das Holländer Rind. Leipzig: R. C. Schmidt & Co., 1905. — D. L. Bakker: Studien über die Geschichte usw. des Rindes und seine Zucht in den Niederlanden Bern: Diss., 1909.

[2] A. Staffe: Über Rasse und Herkunft der holländischen Rinder unter besonderer Berücksichtigung des rotbunten Maas-Rhein-Ijsselviehs. Wien: Julius Springer, 1925.

bei 3,25—3,5% Fettgehalt gemeldet. Der Rassedurchschnitt wird entsprechend niedriger sein.

b) *Das holländisch-friesische Rind.* Sein Hauptzuchtgebiet umfaßt das Gebiet Frieslands und erstreckt sich weiter über die Gebiete Nord- und Süd-holland. Die Farbe ist schwarzbunt und es gilt als schwereres Milchrind. Es kommen auch mittelschwere Formen heute noch vor. Das Körpergewicht der Kuh schwankt zwischen 500 und 750 kg. Der Milchertrag der friesischen Zuchten wird als Durchschnitt mit 3600—3800 kg angegeben, der der Stammbuch-zuchten mit 4500 kg und darüber im Durchschnitt. Der Fettgehalt betrug früher allgemein als Mittel 3,1%, steigert sich bei Mitgliedern des Stammbuches bis 3,54% im Durchschnitt.

Abb. 8. Vorzugsbulle, Gerbens L VIII, Nr. 11012, sechsjährig. (Tiefe Rumpfbefestigung mit stämmigem Körperbau in der Zucht nach Milch-Fleischrichtung.)

c) *Das Groninger-Rind.* Sein Zuchtgebiet ist das Gebiet von Groningen und Utrecht. Es sind große, schwere Tiere, das Lebendgewicht der Kühe wird mit 600—650 kg angegeben. Nach Leistung und Körperform gilt es als sehr gutes Mastmilchrind. Seine Zuchtgeschichte weist auf Veredlung mit Shorthorns hin. Seine Milchergiebigkeit wird sehr hoch angegeben. Im Durchschnitt von 3300 bis 3800 kg bei 3—3,1% Fettgehalt. Durchschnitte von Herbbuchkühen sind entsprechend höher, mit Angaben von 4600 kg und darüber bei 3,48% Fettgehalt.

9. Die französischen Niederungsrinder.[1] Anschließend an die Zuchtgebiete der holländischen Rassen über die Küste Belgiens, welche als Einzugsgebiet der vorerwähnten Rassen anzusehen ist, erstrecken sich die Gebiete der Kanalküste Frankreichs, welche zwei Rassenvertreter des Rindes beinhalten, die zu dem Niederungsrinde mit Einschränkung zu zählen sind. Die zootechnische Unter-suchung für eine dieser Hauptrassen legt eine andere Herkunft fest, doch konnte

---

[1] P. DECHAMBRE: Traité de Zootéchnie III. Paris: C. Amat, 1922. — De LAPPARENT: Études sur les races, etc. Paris: Tirage à part, 1902.

sich das ganze Gebiet dem Einfluß des niederländischen Rassekomplexes, wie überhaupt dem des Niederungsrindes nicht entziehen. Diese Tatsachen geben für den Zuchtaufbau und die Zuchtgeschichte nach der Wertung des Erbgutes vorläufig eine noch nicht näher untersuchte Fragestellung. Von diesen Rassen unterscheiden wir:

a) *Das flandrische Rind.* Das Zuchtgebiet umfaßt das Grenzgebiet Belgiens und die Departements Nord und Pas-de-Calais. Seine zootechnische Stellung ist genau nicht geklärt, seine Zuchtgeschichte weist auf einen ursprünglichen Zuchtstock des Bestandes eines brachyzeren Rindes hin. Es gilt als mittelschweres Rind und als eine der milchergiebigsten Rassen Frankreichs. Das Lebendgewicht der Kühe beträgt 450—550 kg. Der Milchertrag wird im Durchschnitt mit 3000 kg angegeben. Die besten Zuchten erreichen einen Ertrag von 4000 kg und mehr. Der Fettgehalt beträgt 3,3—3,4%.

Abb. 9. Shorthorn-Rind. Kennzeichnend für einseitige Fleisch- und Mastrassen des Hochleistungstypus.

b) *Das Normänner-Rind.*[1] Sein Zuchtgebiet umfaßt die Departements der Normandie; in der Nachkriegszeit wurde in vielen Gebieten Frankreichs diese Rasse eingebürgert. Es ist ein großes, schweres Rind. Das Kuhgewicht beläuft sich auf 500—600 kg. Es ist im wesentlichen ein Milchmastrind. Die Farbe ist dunkelbraun mit weißen Flecken, die dunklen Stellen sind meist schwarz gestriemt. Die Zuchtgeschichte reicht weit zurück und in exakter Fassung würden sich viele Hinweise für das Erbgut in Wechselbeziehung zur Umwelt und Auslesewirkung ergeben. Der Milchertrag wird im großen Durchschnitt mit 3400 kg bei 4,3—4,5% Fettgehalt angegeben.

c) *Das Bordeaux-Rind.* Es wird auch als Rasse bordelaise bezeichnet und sein Zuchtgebiet ist das Gebiet von Bordeaux. Seine Zuchtgeschichte weist auf Veredlungseinfluß von Holländer- und Bretagner-Rinder hin. Es ist ein mittelschweres Rind, das Lebendgewicht der Kühe erreicht 400—550 kg. Die Farbe ist schwarzbunt in einer eigenartigen Zeichnung und es ist ein ausgesprochenes Milchrind. Der Milchertrag wird mit 2500 kg angegeben, für die Umweltverhältnisse Südwestfrankreichs außerordentlich hoch. Zootechnisch ist das Rind nicht näher untersucht.

---

[1] M. CHIARI: Das Rind der Normandie. Unveröff. Diss. Wien, 1933.

10. Die Shorthornrasse.[1,2] Zootechnisch ist bisher nicht der Nachweis erbracht, daß diese Rasse zu den Niederungsrindern eingereiht werden kann, indessen ist seine Zuchtgeschichte für eine Entwicklungsreihe des Aufstieges von Land- zur Zuchtrasse die lehrreichste, die es geben kann, wenngleich sie unter dem Gesichtspunkte einer rasselichen Wertung und des Erbgutes in seiner Beziehung zur Auslesewirkung und Umwelt noch nicht näher bearbeitet ist. Sein Einfluß auf gewisse Niederungsrassen ist bedeutend. Für sein Zuchtgebiet haben wir seinen Ursprung aus England, die Grafschaften Yorkshire und Durham,

Abb. 10. Milch-Shorthorn-Rind. Kuh Melba 17 aus Melba VIII. Gleichmäßig entwickelte Fleisch-Milchleistung von Zuchtrassen.

ferner Schleswig-Holstein und gewisse Teile Dänemarks zu umschreiben. Der Einfluß auf die Zuchten anderer Rassen ist aber noch weitreichender; nach dem heutigen Stande sind mehrere Leistungsrichtungen der Shorthorns zu unterscheiden, die vielleicht in der Bestimmung der rasselichen Komponenten für die biologische Wertung von Erbgut, Rasse und Leistung unter Einbeziehung einer Auslesewirkung manche Bereicherung unseres Wissensstandes abgeben könnten. Wir unterscheiden Vollblut-Shorthorns, Land-Shorthorns und Milch-Shorthorns, letztere als Dairy-Shorthorns im Ursprungsland England und den Dominions sehr gerühmt. Es sind durchwegs große schwere Tiere, deren Körperrahmen entsprechend der Leistungsrichtung variiert. Die Farbe ist verschieden, am häufigsten ist Rotschimmel, rot oder braunrot mit weißer Zeichnung. Die Vollblut-Shorthorns gelten als ausgesprochene Mast- und Fleischtiere, die dies

---

[1] M. SCHLAAK: Das Shorthornrind. Hannover: Schaper, 1910.

[2] JAMES SINCLAIR: History of Shorthorn Cattle. London: Vinton & Co. Ltd., 1907.

meist in den Körperverhältnissen zum Ausdruck bringen. Sie sind sehr frühreif und erfordern bestimmte Umweltverhältnisse zu ihrem Produktionsoptimum.
Die Land-Shorthorns sind für härtere Verhältnisse, geben vorzügliche Leistungen,
ohne die Höchstwerte der Vollblutzuchten in vollem Umfange zu erreichen.
Die Milch-Shorthorns geben gute Milcherträge, in den deutschen Gebieten werden
solche von 3000 bis 3300 kg bei etwa 3,4% Fettgehalt gemeldet. Für englische
Zuchten werden Durchschnitte von 3200 bis 3600 kg Milchertrag angegeben. Sie
werden in England in einigen Typen unterschieden, die nach Abkunft und Zuchtentwicklung verschieden gewertet werden.

    11. Das Ayrshire-Rind.[1] Sein Zuchtgebiet ist die Grafschaft Ayr in Schott-
land. Die Herkunft weist nach zootechnischen Erhebungen auf keltische Kurz-
horn-Rinder, die durch ständige Verdrängung sehr viel primigenes Blut auf-
nahmen. Die Zuchtgeschichte der Rasse weist in der Entwicklung auf Holländer-
und Shorthorn-Rinder hin. Es sind meist mittelgroße Tiere, das Kuhgewicht
erreicht 370—480 kg. Es sind ausgesprochene Milchtiere mit guter Fleischleistung. Der Milchertrag wird in guten Zuchten von 2700 bis 3200 kg bei 3,8 bis
4% Fettgehalt angegeben. Die Rasse ist zahlreich in Übersee und auch in
Schweden eingebürgert.

    12. Das schwarzweiße jütische Rind. Sein Zuchtgebiet umfaßt die nordöst-
lichen Bezirke Jütlands. Zootechnisch ist nichts Näheres bekannt, die Zuchtgeschichte reiht es nach dem Aussehen dem schwarzweißen Niederungsrind als
Zweig an. Es sind mittelgroße bis schwere Tiere, ihr Lebendgewicht schwankt
zwischen 450 und 600 kg. Die Milchleistung ist gut, der Ertrag wird mit 3200 kg
im Durchschnitt besserer Zuchten bei 3,66% Fettgehalt angegeben. Die Ausgeglichenheit soll die hohe Stufe der übrigen schwarzbunten Rassen noch nicht
erreichen.

    13. Das schwedische Tiefland-Rind. a) *Schwarzbuntes Tiefland-Rind.* Zucht-
gebiet sind die südwestlichen Landschaften Schwedens. Die Zuchtgeschichte
weist auf Veredlung heimischer Rassen durch holländisch-friesische Zuchten hin.
Es sind mittelgroße bis große Tiere mit ausgesprochener Milchleistung. Kuhgewicht im Durchschnitt etwa 575 kg. Milcherträge kontrollierter Kühe als
Durchschnitte von 3700 bis 4400 kg bei 3,35—3,46% Fettgehalt. Letztgenannte
Ergebnisse weisen auf sehr große Leistungsfortschritte der neuesten Zuchten hin.

    b) *Rotbuntes, schwedisches Rind.* Zuchtgebiet Bezirke in Mittelschweden.
Seine Zuchtgeschichte weist auf Veredlung der Herrenrasse durch Ayrshires, rot-
bunte Holsteiner und Ostfriesen hin. Es sind mittelschwere Tiere, deren Kuh-
gewicht im Durchschnitt 528 kg erreicht. Milchleistung mit Frühreife stehen im
Vordergrund. Der Milchertrag wird mit 3600 kg bei 3,6% Fettgehalt in guten
Zuchten angegeben. Seit 1928 werden die in Mittelschweden vorkommenden
Ayrshires und die rotbunten Rinder zur Zuchtrasse des schwedisch-rotweißen
Viehs zusammengefaßt.

    14. Das Telemarken-Rind.[2] Sein Zuchtgebiet ist die Landschaft der Tele-
marken in Norwegen. Es ist ein kleines bis mittelgroßes Rind, dessen Kuhgewicht
zwischen 300 und 375 kg schwankt. Es ist ein rotes mit Rückenschecken gezeich-
netes Rind mit sehr guter Milchleistung. Der Milchertrag wird für den großen
Durchschnitt mit 2500 kg bei 3,7% Fettgehalt angegeben.

    15. Das Drontheim-Rind. Sein Zuchtgebiet ist die Landschaft um Drontheim.
Seine Zuchtgeschichte weist auf züchterische Veredlung des einheimischen Rindes

---

[1] L. BRODY: Das Ayrshire-Rind. Mitt. Landwirtsch. Lehrk. H. f. B. Wien 1914.
[2] O. BORODAKJEWICZ: Die Rinderrasse der Telemarken. Arb. Lehrk. Tierz.,
H. f. B. Wien, **5**, Berlin: P. Parey, 1931.

durch die Ayrshire-Rasse hin. Es ist ein mittelgroßes Rind, mit einem durchschnittlichen Kuhgewicht von etwa 400 kg. Die Körperfarbe ist rot mit unregelmäßigen weißen Abzeichen. Es ist ein ausgesprochenes Milchrind, der Milchertrag erreicht im großen Durchschnitt 2500 kg bei 4% Fettgehalt, in guten Herden erreicht der Durchschnitt 3000 kg.

B. Fleckvieh- und Blondvieh-Rassen.
(Gruppe der breitstirnigen Rassen.)

Neben der Rassengruppe der Niederungsrinder stellen im weiten Sinne die Fleckvieh- und Blondvieh-Rassen einen sehr wertvollen Teil im Rinderbestand vieler Zuchtgebiete vor. Es ist bezeichnend, daß der Zuchteinfluß der holländisch-friesischen Rinderrassen hier eine parallele Erscheinung aufzeigt, wenn die Einflußnahme abgegrenzt werden kann, die das Schweizer-Fleckvieh in seiner Verbreitung als Veredlungsmaterial für gewisse Landrassen und in der Auslesewirkung der daran geknüpften Entwicklung genommen hat. Es ist festzuhalten, daß diese Erscheinung aber wesentlich später als jene des Niederungsrindes sich auswirkte und seit der unmittelbaren Nachkriegszeit wenigstens nach den Nachfolgestaaten von Österreich-Ungarn zum Stillstand kam. Zootechnisch ist eine Reihe dieser Rassen erfaßt und man kann zur systematischen Ordnung eine Gruppe der Breitstirnrinder abtrennen, die sich auch züchterisch gesondert in einer Reihe fassen ließe, wären einige Unterlagen auf exaktem Wege zu gewinnen, die für die Klärung einiger zuchtgeschichtlichen Vorgänge einen Aufschluß vermitteln würden. Ob die Breitstirnigkeit nun mutativ ausgelöst in der Arbeit einer Auslesewirkung für die Rassenentstehung hier bestimmend wirkte, läßt sich hier nicht belegen. Auch ein gewisses Zuchtstreben nach Verankerung eines gefestigten Erbbildes kann über die Folge vieler Generationen einen Ausdruck geschaffen haben, den wir als rasseliche Wertung für gewisse Rindergruppen hier gelten lassen können. Es ist hier auffällig, daß wir hier allgemein eine gewisse Großwüchsigkeit mit Frühreife gepaart finden und alle drei Leistungsrichtungen des Rindes in einem harmonischen Ausmaße berücksichtigt bleiben, denen allerdings durch die verschiedenartigen Umweltverhältnisse große Schwankungen folgen, die sich im Zuchtbild der einzelnen Rassen scharf ausprägen können.

Wir haben allerdings kein exaktes Mittel, das die Größe der verschiedenen Bluteinschlüsse der einzelnen Rassen oder Rassenstämme hier festlegen kann, um hier eine richtige Wertung nach den verschiedenen Einflüssen herauszuarbeiten. Einesteils sind die Schwierigkeiten der Leistungsprüfungen nach drei Richtungen erhöhte, vielfach fehlt noch der Maßstab nach einer verhältnismäßigen Leistungswertung, wenn wir besondere Umstände der Umwelt in Rechnung stellen müssen, wie es in Verhältnissen der alpinen Landschaft aufscheint. Die zootechnischen Untersuchungen könnten durch Erweiterung der Methodik sicher auch hier Wege eröffnen, um diese Wertungen in eine faßbare Größe zu bringen. Neben der auffälligen Schädelgestaltung und ihrer erblichen Festigung, ferner aus den Größenbeziehungen und Leistungswerten gehen hier noch Zusammenhänge eines gewissen Pigmentrückganges scheinbar einen stetig fortschreitenden Entwicklungsweg, dessen Ergebnis man aber erst innerhalb weiterer Generationen der Rassenfolgen hier wird überblicken können. Daß die Rassebilder der veredelten Simmentaler-Abkömmlinge nach der Kenntnis des Erbgutes und seiner Festigung im weiten Sinne Beispiele einer Zuchtentwicklung neuester Zeit geben, sei im besonderen festgehalten, wenn die Veredlungen der Zuchten nach der Leistung und Lebenskraft Werte erreichten, die wir als rasseliche Unterschiede im praktischen Sinne gelten lassen.

1. Das Simmentaler-Rind.[1] Sein Zuchtgebiet umfaßt die Westschweiz, die bekanntesten Zuchten befinden sich im Kanton Bern. Seine Entstehungsgeschichte leitet diese Rasse vom früher zahlreich gewesenen Berner-Rind ab, ein Vorgang, der mit gewisser Einschränkung ähnliche Wege aufweist, die bei der Herausbildung der englischen Zuchtrassen mitgewirkt haben und für die züchterische Verankerung des Erbgutes wertvoller Nutzeigenschaften als beispielgebend angesehen werden kann. Die Farbe ist in Form von Gelb- oder Rotschecken allgemein. Die Simmentaler-Rasse gehört zu den größten und schwersten Rindern. Das Lebendgewicht der Kühe beträgt 700—750 kg, es schwankt

Abb. 11. Kuh der Simmentaler-Rasse. Gräfin 35, Dtg III. Rassebild der heutigen Zuchten.

zwischen 650 und 850 kg. Das Rind ist frühreif, in guten Zuchten sehr ausgeglichen, großrahmig und auf kombinierte Leistung gezüchtet. Die Masteignung und Arbeitsleistung wird im allgemeinen gerühmt, die Milchleistung erreicht in guten Umweltverhältnissen hohe Erträge. Für den Durchschnitt gibt KÄPPELI einen Milchertrag von 3500 kg bei 3,75% Fettgehalt an. Für Herdbestände werden bei entsprechender Haltung auch Erträge von 3800—4000 kg bei einem Fettgehalt von 3,5 bis 4,12% angegeben. Sein züchterischer Einfluß auf eine Reihe von Landrassen in Europa und Übersee ist heute noch nachhaltig und wird als Veredlungsmaterial gerne verwendet.

2. Das Freiburger-Rind. Heute noch in gewissen Teilen des Kantons Freiburg gezüchtet. Sein Verbreitungsgebiet wurde durch das Simmentaler-Rind sehr verringert, mit welchem es rasselich verwandt ist. Die Farbe ist schwarz-weiß und es

---

[1] J. KÄPPELI: Das Simmentaler Vieh der Schweiz. Bern: K. J. Wyß, 1913. — F. DETTWEILER: Die Simmentaler und ihre Zucht. Leipzig: R. C. Schmidt & Co., 1902.

werden diese Schwarzschecken auch Greyerzer-Rind genannt. Es sind große ebenmäßig gebaute Tiere. Das Kuhgewicht dieser Rasse wird mit 800—850 kg angegeben. In Leistung und Form sind diese Rinder dem Simmentaler-Rind gleich, vielleicht ist hinsichtlich der Milchleistung beim Freiburger der Höchstwert nicht in dem Umfang erreichbar wie beim ersteren. Es wird als großer Rassedurchschnitt ein Milchertrag von 2900 kg genannt.

3. Oberbayrisches Alpenfleckvieh.[1] Sein Zuchtgebiet umfaßt die Donaugebiete und Vorlande Bayerns. Seine Entstehungsgeschichte aus der ursprünglichen Landrasse Bayerns und stetige Veredlung durch Simmentaler-Vieh reicht weit zurück und hat ihren Ausgang aus dem Gebiet um Miesbach genommen. Es ist in seiner rasselichen Wertung heute dem Simmentaler-Rind angeglichen, unter-

Abb. 12. Simmentaler Zuchtstier Hans. (Präm. Schweizer Ldw. Ausstellung, Bern 1925, I. Rg.) Kennzeichnende Körperform der Simmentaler-Rasse.

scheidet sich vornehmlich in gewissen Nutzungseigenschaften. Die Zuchten der Vorlande sind ebenmäßig und ausgeglichen, für die härteren Umweltverhältnisse genügsamer im Futterbedarf bei hohen Leistungswerten.

4. Höhenfleckvieh Südwestdeutschlands.[1] Sein Zuchtgebiet umfaßt Württemberg und Baden, mit Ausnahme der Schwarzwaldgebiete der kleinen Schläge, wie die Hinterwälder und die Vorderwälder. Die Entstehungsgeschichte ist ähnlich der erwähnten Fleckviehrassen. Hier bildete den Ausgangspunkt das Gebiet Meßkirch, weshalb früher auch der Name Meßkirchner-Rind häufig gebraucht wurde. Vielfach erreicht das Rind nicht die Größe und Schwere des Simmentaler-Fleckviehs. Es bildete sich eine Variationsform des kleinen Fleckviehs heraus, welches auf die geänderten Umweltverhältnisse bessere Beziehung zur erforderlichen Leistungsgröße stellte. In dem Vorder- und Hinterwälder-Rind sind Zuchtstufen nach dieser Entwicklung zu sehen, die mit erblicher Verankerung nach einer gesonderten rasselichen Wertung streben.

5. Unterinntaler Fleckvieh. Sein Zuchtgebiet ist das untere Inntal in Tirol und in gewissen Bezirken von Oberdonau. Züchterisch als Bern-Simmentaler

---

[1] F. STOCKKLAUSNER: Das deutsche Fleckvieh. Berlin: P. Parey, 1938.

Abkömmling zu werten, stellt es einen mittelschweren bis schweren Typ des Fleckviehs vor. Die Farbe ist falbrot bis rotgescheckt, meist in dunklen Farbtönen. Das Kuhgewicht beträgt etwa 600 kg, die Milchleistung wird für Kontrollkühe im Durchschnitt mit 3200 kg bei 3,5—4% Fettgehalt angegeben. Heute findet das Unterinntaler Fleckvieh aus den beiden ursprünglichen Gebietsteilen direkten Anschluß an das Zuchtgebiet des bayerischen Alpenfleckviehs und es ist zu erwarten, daß die Zuchtbestrebungen einheitlicher in dem vergrößerten Block ausgerichtet werden.

    6. Fleckvieh der Ostalpen.[1] Das Zuchtgebiet erstreckt sich in der Ostmark des Deutschen Reiches über die östlichen Gebiete von Steiermark und von Nieder-

Abb. 13. Kuh aus den Fleckviehzuchten der Ost-Steiermark. (Phot. Gf. Kottulinsky.)

donau. Im Gesamtbild ist dieses Fleckvieh noch unausgeglichen, immerhin soweit im Typ erblich gefestigt, daß es in Größe und Schwere geringere Werte aufweist, ferner für die besonderen Umweltverhältnisse futterdankbarer gilt. Es ist spätreifer, wie das Simmentaler-Rind, erreicht die hohen Leistungswerte in absoluten Größen nur in vereinzelten Zuchten.

    7. Ennstaler-Schecken[2] (Bergschecken). Sein Zuchtgebiet ist ein Teil der Weststeiermark, das Gebiet des Ennstales. Es wird als autochthone Alpenrasse in seinen ursprünglichen Typen angesehen. In letzter Zeit haben vielfach Veredlungen mit Simmentaler stattgefunden, die sich für die harten Umweltverhältnisse der hochgelegenen Alpweiden des Gebietes weniger eigneten. Es ist ein kleines bis mittelgroßes Rind, das Kuhgewicht erreicht 300—400 kg. Die Farbe ist weiß, mit roten Flecken oder roter Zeichnung der Flanken. Die Körperform hat den Schnitt einer Milchleistungsrasse der Alpen. Die Milchleistung wird im Durchschnitt bei guten Zuchten mit 2000—2400 kg bei 4,2—4,5% Fettgehalt

---

    [1] A. Gstirner: Die Entstehung der steirischen Rinderrassen. Z. Züchtg. Reihe B **32** (1935).

    [2] E. Kaserer: Untersuchungen über die steirischen Bergschecken und ihrer Stellung im zootechnischen System. Mitt. Landwirtsch. Lehrk. H. f. B. Wien. 1913.

Abb. 14. Jungstier aus den Fleckviehzuchten der Ost-Steiermark. (Phot. Gf. Kottulinsky.)

angegeben. In Anbetracht des hohen Fettgehaltes und der Kleinheit der Ennstaler eine sehr gute Leistungsgröße.

8. Die Berner-Rotschecken alter Type.[1] In ihrem Schweizer Stammgebiet sind sie heute nicht mehr anzutreffen, dagegen vereinzelt in Gebieten, wo sie

Abb. 15. Kuh des Berner-Fleckviehs, Ausgangsform der Simmentaler-Rasse. (Phot. Schnäbeli, 1873.)

zur Veredlung gewisser Landrassen verwendet wurden. Rein vertreten sind sie auch kaum dort anzutreffen, es handelt sich meistens um mendelistische Aufspaltung, die sich aus den Veredlungskreuzungen der Berner mit dem ursprüng-

---

[1] M. Nitsche: Das südmährische Fleckvieh. Brünn: Deutsche Landwirtsch. Ges. Mähren, 1910. — A. Ostermayer: Das mährische Rind. Brünn: Deutsche Landwirtsch. Ges. Mähren, 1910.

lichen Landvieh in gewissen Gegenden Böhmens, Mährens und in gewissen Teilen
Ungarns hauptsächlich zeigten. Dieses Berner-Vieh kann gegenüber einem Vergleich der Simmentaler wie folgt gekennzeichnet werden. Es ist weniger wüchsig,
gesundheitlich aber härter, anspruchsloser, bei wenig gehaltvoller Fütterung

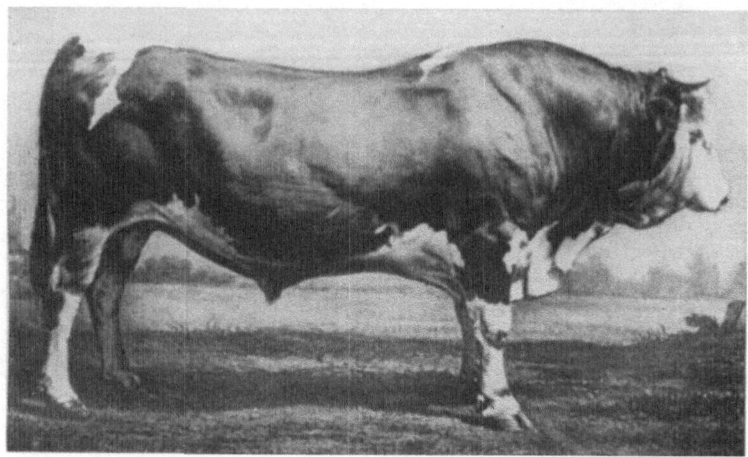

Abb. 16. Stier des Berner-Fleckviehs, Ausgangsform der Simmentaler-Rasse. (Phot. Schnäbeli, 1873.)

relativ milchreicher und in der Arbeitsleistung besser als die modernen Simmentaler gewesen. Rasselich wichtig ist eine Reihe von Abkömmlingen dieser
Berner-Rotschecken, die in den Sudetenländern eine Bedeutung erlangt haben.

Abb. 17. Bonyhader-Kuh, Berner-Type.

Hinsichtlich des Erbgutes haben einige dieser Stämme züchterisch eine Festigung
erfahren, die im stetigen Zuchtfortschritt auch eine Wertung nach Rasse be-
anspruchen. Von diesen sind die bekanntesten:
   a) *Das Bonyhader-Rind.* Sein ursprüngliches Zuchtgebiet lag im südwestlichen Ungarn (Komitat Tolna), ist aber heute auch im übrigen Ungarn sehr verbreitet. Seine Zuchtgeschichte weist auf Kreuzung des Kolonistenviehs mit dem

Steppenvieh hin, welche dann im Sinne einer Auslesewirkung im großen Umfang mit Simmentaler-Rindern veredelt wurden, deren Einfluß noch heute besteht. Es sind mittelgroße und große Tiere, deren Lebendgewicht bei der Kuh 500 bis 550 kg erreicht. Die Farbe ist rotscheckig im Sinne des Schweizer-Fleckviehs. Die Milchergiebigkeit ist eine gute, es werden Durchschnittsleistungen von 2000 bis 2400 kg bei einem Fettgehalt von 3,8 bis 4% gemeldet.

b) *Das Kuhländer-Rind.* Seine Zuchtheimat ist das Gebiet im nordöstlichen Mähren, welches Kuhländchen genannt wird. Es ist in Größe ein sehr unausgeglichenes Rind, dessen Lebendgewicht in der Schwankungsbreite von 350 bis 600 kg angegeben wird. Für die Körperfärbung kann man sagen, daß Rotschecken vorherrschen, bei denen ein Kirschrot eigenartig ist. Die Masteignung und

Abb. 18. Kuh aus den Simmentaler-Zuchten in Mediasch, Rumänien. (Phot. R. Gf. Fronius.)

Arbeitsfähigkeit ist eine gute, die Milchleistung wird von Kontrollkühen im Durchschnitt mit 2350 kg angegeben.

c) *Das Schönhengster-Rind.* Sein Zuchtgebiet ist das nordwestliche Mähren. Das Lebendgewicht für die Kuh schwankt zwischen 450 und 550 kg. Dieses Rind besitzt gute Masteignung und Arbeitsleistung. Für die Milchergiebigkeit wird in besseren Zuchten ein Durchschnitt von 2400 bis 2600 kg bei etwa 3,5% Fettgehalt gemeldet.

d) *Das Hanna-Berner-Rind.*[1] Das Zuchtgebiet dieses Rindes umfaßte die Hanna-Ebene Mährens, verbreitete sich auch in übrige Gebietsteile Mährens. Es ist ein großes Rind, das Lebendgewicht der Kuh schwankt von 500 bis 800 kg. Es sind Rotschecken, die auf mehrseitige Leistung gezüchtet sind. Der Milchertrag wird für Kontrollkühe mit 2400—2800 kg und darüber bei etwa 4% Fettgehalt angegeben.

9. Die französischen Fleckvieh-Rassen. Ihr Zuchtgebiet erstreckt sich auf

---

[1] F. MOHAPL: Untersuchungen über das Hanna-Berner-Rind. Mitt. Landwirtsch. Lehrk. H. f. B. Wien. 1913.

eine Reihe von Departements im Osten. Es hat eine ähnliche Entstehungsgeschichte wie die Simmentaler-Abkömmlinge der Alpen- und Sudetenländer. Es dürfte hier das ursprüngliche Landvieh jedoch der alten Berner-Rasse rasselich näher verwandt sein, die Vermutung stützt sich auf eine äußere Ähnlichkeit des Viehs der Burgunden, über die keine exakten zootechnischen Untersuchungen vorliegen. Man unterscheidet eine Reihe von Schlägen, die züchterisch im großen Umfang mit Simmentalern veredelt wurden.

a) *Das Rind von Montbéliard.* Sein Zuchtgebiet ist das Gebiet im Osten Frankreichs an der Schweizer und deutschen Grenze. Die Zuchtgeschichte weist auf eine Kreuzung aus dem Comtois-Rind mit dem Schweizer-Fleckvieh hin, welches zahlenmäßig sehr im Aufrücken sich befindet. Es ist von rotbunter Farbe. Das Lebendgewicht der Kühe erreicht 525 kg, es wird auf eine vereinigte Leistung gezüchtet. Die Milchergiebigkeit wird mit einem Ertrag von 2500 kg im Durchschnitt guter Zuchten angegeben.

b) *Das Comté-Rind.* Sein Vorkommen ist in den Departements Doubs, Haute-Saone und Jura festgestellt. Es sind Rotschecken, die eine ursprüngliche Type des Fleckviehs vorstellen und die stellenweise durch das Montbéliard-Rind verdrängt werden. Es ist auf kombinierte Leistung gezogen, der Milchertrag wird mit etwa 2000 kg bei besseren Zuchten angegeben.

c) *Das Chablais-Rind.* Es wird auch als Abondance-Rind bezeichnet, dessen Zuchtgebiet im Norden des Departements Savoyen liegt. Es ist dem vorerwähnten Rinde sehr ähnlich, mit Ausnahme der Bevorzugung nach strenger Auslese der Milchleistung. Der Milchertrag wird mit 2500—3000 kg im Durchschnitt angegeben.

10. Das Fleckvieh in Italien. Das Verbreitungsgebiet der Simmentaler Abkömmlinge und Original Simmentaler umfaßt hauptsächlich die Poebene und angrenzende Gebiete. Rasselich werden sich wohl keine Unterschiede ergeben, es werden sicher Standortsvariationen feststellbar sein. Die im heutigen Italien einheimische Rasse. Die Rasse von Burlina oder das schwarzbunte Vieh der Hochfläche von Asiago.[1] Sein Zuchtgebiet umfaßt das Gebiet von Asiago und Siebengemeinden. Das Lebendgewicht erreicht etwa 500—550 kg im Durchschnitt. Die Milchergiebigkeit wird mit 2500—3000 kg angegeben.

11. Das Frankenrind. Sein Zuchtgebiet umfaßt Bayern, Unterfranken und Teile von Ober- und Mittelfranken. Bei Einschluß seiner verwandten Zuchtschläge erstreckt sich das Zuchtgebiet über die bayerische Pfalz und Teile von Rheinhessen, schließlich in der Landschaft Limpurgs in Württemberg. Die Zuchtgeschichte des Frankenviehs ist recht wechselvoll und in Ergänzung der bisherigen wertvollen Arbeiten wären zootechnische Untersuchungen der Blondviehgruppe, im besonderen des Frankenviehs in rasselicher Hinsicht sehr wertvoll. Unter den Blondvieh-Rassen dieses Gebietes unterscheidet man heute:

a) *Das eigentliche Franken-Rind oder auch Maintaler-Rind.* Es ist ein großes und schweres Rind, dessen Rahmen bis vor kurzem recht unausgeglichen war. Das Lebendgewicht der Kühe wird mit 450—750 kg angegeben. Die Farbe ist ein Blond, es wird allgemein als Hellgelb bezeichnet. Geschätzt wird die Arbeitstüchtigkeit dieses Rindes und seine Masteignung. Die Milchleistung wird als Rassedurchschnitt mit etwa 2200—2400 kg bei 3,6—4,1% Fettgehalt angegeben.

b) *Das Glan-Donnersberger-Rind.* In Form und Farbe sind sie mit dem vorgenannten übereinstimmend. Das Lebendgewicht der Kühe wird in Schwankungs-

---

[1] V. CHIODI: L'origine de la race bovine pie noire des Hauts-Plateaux d'Asiago selon les études historiques et les observations récentes sur la structure constitutionelle animale. Festschrift Duerst, Bern: Verbandsdruckerei A. G. 1936.

breiten von 400 bis 700 kg angegeben. Arbeitsleistung und Masteignung wird wie beim Franken-Rind geschätzt und die Milchleistung mit etwa 2400 kg bei 4,05% Fettgehalt als Durchschnitt gemeldet.

c) *Das Limpurger-Rind.* Dieses Rind ist in Rahmen und Schwere als klein und mittelgroß zu bezeichnen. Das Lebendgewicht der Kühe wird mit 350 bis 500 kg angegeben. Die Leistungswerte nach Mast und Milchertrag werden dementsprechend geringer angegeben, sind aber nach den Umweltverhältnissen entsprechend als gut zu bezeichnen.

d) *Das Lahn-Rind.* Dieses Rind ist gegenüber den genannten Franken-Rindern oder dem Blondvieh unterschiedlicher. Seine Zucht ist auf das Lahntal und seine Seitentäler in Hessen-Nassau beschränkt. Seine Zuchtgeschichte weist auf vielfache Kreuzungen und Einflüsse fremder Viehrassen hin. Es ist einfarbig gelb oder rotgelb. Das Lebendgewicht der Kühe wird mit 450—550 kg angegeben.

Abb. 19. Murbodner-Stier aus Steiermark. (Phot. Murbodner Zuchtverband, St. Michael.)

Seine Nutzungsweise besteht ebenfalls nach Arbeitsfähigkeit, Masteignung und Milchergiebigkeit. Seine Milchleistung ist indessen höher als die der vorgenannten Rinder, der Ertrag wird im Durchschnitt mit 2600—2800 kg bei etwa 4% Fettgehalt angegeben.

12. Das Kärntner-Blondvieh. Seine Zuchtheimat sind nordöstliche Teile Kärntens und angrenzende Gebiete von Kärnten und Steiermark. Gebräuchlich waren früher die Namen Mariahofer- und Lavantaler-Rind, seine Zuchtgeschichte weist auf die Herleitung von Steppenvieh[1] hin, doch ist die Überlieferung und das Ergebnis einer zootechnischen Untersuchung[2] auf die Herauszüchtung aus einem dem Frankenvieh ähnlichen Viehstapel abgestellt, wofür auch seine eigenartige Neigung zu einer gewissen Breitstirnigkeit hinweisen würde. Die Körperfarbe ist einfarbig blond, das Lebendgewicht der Kühe erreicht 500—600 kg. Ihre Arbeitstüchtigkeit und Fleischleistung in alpinen Verhältnissen ist vorzüg-

---

[1] A. Gstirner: Die Entstehung der steirischen Rinderrassen. Z. Züchtg. Reihe B **32** (1935).

[2] J. Kropf: Untersuchungen über das Kärntner Blondvieh. Unveröff. Diss. Wien, **1932**.

lich. Die Milchleistung ist ebenfalls bei einigen Stämmen sehr entwickelt und es werden Durchschnittserträge guter Herden mit 2500—3600 kg Milchertrag bei 3,9% Fettgehalt gemeldet.

13. Das Murbodner-Rind. Sein Zuchtgebiet umfaßt Obersteiermark, mit Ausnahme des westlichen Teiles und ferner das alpine Gebiet von' Niederdonau. Seine Zuchtgeschichte weist auf eine Zuchtentwicklung aus dem Mürztaler-Rind und dem vorgenannten Kärntner-Blondvieh hin. Die Farbe wechselt von lichtgrau zum semmelgelb. Es ist ein mittelgroßes bis großes Rind. Das Lebendgewicht der Kühe erreicht 500—700 kg. Die Arbeitstüchtigkeit und Fleischleistung wird für die alpinen Verhältnisse gerühmt. Die Milchleistung wird für gute Leistungsherden im Durchschnitt mit 2600 kg bei 4% Fettgehalt angegeben.

14. Französisches Blondvieh. Im Gebiete der Bourgogne, ferner von Charolle nach Osten bis zum Jura ist nach zuchtgeschichtlichen Berichten eine Art Blondvieh sehr verbreitet gewesen. Dieses Rind, im Aussehen einer Landrasse, soll mit dem fränkischen Blondvieh sehr viel Ähnlichkeit besessen haben; es wird vielfach als das ursprüngliche Rind der Burgunden ausgegeben. Einige Teilgebiete dieser Landschaften beherbergen bereits scharf unterschiedliche Rassen, die in der Zuchtentwicklung auf dieses ursprüngliche Rind hinweisen. Im Departement Haute-Saone und Jura befindet sich ein solcher Blondviehschlag, der innerhalb der letzten Jahrzehnte ständig an Boden verliert. Es ist ein mittelgroßes Rind von gelber Farbe, dessen Lebendgewicht etwa 350—400 kg erreicht. Dieses ist das Fémélin-Rind und zufolge der betont weiblichen Ausprägung der Stiere mit dieser Bezeichnung bekannt. Seine Leistung ist nach allen drei Nutzungsrichtungen entwickelt. Ein kleiner Restbestand in Teilen der Departements Ain und Rhone beherbergt noch das Bresse-Rind, welches von den umliegenden Rassen, vor allem dem Fleckvieh, aufgesogen werden dürfte.

15. Das Charollais-Rind. Sein Zuchtgebiet umfaßt die Departements Saone et Loire, Cher und angrenzende Gebiete. Seine Zuchtgeschichte weist auf ein ursprüngliches Blondvieh, welches im 19. Jahrhundert durch Einfluß von Shorthorn züchterisch veredelt wurde. Die Veredlung soll bei der Form der Zuchten aus Niévre besonders kennzeichnend sein und zur Bezeichnung der Rasse von Nivernais geführt haben. Es ist ein großes, schweres Rind, die Körperfarbe ist weißlich bis blond. Das Lebendgewicht erreicht für die Kühe 500—700 kg. Die Masteignung wird besonders gerühmt, dagegen ist die Milchleistung unbedeutend.

C. Die Rassen der westeuropäischen Stammesgruppe vom Ur-Rind.

Das Hauptverbreitungsgebiet dieser Rassengruppe ist der Westen Europas. Die hierher zu zählenden Rassen leiten sich nach der Stammesabkunft von einer besonderen Art oder Variationsform des Ur-Rindes ab. Letzteres läßt sich nach den Ergebnissen einer Reihe von Untersuchungen der rezenten Rinderrassen als scharf gekennzeichnete Form des primigenen Wildrindes ausscheiden, welche allgemein in der systematischen Wertung als Unterart hingestellt wird. Man könnte diese Gruppe auch als Bergrinder primigener Abkunft zusammenfassen. Es handelt sich hier meist um große und schwere Rinder, welche aber nur vereinzelt des höchsten Standards der Züchtung teilhaftig wurden, sodaß sie der Höchstwertung und dem Umfang nach nicht die Züchtungsstufe der beiden vorangehenden Rassengruppen erreichen. Demzufolge treten schon Unterschiede nach der Richtung auf, daß die gewohnten extremen Leistungsformen der Hochzuchtrassen nur selten erreicht werden. Im einigermaßen durchgehenden Sinne zeichnen sich die Bergrassen dieser Gruppe durch eine gewisse konstitutionelle Härte aus, dem in Zuchtgebieten mit einfacher Haltungsweise und wenig gehaltvoller Fütterung eine gewisse Bedeutung zukommen mag. Einzelne Rassenvertreter dieser Gruppe weisen in vollem Umfange noch den Habitus der Landrasse oder Übergangsrasse auf, die allerdings in einzelnen Punkten hohe Leistungswerte erkennen lassen, wenn durch planvolles Zuchtvorgehen die Anlagen zur Entfaltung gebracht und auf die Umweltverhältnisse abgestimmt werden können. Die Körperfarbe ist in der Mehrzahl der Bestände einfarbig ohne Aalstrich oder bei einer gewissen Einfarbigkeit mit einer bestimmten Zeichnung versehen, wie wir es beim Pinzgauer-Rind oder in anderer Art beim Rind von Maine-Anjou in Frankreich finden. Hinsichtlich der Nutzungseigenschaften ergeben sich die

Abb. 20. Pinzgauer-Zuchtkuh, Sturm Nr. 8, neunjährig. Jahresmilch 4897 kg.

Unterschiede nach der Richtung, daß entgegen dem hochwertigen Leistungskomplex der beiden vorerwähnten Gruppen hier die Masteignung mit Frühreife in den Vordergrund rückt.

1. Die Pinzgauer-Rinderrasse.[1] Ihre Zuchtheimat ist im Alpengebiete Salzburgs gelegen, reicht in ihrer heutigen Verbreitung über diese Grenzen in sehr ansehnliche Gebietsteile von Oberbayern, Kärnten und Tirol. Zuchtgeschichtlich sollen die Zuchten des Flachgaues der Rasse auf einen Einschluß mit Kurzhornblut hinweisen, dagegen leiten sich die Bestände des Ursprungsgebietes nach einer zootechnischen Untersuchung von der westeuropäischen Unterart des Ur-Rindes ab. Es ist ein großes, schweres Rind, dessen Lebendgewicht bei der Kuh 675 bis 750 kg erreicht. Für die mittelschwere Abart wird ein Kuhgewicht von 550 bis 650 kg angegeben. Letztere sind für die eigentlichen Alpbezirke vorherrschend

---

[1] R. Scheuch: Untersuchungen über die Abstammung und Rassenzugehörigkeit des Pinzgauer Rindes. Arb. Lehrk. Tierz. H. f. B. Wien **3** (1925).

und das Zuchtgebiet im westlichen Teile Kärntens beherbergt eine etwas unterschiedliche Art des Pinzgauer-Rindes, die unter dem Namen Mölltaler-Rind bekannt ist. Die Körperfarbe ist ein Rotbraun mit einer bestimmten Zeichnung. Ein sattes Rotbraun als Grundfarbe mit weißen Zeichnungen entlang des Rückens, ferner in der Euter- und Bauchgegend und weiter bandartig die Extremitäten umfaßt. Die Zeichnung ist als eigentliche Pinzgauer-Zeichnung bekannt. In Leistungszuchten wird ein Verblassen der satten rotbraunen Körperfarbe festgestellt, die mit einer Vergrößerung der weißen Zeichnung in modernen Zuchten häufiger aufscheinen soll. Auch hornlose Zuchten sind bei dieser Rasse anzutreffen. Die Leistung ist als vereinigt nach Arbeit, Masteignung und Milch zu kennzeichnen, obwohl es Zuchten gibt, die die Milchleistung immer mehr in den Vordergrund

Abb. 21. Pinzgauer-Stier Bismarck aus Ober-Pinzgau, Salzburg.

stellen. Die Milchergiebigkeit wird mit 2800—3500 kg im Durchschnitt bei guten Zuchten angegeben. Der Fettgehalt beträgt 3,7—4,1% im Durchschnitt.

2. Das Rind der Auvergne.[1] Dieses Rind wird auch mit dem Namen der Rasse von Salers bezeichnet. Das Zuchtgebiet befindet sich in den Departements Cantal, Lot und Corrèze von Zentralfrankreich. Das Rind von Salers ist ein mittelgroßes bis großes Rind. Das Körpergewicht der Kuh schwankt zwischen 400 und 550 kg. Seine Arbeitstüchtigkeit wird gerühmt. Es ist eine starkknochige harte Rasse, deren Körperfarbe durchwegs einfarbig braun ohne Abzeichen erscheint. In gewissen Bezirken ist der Milchertrag ansehnlich, der im Durchschnitt der besseren Zuchten mit 2200 kg bei 3,8% Fettgehalt angegeben wird.

3. Das Rind der Limousin.[2] Sein Verbreitungsgebiet umfaßt das westliche Zentralplateau Frankreichs. Zuchtzentrum ist das Departement Haute Vienne, ferner wird es im Departement Creuse, Corrèze, Dordogne und Charente gezüchtet.

---

[1] L. ADAMETZ: Über den Schädelbau des Rindes der Auvergne usw. Z. Züchtg. Reihe B **2** (1924).

[2] C. HOLECEK-HOLLESCHWITZ: Studien zur Monographie des Rindes der Limousin. Z. Züchtg. Reihe B **27** (1933).

Es ist ein mittelschweres Rind, das Körpergewicht der Kühe erreicht 450—550 kg. Seine Arbeitstüchtigkeit wird gerühmt; es zeichnet sich durch gute Formen aus.

Abb. 22. Stier des Limousiner-Rindes. (Frankreich, Hte. Vienne.) Rassenbild aus der Limousin der Zuchtstufe um etwa 1840.

Die Höchstwerte der Leistung erreicht es durch seine sehr gerühmte Masteignung, die Milchleistung dagegen ist unbedeutend.

4. Das Garonne-Rind. Sein Zuchtgebiet sind die Departements Lot et Ga-

Abb. 23. Stier des Limousiner-Rindes. (Frankreich, Hte. Vienne.) Rassenbild aus der Limousin der Zuchtstufe 1930/40.

ronne, Tarn et Garonne. Es ist ein starkes, großes Rind, dessen Lebendgewicht für die Kühe 450—600 kg erreicht. Seine Farbe ist weizengelb, in Tönen von der Schimmelfarbe bis zu einem hellen braun. Es ist sehr arbeitstüchtig und gut mastfähig. Milchleistung ist unbedeutend.

5. Die Rassen der Pyrenäen.[1] Eine Reihe unterschiedlicher Rinderrassen des südwestlichen Frankreich könnte man in dieser Gruppe zusammenfassen. Die rasseliche Zugehörigkeit ist nur bei einzelnen untersucht, sie unterscheiden sich meist im Wesen durch die Körperfarbe; verbindend ist ihre mehr oder weniger vollkommene Ausbildung für die wechselnden Umweltverhältnisse der einzelnen Landschaften des Gebietes. Es sind meist mittelgroße bis große Rinder, das Körpergewicht der Kühe schwankt zwischen 400 und 600 kg. Sie sind arbeitstüchtig und ein gutes Fleischvieh mit wechselnder Masteignung und vereinzelt mit erwähnenswerter Milchleistung. Einzelne Rassen werden bei sorgfältiger Züchtung frühreif und sehr mastfähig. Man unterscheidet nach Rassen und ihren heimischen Zuchtgebieten folgende Einteilung:

Abb. 24. Kuh des Limousiner-Rindes. (Frankreich, Hte. Vienne.) Rassenbild aus der Limousin der Zuchtstufe 1930/40.

a) *Das Bazas-Rind.* Zuchtgebiet im Departement Gironde. Es ist ein mittelgroßes Rind von graubrauner Körperfarbe und hellen Rückenstreifen.

b) *Das Basken-Rind.* Zuchtgebiet in den südwestlichen Pyrenäen, Landschaft Béarn usw. Es ist gelb bis braun, sehr lebhaft und sehr gesucht wegen seiner Arbeitsleistung. Auch seine Milchleistung ist erwähnenswert. In seiner Heimat wird es auch Araber-Rind genannt.

c) Das Rind von Lourdes. Zuchtheimat das Departement Haute Pyrénées. Körperfarbe gelb, Lebendgewicht der Kuh etwa 300—400 kg.

d) *Das Gascogner-Rind.* Sein Zuchtgebiet umfaßt die Departements Aude, Ariège, Pyrénées orient., Haute Garonne, Gers. Es ist ein mittelgroßes hartes Gebirgsrind, welches züchterisch auf Frühreife und Masteignung verbessert wird. Letztere Form ist etwas unterschiedlich und wird Gascons auréoles genannt.

---

[1] F. REISNER: Studien über das Blondvieh der Pyrenäen. Unveröff. Diss. Wien, 1933.

6. Das Rind von Parthenay.[1] Die Zuchtheimat ist die Vendée. Verbreitet ist diese Rasse im Departement Deux-Sévres, Vienne, Loire inférieure, Charente inférieure. Es sind mittelgroße Tiere, deren Kuhgewicht 400—500 kg erreicht. Die Rasse ist arbeitstüchtig, mastfähig und für die Milchleistung werden in guten Zuchten Erträge von etwa 2500 kg bei zirka 4,5% Fettgehalt angegeben. Die Rasse hat eine eigenartige braune Körperfarbe und eine graue Zeichnung, die an ein Rehmaul erinnert. Im Gesamtbestand ist sie unausgeglichen und es war eine Reihe von Schlägen bekannt, die unter den Namen Vendéene, Nantaise, Marchoise, Maine-Anjou zuweilen als Rassen angeführt werden, aber in ihren Unterschieden und ihrer Abgrenzung nicht näher untersucht sind.

7. Das Devon-Rind.[2] Sein Zuchtgebiet ist die südwestliche Landschaft Britanniens, namentlich die Grafschaften Sommerset, Dorset, Cornwall, Wiltshire usw. Es ist eine der ursprünglichsten Rinderrassen Großbritanniens, welche eine natürliche Zuchtentwicklung aufweist. Es werden zwei unterschiedliche

Abb. 25. Kuh des Limousiner-Rindes. (Frankreich, Hte. Vienne.) Rassenbild aus der Limousin der Zuchtstufe um etwa 1840.

Typen innerhalb der Devon-Rasse gezüchtet, die sich in den Leistungswerten und der Stufe der Zucht trennen lassen. Die eigentlichen Devons und die South-Devons. Man kann letztere auch als das höher gezüchtete Devon-Rind bezeichnen. Es sind mittelgroße bis große Rinder, von einfarbig brauner Körperfarbe. Das Lebendgewicht der Kühe erreicht 450—500 kg. Die Süddevons sind durch Zuchteinwirkung mit flandrischem Vieh veredelt worden und besitzen eine ansehnliche Milchleistung. Die Devon-Rasse ist ein ausgezeichnetes Fleischrind und durch ihre Masteignung in den extensiven Verhältnissen Südwestenglands berühmt.

8. Das Sussex-Rind. Seine Zuchtheimat ist der Südosten Englands. Es wird in den Grafschaften Kent, Surrey usw. gehalten. Es ist ein dunkelbraunes, bis schwarzbraunes Rind von ansehnlichem Rahmen. Das Lebendgewicht erreicht für die Kühe 550—650 kg. Es ist der Devon-Rasse in vielen Merkmalen ähnlich und ein ausgezeichnetes Rind für gute Fleischleistung.

---

[1] J. GINET: Contribution à l'étude des origines de la race bovine Parthenaise. Revue zootechnique. Paris: Tirage à part, 1932.

[2] F. WEISHET: Devons und South Devons. Mitt. Landwirtsch. Lehrk. H. f. B. Wien. 1915.

9. Das Hereford-Rind.[1] Seine Zuchtheimat ist die Grafschaft Hereford. Es wird auch viel in den angrenzenden Grafschaften gehalten und hat große Bestände in Übersee aufzuweisen. Seine Zuchtgeschichte leitet die Bildung der Rasse aus einem ursprünglichen heimischen Rind Mittelenglands ab, welches sich zur Hochzucht durch den Zuchteinfluß des Longhorn-Rindes entwickelte. Das Hereford-Rind ist rotbraun mit weißen Abzeichen. Meist mit weißem Kopf und Rückenschecken. Das Lebendgewicht der Kühe erreicht 500—600 kg. Es ist sehr frühreif und ein ausgezeichnetes Mastrind.

Abb. 26. Stier der ungarisch-siebenbürgischen Steppenvieh-Rasse. Gut ausgeprägtes Erscheinungsbild für Landrassen der Stammeslinie des Ur-Rindes. (Primigenius-Rinder.) Phot. R. Gf. Fronius.

D. Die Landrassen des Ur-Rindes.

Die Landrassen der Abkömmlinge des Ur-Rindes vereinigen hier räumlich einige getrennte Gruppen, die auch nach den Variationsformen des Ur-Rindes in ihrem Entwicklungsbild in eine Beziehung gebracht werden können. Es zeigt sich in ihrem rasselichen Merkmalsbild noch die größte Übereinstimmung mit den europäischen Uren, die sie auch in einen Gegensatz zu dem primitiven Kurzhorn-Rind stellen. Die einzelnen Rassevertreter des Ur-Rindes sind nach der körperlichen Gestaltung durchwegs große, schwere Rinder, die im Bau oft grobe, starkknochige Formen mit aufgeschürztem Leib und ausgezeichnetem Bau der Gliedmaßen vereinigen. Die Kopfform, die Ausbildung der Hörner ist für sie meist weiter ein sehr kennzeichnendes Merkmal. Auch in der Nutzungsrichtung sind sie in einem weiten Ausmaß übereinstimmend. Sie sind durchwegs konstitutionell sehr hart und genügsam, sehr spätreif, ausgezeichnete Arbeitstiere und reagieren in Umweltverhältnissen mit üppiger Ernährung auch in der Fleischleistung mit befriedigenden Größen. Die westliche Gruppe mit ihren Vertretern der ursprüng-

---

[1] J. MACDONALD and J. SINCLAIR: History of Hereford Cattle. London: Vinton & Co. Ltd., 1909.

lichen andalusischen Rasse und dem schottischen Hochlands-Rind zeigen diese Verwandtschaft nach den Erbanlagen sogar unter sehr unterschiedlichen Umweltverhältnissen. Die östliche Gruppe des ungarischen, rumänischen und ukrainischen Steppenrindes zeigt in ihrem Merkmalsbild gemäß einer etwas unterschiedlichen Variation genau dieselbe Übereinstimmung. Die Rassevertreter der Apenninen-Halbinsel würden eine Verbindungsgruppe zwischen diesen beiden Extremen vorstellen, die sich in einem Rückzugsgebiet bis vor kurzem erhielten. Ihr äußeres Merkmalsbild würde diese Verbindung, soweit wir ein Urteil nach

Abb. 27. Stier aus der Moldau. Rassenbild aus den Beständen des Steppenviehs in Rumänien.
Phot. R. Gf. Fronius.

den ursprünglichen Typen bisher gewinnen konnten, nur bestätigen, wenn wir auch den Beweis mangels vorliegender zootechnisch geführter Untersuchungen noch nicht erbringen können.

Untergruppe: Steppen- und verwandte Rinder.

1. Die ungarische Steppenvieh-Rasse.[1,2] Ihre Zuchtheimat erstreckte sich über die Ebenen Ungarns, beschränkt sich immer mehr auf die unteren Theiß- und Donaulandschaften. Seine Entwicklung war früher sicher mehr einer natürlichen Auslesewirkung unterworfen und ist erst in allerletzter Zeit züchterisch mit größerer Aufmerksamkeit behandelt worden. Es ist ein großes, schweres Rind, welches für große Anforderungen nach der Arbeitsleistung wie geschaffen ist. Die Farbe ist weißlich bis grau. Die Hornentwicklung in seiner eigenartigen Größe und Form ist kennzeichnend für dieses Rind. Das Lebendgewicht der Kühe beträgt 600—800 kg. Das Steppenvieh ist spätreif, seine Fleischleistung nur in bestimmten Verhältnissen lohnend. Der Milchertrag wurde überhaupt nicht beachtet, erst in letzter Zeit wurde die Milchnutzung vereinzelt auf-

---

[1] LEO SCHÖLLER: Untersuchungen über den Schädelbau der ungarisch-siebenbürgischen Rinderrassen. Unveröff. Diss. Wien, 1922.
[2] J. ROSTAFINSKY: Die Tierzucht Ungarns. Wien: W. Frick, 1912.

genommen. Hohe Einzelleistungen von etwa 2000—2500 kg bei 6—7% Fettgehalt wurden gemeldet, der Rassedurchschnitt wird mit einem Ertrag von etwa
1200 kg angegeben.

2. Das rumänische Steppenvieh. Sein Zuchtgebiet ist das Gebiet der Walachei,
ferner die Landschaften der Moldau am Ostrand der Karpaten in Rumänien.
Die Körperfarbe ist grau oder braun. Die Körpergrößen und Formen sind dem
ungarischen Steppenvieh sehr ähnlich. Auch in der Nutzungsrichtung und Züchtungsstufe dürften die Unterschiede nicht sehr große sein. Man unterscheidet
in Rumänien folgende Steppenrinder:

a) Die rumänische Steppenvieh-Rasse (Montenja und Oltenja).

b) Das moldauische Steppenrind (Moldau und Dobrudscha).

3. Das bessarabische Grauvieh. Sein Zuchtgebiet ist der zentrale Teil Bessarabiens. Es ist kleiner als die vorgenannten Steppenrinder Rumäniens, in
Körperformen und Nutzung aber sehr ähnlich. Die Körperfarbe wird als grau
bis schwarz angegeben.

4. Das ukrainische Steppenrind. Es ist in den Gouvernements Charkov,
Poltawa, Jekaterinoslaw, Taurien, Cherson, Odessa verbreitet. In der Vorkriegs-
zeit soll der Bestandsumfang dieser Steppenrinder sehr wesentlich gewesen sein.
Über den derzeitigen Stand und seine Züchtungsstufe sind nähere Daten kaum
zu erfahren. Nach den früheren Angaben unterschied sich dieses Steppenvieh
nur in der Größe und Schwere von den Rassen der anschließenden Ebenen nach
dem Westen. Sie werden allgemein als die östlichen Ausläufer der Gruppe der
Steppenvieh-Rassen angesehen.

5. Die Apennin-Rassen. Die italienischen Rassen der Abkömmlinge des Ur-
Rindes dürften zu den ursprünglichsten Hausrindern Italiens gehören. Ihr
Bestandsumfang ist seit langem im ständigen Zurückgehen, da einerseits die
Züchtungsstufe als Landrasse mit der stetigen Intensivierung der Landwirtschaft
nicht so rasch in Einklang zu bringen ist und anderseits die Leistungswerte größer
und die Nutzungsrichtung vielseitiger entwickelt werden soll. Es sind große
Rinder von ausgezeichneter Arbeitsfähigkeit. Der Rahmen, die Körperformen
zeigen augenfällige Ähnlichkeiten mit den Steppenrindern auf, obwohl ihre zootechnische Zugehörigkeit bisher immer noch nicht mit der Herkunft als Abkömmling des europäischen Ur-Rindes belegt werden kann. Man unterscheidet in
Italien einige Rassen:

a) Das Rind der Romagna oder die Rasse romagnola.[1] Als sein Verbreitungsgebiet werden die Romagna und die beiden Provinzen Forli und Ravenna angegeben.

b) Das Rind der Maremmen oder die Maremmaner-Rasse. Sein Verbreitungsgebiet wird in den Maremmen, den Provinzen Grosseto und Siena angegeben.

c) Das Chiana-Rind. Sein Zuchtzentrum ist das Chianatal in Toskana, seine
Verbreitung erstreckt sich über das alte Etrurien in den Provinzen Arezzo und
Siena.

d) Das Rind der Marken oder die Rasse marchiana. Sein Verbreitungsgebiet
sol von der Küste sich bis zu den Hügeln erstrecken, vornehmlich in Macerate,
Ancona, Pesaro usw.

e) Das Rind von Bologna. Sein Verbreitungsgebiet erstreckt sich über die
Provinzen Bologna und Ferrara.

f) Das apulische Rind. Sein Verbreitungsgebiet erstreckt sich über Apulien
und in der Basilikata.

---

[1] A. Sirri e M. Marani: La razza bovina Romagnola gentile allevata in Pro-
vincia Ravenna. Ravenna. 1930.

Untergruppe: Iberisches Rind.

6. Die andalusische Rasse.[1] Ihr Heimatsgebiet ist die Ebene Andalusiens und angrenzende Gebiete Spaniens. Es ist eine Rasse auf ursprünglicher Züchtungsstufe, welche die Merkmale des Ur-Rindes in seiner heutigen Form am reinsten überliefert. Die Unterschiedlichkeit im Merkmalsbild dieser Rasse gegenüber den Steppenrindern läßt ihre Ursache in der Abstammung von einer besonderen Unterart des Ur-Rindes ableiten. Es ist groß, von ansehnlichem Rahmen, in verschiedenen Körperfarben von schwarz, braun und Zwischenstufen dieser Farben. Es läßt eine Anlage nach sehr guter Fleischleistung erkennen und dürfte nach den heutigen Ergebnissen als die Stammrasse der leistungsfähigen Fleischrinder Westeuropas in Betracht kommen.

7. Das Rind von Oporto. Sein Verbreitungsgebiet soll die Landschaft um Oporto sein. Es zeigt viele Anklänge an das andalusische Rind, hat nach der Züchtungsstufe viel Ähnlichkeit mit südfranzösischen Rinderrassen. Zootechnisch ist es nicht untersucht.

8. Das Bergrind von Spanisch-Galizien.[2] Das Verbreitungsgebiet umfaßt den nordwestlichen Teil der Iberischen Halbinsel. Im Gesamtbestand ist diese Rasse sehr unausgeglichen, sodaß ein größerer und kleinerer Schlag unterschieden werden kann. Das Lebendgewicht schwankt von etwa 300—450 kg. Die Widerristhöhe von etwa 105—130 cm. Die Farbe ist einfarbig rotbraun bis schwarzbraun. Seine Leistung wird meist nach allen drei Nutzungsrichtungen entwickelt.

9. Das schottische Hochland-Rind. Sein Zuchtgebiet sind die Hochflächen Schottlands. Es ist ein großes ansehnliches Rind von eigenartigem Aussehen. Für die harten Haltungsverhältnisse soll es nach der Nutzungsrichtung der Fleischgewinnung eine gute Leistung ergeben.

III. Der Rassenkreis der Kurzhorn-Rinder.

Die Rassengruppen und einzelnen Rinderrassen der Abkömmlinge des Kurzhorn-Rindes führen auf eine deutlich unterschiedliche Art des europäischen Ur-Rindes zurück, die man allgemein als zweite Wildform der europäischen Rinder betrachtet. Vielfach wurde in wissenschaftlichen Kreisen die Existenz des zweiten Wildrindes des europäischen Kurzhornrindes bestritten und der Streit um die poly- oder monophyletische Abstammung der Rinder wurde oft weniger aus fachlichen Gründen als aus persönlichen Gegensätzen geführt, bis zootechnische Arbeiten die tragbare Unterlage schufen, auf der sich die Unterschiedlichkeit dieses Rassenkreises stützte und somit weitere Nachweise lieferte, die die Vielgestaltigkeit unserer Rinderrassen erklären konnten und uns weiter näher an die Ursachen einer unterschiedlichen Entwicklung der Rinder nach der rasselichen Wertung zu kommen ermöglichte. Eines fällt im Verlaufe der Gewinnung dieser Erkenntnisse auf, daß die Funde über die Stammform des europäischen Kurzhornrindes verhältnismäßig selten zu verzeichnen sind. Auf Grund einer bereits zitierten Arbeit verstärkt sich aber die Hypothese, daß das Hausbarwerden des Kurzhorn-Rindes nicht in Europa, zumindest nicht in dem Umfange erfolgte, wie wir es für eigentliche Ur-Rinderarten annehmen können. Auch dürfte die Züchtung der Kurzhornrassen bereits in vorgeschichtlicher Zeit in weitaus intensivem Maße nach ausgesprochenen Nutzungsrichtungen erfolgt sein, wenn

---

[1] S. Ulmansky: Die andalusische Rinderrasse. Mitt. Landwirtsch. Lehrk. H. f. B. Wien. 1918.

[2] A. Staffe: Über die Brachycephalie des Bergrindes von Spanisch-Galicien. Z. Züchtg. Reihe B **5** (1926).

wir das Bild der gegensätzlichen Stammeslinien zu einem Vergleich stellen. Hier im Rassenkreis des Kurzhorn-Rindes erfolgt auch eine deutliche Trennung des Begriffes der Kultur- und Landrasse, denen sich als Sondergruppe das Kurzhornrind der Alpen zugesellt. In ihren osteologischen Unterschieden können wir folgende Merkmale als bestimmend kennzeichnen. Der Schädelbau des Kurzhorn-Rindes zeigt gewisse Maßverhältnisse und Formengestaltung, welche im Vergleich zum Ur-Rinde ganz kennzeichnende Merkmalsgegensätze ausprägen. Die Längsentwicklung der Stirne stellt sich gegenüber dem Gesichtsteil meist übermäßig dar. Die Formausbildung der Stirne ist in bestimmter Weise uneben zu nennen, die bei stark ausgeprägtem Charakter oft am lebenden Tier zu erkennen ist. Ferner ist oft ein deutlich entwickelter Stirnbeinkamm, Stirnbeule, vorhanden. Die Augenränder sind über die in der Mitte liegende Stirnpartie erhaben. Kennzeichnend ist ferner die Form der Nasenbeine, der Zwischenkiefer sowie die besondere Art des Hornzapfenansatzes, der die gestielte Ausformung durchgreifend zeigt. Weiter wären noch die abweichenden Maßverhältnisse der Zwischenhornlinie und die des Hinterhauptes in Höhe und Breite zu nennen, welche geradezu in einem gegensätzlichen Bild zum Ur-Rind stehen.

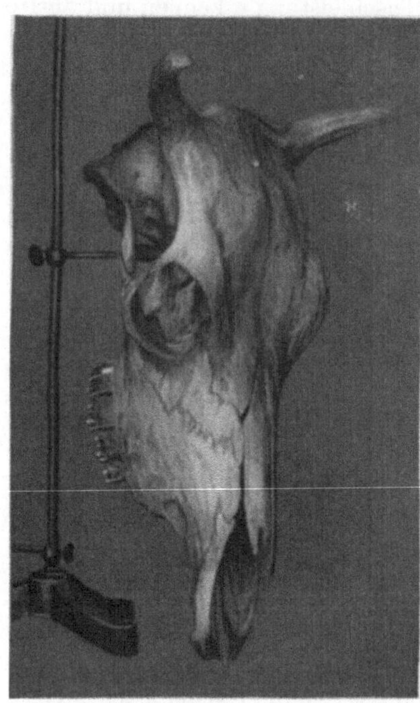

Abb. 28. Schädel des Albanesen-Rindes in halbschräger Stellung. Kennzeichnende Schädelausbildung nach der Stammeslinie der Brachyceros- oder Kurzhorn-Rindabkömmlinge.

A. Die europäischen Zuchtrassen des Kurzhorn-Rindes.

Die Rassengruppe des Kurzhorn-Rindes ist in den allgemein kennzeichnenden Merkmalen gegenüber den Einzelvertretern der Hochzuchtrassen aus dem Kreise der Ur-Rinder nur in ganz vereinzelten Eigenschaften zu trennen. Meist auch nur in dem Sinne, wenn das durchschnittliche Eigenschaftsbild der gegenständlichen Vergleichsreihe nach dem Blute der Abstammung rein sich erhalten konnte. Vielfach trübt der bei Zuchtrassen geübte Blutaustausch innerhalb eines gewissen Zuchtabschnittes das Vergleichsbild, sodaß allfällige Unterschiede zootechnisch nicht immer leicht faßbar erscheinen. In großen Zügen bleibt aber bei der Gruppe der kurzhörnigen Zuchtrassen der körperliche Rahmen für ein rasseliches Erfassen in seiner Eigenart bestehen. Es handelt sich hier um einen Habitus eines feinknochigen Rindes, das nur selten offensichtlich runde Formen in seinem Rumpfbau vereinigt. Ferner sind es meist kleine bis mittelgroße Rinder, die auch im Lebendgewicht verhältnismäßig selten die schwere Formgestaltung der Abkömmlinge des Ur-Rindes erreichen. Die drei westlichsten Rassen dieser Gruppe, die Jerseys, die Bretagner und die irländischen Kerries, bringen dies am deutlichsten zum Ausdruck. Diese sind auch in der räumlichen Stellung des Zuchtgebietes in Europa im einzelnen von der fremden Stammesgruppe umschlossen, daß mit den verwandten Rassevertretern ihres Stammes die Verbindung vor unzählbaren Generationsfolgen zu bestehen aufgehört hat. Ein weiterer Unterschied besteht in der

Nutzungseigenschaft nach der Anlage der guten Milchleistung, insbesondere nach der qualitativen Seite des Fettgehaltes, der sie in der rasselichen Wertgröße scharf trennte, wenn man die Hochzuchtrassen der Ur-Rinder nach dieser Richtung oder Anlage vergleicht. Die weiter nach Osten sich erhaltenen Rassen dieser Gruppe stellen noch das deutsche Rotvieh, das alte Sudeten-Rind und das polnische Rotvieh vor. Bei allen gibt die Züchtungsentwicklung ein Beispiel, daß es sich in den Anlagen um sehr wertvolle Bestände handelt, die für gewisse Umweltverhältnisse um so wertvoller werden, als sie zuchtmäßig richtig geleitete Arbeit mit ansehnlichen Leistungssteigerungen lohnen und innerhalb kurzer Zeit das Bild einer Zuchtrasse in einem großen Bestandsumfang erreichen. Bei einigen mitteldeutschen Zuchten wie auch beim polnischen Rotvieh kommt dies augenfällig zum Ausdruck.

1. Das Jersey-Rind.[1] Seine Zuchtheimat ist die Insel Jersey; die Rasse ist heute in England selbst und auch in Frankreich anzutreffen. Es ist ein kleines feinknochiges Rind, welches die Formen eines ausgesprochenen Milchrindes aufweist. Das Lebendgewicht der ausgewachsenen Kühe schwankt zwischen 250 und 400 kg. Die Farbe wechselt von Mischtönen des Gelb, Braun und des Grau in verschiedenen Schattierungen. In der Zuchtheimat hatten die Bestände eine ausgesprochene Maulbeerfarbe. Die Milchergiebigkeit ist außerordentlich hoch entwickelt und durch den hohen Fettgehalt auffallend. Die Milchmenge wird mit 2500—3000 l angegeben, der Fettgehalt beträgt als Durchschnittswert 5—6%. Bei dem geringen Lebendgewicht der Kühe eine sehr hohe Leistungsgröße.

2. Das Guernsey-Rind. Sein Zuchtgebiet sind die Inseln Guernsey, Alderney, Sack usw. Große Bestände befinden sich in Übersee, namentlich in Amerika. Dieses Rind ist den Jerseys in der Form sehr ähnlich. Es ist ein Milchrind, ebenmäßig gebaut, im allgemeinen etwas größer. Das Lebendgewicht der Kuh erreicht ein Mittel von etwa 450 kg. Sehr gute Herden sollen im Durchschnitt 3100—3400 kg bei 4,5% Fettgehalt geben. Die Körperfarbe wechselt von gelbrot oder braunscheckig.

3. Das Kerry-Rind.[2] Sein heimisches Zuchtgebiet ist in Irland die Grafschaft Kerry. Es ist sehr von anderen Rassen verdrängt worden, hält sich aber in den eigenartigen Umweltverhältnissen seines Heimatgebietes. Es ist ein kleines, anspruchsloses Rind von ausgesprochener Form der Milchleistung. Das Lebendgewicht wird mit 320—400 kg angegeben. Die Milchleistung wird mit 1800—2000 kg bei 3,9—4,2% Fettgehalt veranschlagt. Die Körperfarbe ist schwarz. Bemerkenswert ist die von den Kerry abgeleitete Type des Dexter-Rindes, welches durch Einführung von Devonblut entstanden sein soll und in der Festhaltung einer mutativen Bildung einer Zwerg- und Fleischwüchsigkeit eine Nutzungseigenschaft zu festigen sucht.

4. Das Bretagne-Rind.[3] Seine Zuchtheimat ist das Gebiet der Bretagne in Frankreich. Es ist ein kleines Rind, bei dem in neuester Zeit die mittelgroßen Typen immer stärker auftreten. Dieses kleine Rind ist unansehnlich und von einem Durchschnittsgewicht von etwa 200 kg. Das Lebendgewicht der Kühe größeren Bretagner Schlages schwankt zwischen 350 und 500 kg. Es ist ein ausgesprochenes Milchrind, welches zur Zeit mit Hinblick auf die Gesamtheit des Bestandes unausgeglichen ist. Die Farbe ist schwarz- oder rotscheckig, die erstere

---

[1] J. KEIL: Über Jersey-, Guernsey- und Flamländer Rinder. Unveröff. Diss. Wien, 1914.

[2] E. LUNDWALL: Studien über das irländische Kerry-Rind. Mitt. Landwirtsch. Lehrk. H. f. B. Wien. 1915.

[3] W. KLECKI: Studien über die Morphologie und Nutzung sowie die Herkunft des Bretagner Rindes. Krakau: Akad. d. Wiss., 1898.

Farbvarietät scheint zu überwiegen. Seine Milchleistung ist sehr gut, die Milchergiebigkeit wird für die guten Zuchten im Durchschnitt mit 2400—2600 kg angegeben. Der Fettgehalt beträgt etwa 5—6%, ist verhältnismäßig hoch.

Abb. 29. Jersey-Kuh „Golden Stream". (Aus St. Lowrance-Jersey, 1912.) Beispiel einer Zuchtrasse der Stammeslinie des Kurzhorn-(Brachyceros-) Rindes.

5. Das rote dänische Vieh.[1] Sein Zuchtgebiet umfaßt die südöstlichen Bezirke Dänemarks, das Zuchtzentrum liegt auf den Inseln Fünen, Laaland, Seeland, Bornholm. Seine zootechnische Stellung ist mangels Untersuchungen sehr um-

---

[1] F. BALZER: Studien über das dänische Rotvieh usw. Hannover: Schaper, 1911.

stritten; die Zuchtgeschichte weist auf ein ursprüngliches Kurzhorn-Rind hin, welches durch Bluteinschluß des Niederungsrindes veredelt wurde. Es ist ein mittelgroßes bis großes Rind. Das Lebendgewicht für die Kuh erreicht 500 bis 600 kg. Die Körperfarbe ist einfarbig rot, die Formen sind die eines Milchrindes. Die Milchergiebigkeit wird für die guten Zuchten mit 3500—4000 kg als Herdendurchschnitt angegeben, der Fettgehalt beträgt 3,6—3,9%.

6. **Das Angler-Rind.**[1, 2] Seine Zuchtheimat liegt in Schleswig, es ist die Halbinsel Angeln im Gebiet der Ostsee. Seine zootechnische Stellung ist bisher nicht näher untersucht; seine ursprüngliche Form könnte für die Frühzeit der Zuchtgeschichte hier manche wertvolle Aufklärung vermitteln. Es ist ein kleines bis mittelgroßes Rind, das seine Formen nach einem ausgesprochenen Milchrind entwickelt. Das Lebendgewicht wird mit 400—550 kg für die ausgewachsenen Kühe angegeben. Die Milchleistung wird als Herdendurchschnitt mit einem Milchertrag von 2900 bis 3600 kg festgestellt. Der Fettgehalt beträgt etwa 3,36—3,5%.

7. **Die mitteldeutsche Rotviehgruppe.**[3] Ursprünglich dürfte sich die Zuchtheimat in einem viel geschlosseneren und im weiteren Umkreis über ganz Mitteldeutschland erstreckt haben. Sehr wahrscheinlich ist, daß ein Zusammenhang mit den Sudetengebieten bestanden und das schlesische Rotvieh dieser Gruppe angegliedert war, welches durch seine weiteren Ausläufer noch im anschließenden östlichen Gebiet von Zuchtbezirken in Polen erweitert werden könnte. Rasselich sind diese an sich gut unterschiedlichen Rinder nahe verwandt, ein Umstand, der um so deutlicher wird, je weiter wir die Zuchtgeschichte zurückverfolgen können. Es zeigt sich hier die Beziehung eines rasselichen Erbgutes deutlich, das durch züchterische Arbeit und in ihrer Auslesewirkung sich nach Richtungen festlegen kann, die in ihrer Reaktionsnorm auf die Umwelt die bestmöglichen Leistungsgrößen zu erreichen vermögen. Kennzeichnend für eine allgemeine Charakteristik ist, daß sie alle kleine bis mittelgroße Rinderschläge sind, die durch Verbesserung und züchterische Auslese zu Rindern mit ansehnlichem Körperrahmen entwickelt wurden. Die Lebendgewichte für die ausgewachsenen Kühe schwanken zwischen 400 und 600 kg. Die Leistungsgrößen sind verschieden, wir unterschieden nach einem früheren Stand der Zuchtentwicklung:

a) Das bayrische Rotvieh.[4] Zuchtgebiet bayrische Oberpfalz. Lebendgewicht der Kühe 450 kg, Milchleistung 2400 kg, Fettgehalt 4,1—4,5%.

b) Das Vogelsberger-Rind.[5] Zuchtgebiet Bezirk Wiesbaden in Oberhessen. Lebendgewicht der Kuh 400—500 kg, Milchleistung etwa 2500 kg, Fettgehalt 3,6%.

c) Das Vogtländer-Rind. Zuchtgebiet Vogtland, südwestliches Sachsen. Lebendgewicht der Kuh 450—500 kg, Milchleistung 2500 kg, Fettgehalt 3,85%.

d) Das Waldecker-Rind. Zuchtheimat das Waldecker Gebiet. Lebendgewicht der Kuh 500—600 kg, Milchleistung 2500 kg, Fettgehalt 3,7—4%, gute Zuchten 3600 bis 3800 kg.

e) Das Harzer-Rind.[6] Zuchtheimat im Gebiet des Harzes, Kreis Zellerfeld, ferner gewisse Bezirke in Braunschweig und Anhalt. Lebendgewicht der Kuh 360—600 kg, Milchleistung 2500—3000 kg, Fettgehalt 3,6—4%.

---

[1] R. GEORGS: Das Angler Rind. Hannover: Schaper, 1910.

[2] P. CLAUSZEN: Das Angler Rind. Flensburg: Verband Angler Rinderzüchter, 1933.

[3] J. SCHMIDT: Die mitteldeutsche Rotviehzucht. Hannover: Schaper, 1914.

[4] O. GUTH: Das bayrische Rotvieh. Hannover: Schaper, 1910.

[5] K. KLEIN: Entwicklung und Stammesaufbau der Vogelsberger Rinderrassen. Darmstadt: Landwirtsch. Kammer Hessen, 1914.

[6] C. KLEEMANN: Studien über das Harzer Rind. Jena: Diss., 1924. — O. HEINE: Studien über das Harzer Rind. Hannover: Schaper, 1910.

f) **Das Odenwälder-Rind.**[1] Zuchtgebiet ist Hessen, Gebiet Starkenburg. Lebendgewicht der Kuh 550 kg, Milchleistung 3500—3700 kg, Fettgehalt 3,8 bis 4,2%.

g) **Das westfälische Rotvieh.** Zuchtgebiet ist der Süden von Westfalen, Siegen, Wittgenstein, Brilon, Olpe. Lebendgewicht der Kuh 400—500 kg, Milchleistung 2500—3000 kg, Fettgehalt 3,8%.

8. Das schlesische Rotvieh.[2] Sein Zuchtgebiet umfaßt heute Schlesien in seinen verschiedenen Teilen, ohne ein festgeschlossenes Gebiet. Es wurde durch Bevorzugung fremder Schläge in seinem heimatlichen Zuchtgebiet viel Niederungsvieh gehalten und dadurch in den abgelaufenen Jahrzehnten in seinen Beständen bedrängt. Es ist heute ein gut mittelgroßes Vieh, das Lebendgewicht ausge-

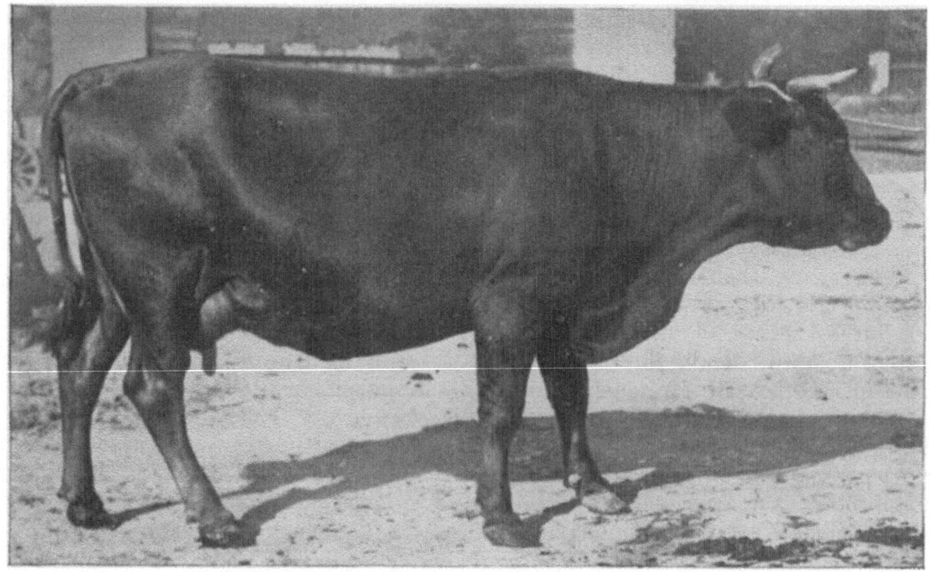

Abb. 30. Kuh des polnischen Rotviehs. Versuchsgut Mydlniki, Milchleistung 1924: 4900 Liter.

wachsener Kühe erreicht 450—550 kg. Die Farbe ist einfärbig rot. Die Masteignung wird als gut bezeichnet, die Milchergiebigkeit wird mit 2500—2800 kg angegeben. Der Fettgehalt beträgt 3,8%. Stammherden erreichen Durchschnitte von 3100 bis 4000 kg. Masteignung und gute Arbeitsfähigkeit wird vermerkt.

9. Das polnische Rotvieh.[3] Seine Zuchtheimat sind die Bezirke in Mittelgalizien im weiteren Umkreis der Gebiete nach Südwesten im Einzugsbereich der Karpaten. Heute ist seine Ausbreitung bereits über viele Gebiete des Kongreßpolens gesichert. Zuchtgeschichtlich bietet sich ein Beispiel, wie schnell ein altes vernachlässigtes Landvieh zur Wertung einer Zuchtrasse aufrücken kann, wenn die züchterische Behandlung des Bestandes nach den Möglichkeiten der Umwelt in ihrer biologischen Beziehung zum Erbgut und seiner rasselichen Wer-

---

[1] KEIL: Untersuchungen über Euter und Stammesaufbau des Oldenwälder Rindes. Diss. Gießen, 1915.

[2] P. STANJEK: Das schlesische Rotvieh. Königsberg: Diss., 1914.

[3] L. ADAMETZ: Studien über das polnische Rotvieh Wien: Carl Fromme, 1901. — L. ADAMETZ: Studien über das polnische Rotvieh. Z. Züchtg. Reihe B **2** (1925).

tung vor sich geht. Es kann damit ein Entwicklungszeitraum von sehr vielen Generationsfolgen in kurzer Zeit überbrückt werden, wobei allerdings Opfer in wirtschaftlicher Hinsicht im Beginn der Ausrichtung der Zucht erforderlich waren, die durch die glänzenden Leistungsergebnisse rasch in mehrfacher Weise vergütet werden. Es handelt sich hier um ein mittelgroßes Rind, welches in seinen Körperformen ein sehr gutes Milchrind erkennen läßt. Die Masteignung ist eine gute, die Körperfarbe ist einfarbig rot. Das Lebendgewicht der Kühe schwankt zwischen 500 und 600 kg. Die Milchleistung beträgt im Durchschnitt der guten Herden 2400—3000 kg, bei 3,52—4,2% Fettgehalt.

B. Die Alpenrassen des Kurzhorn-Rindes.

Unter den europäischen Zuchtrassen der Hausrinder nimmt die Gruppe der Alpenrassen nach dem Stamm des Kurzhorn-Rindes die eigenartigste Stellung ein, wenn wir sie unter dem Gesichtspunkte der Nutzungsrichtung und ihren Leistungswerten betrachten. Hier scheint die Beziehung zwischen Erbgut und Umwelt eine besonders eng geknüpfte zu sein, daß man in den Wechselwirkungen in gewissen Zeitabständen ein besonders reich zusammengesetztes Bild in den Unterschieden gewisser Merkmale erkennen kann, wenn die Entwicklung züchterisch ohne Einflüsse benachbarter Kreise vor sich gehen konnte. Die gemeinsame Abstammung und Zuchtentwicklung dieser Rassengruppe haben in vielen Gebieten der Alpen eine gemeinsame Richtlinie in dem Merkmalsbild der Rassenvertreter ausgebildet, die zootechnisch wohl noch erfaßbar, aber keineswegs in räumlicher Hinsicht so geschlossen erscheint, um auch in zeitlicher Folge der Generationen das Entwicklungsbild nur annähernd verfolgen zu können. Die blutmäßigen Einflüsse sind im Wege der Auslesewirkungen heute besonders nach der Nutzungsrichtung in gewissem Sinne zur Einheit geworden, daß man nur schwer die Einzelelemente herausfindet, die bestimmte Rassevertreter in ihrem Gesamtbestand vorstellen. Das Einbrechen gewisser Rassen der Abkömmlinge des Ur-Rindes in den Alpenraum weist in der Gebietsverteilung der Zuchtbezirke auf ein ähnliches Bild, wenn wir die mitteldeutsche Rotviehgruppe in ihrem Anschluß an das Sudeten-Rind und das polnische Rotvieh in ihrer gebietsmäßigen Erstreckung und auch zeitlichen Aufeinanderfolge der einzelnen Entwicklungsstufen vergleichen könnten.

Die hohe Anpassungsfähigkeit an wechselnde Futter- und Haltungsbedingungen und ihre ausgesprochene Anlage für gute und qualitative hohe Werte der Milchleistung sprechen für verwandtschaftliche Grade und gleichgerichtete Entwicklung der Rassebilder der westeuropäischen Zuchtrassen des Kurzhorn-Rindes, wenn auch die Hand einer fortschrittlichen Zuchttechnik hier mit anderen Faktoren in ihrer Arbeit zu rechnen hatte, wie in ersterem Falle. Abgesehen von einer bestimmten Formung der Merkmale des Kopfbildes sind die Kurzhorn-Rassen der Alpen meist mittelschwere Rinder, die auch in einer kennzeichnenden Einfarbigkeit von braun und grau gemeinsame Züge erkennen lassen. Nur bei den hochgezüchteten Kulturrassen dieser Gruppe gehen die Unterschiedswerte nach extremeren Größen, daß der gemeinsame Stamm immer weniger deutlich erkennbar im Entwicklungsbild sich zeigt.

1. Das Schweizer-Braunvieh[1] (Ostschweizer-Braunvieh). Das Zuchtgebiet umfaßt heute die Ostschweiz. Das Ursprungsgebiet war viel enger, erst durch die

---

[1] H. ABT: Das schweizerische Braunvieh. Frauenfeld: Huber & Co. 1905. — A. SCHMID: Nutztierzüchtung und Kulturrassen der Schweiz. Frauenfeld u. Leipzig: Huber & Co. A, G., 1934. — J. ANDREA: Das Bündner Zucht- und Nutzvieh in Wort und Bild. Chur: Bischofberger & Hotzenköcherle, 1922.

rasseliche Zuchtentwicklung in rasselicher Aufartung entstand aus den mehreren wenig unterschiedlichen Schlägen (rhätisches Rind, Graubündner-Rind, gewisses alpines Grauvieh usw.) die Zuchtrasse in der heutigen Form. Es ist ein großes,

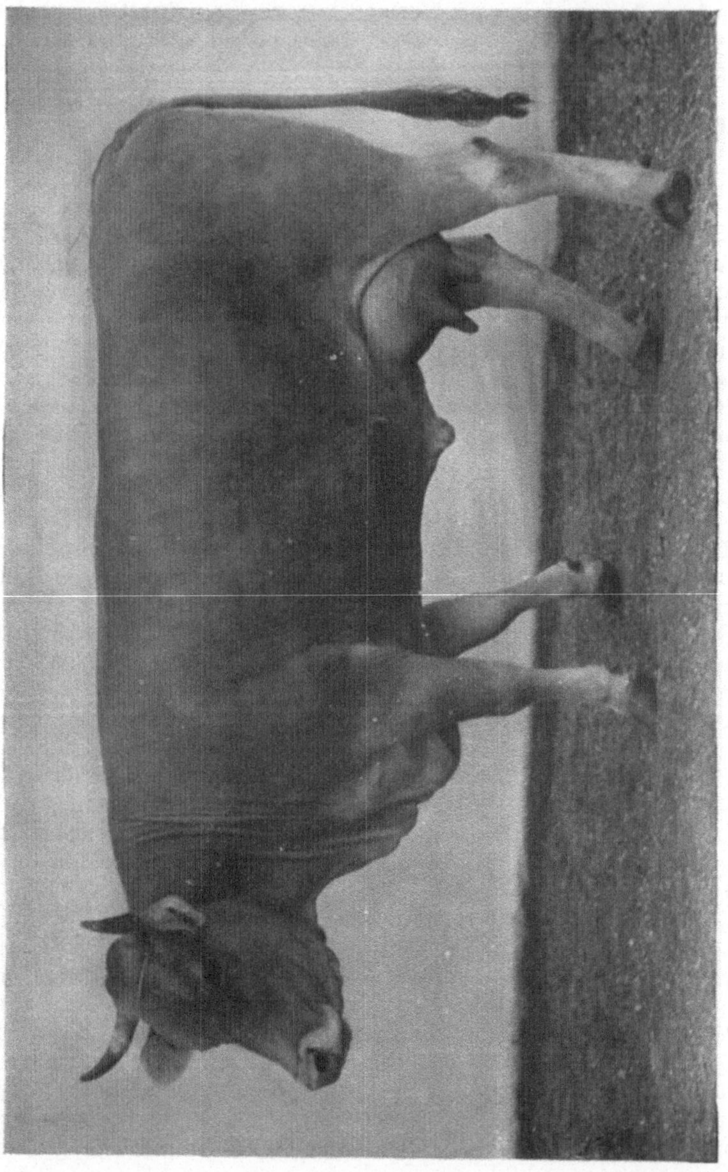

Abb. 31. Ostschweizer-Braunvieh. Zuchtkuh Maggi 2780, MM 1271.

sehr ausgeglichenes Rind, welches in der Umwelt der Schweizer Ostalpen einen vorzüglichen Leistungswert der Hochzucht erreicht. Das Lebendgewicht der Kühe erreicht 600—800 kg. Es besitzt eine braune Körperfarbe mit Aalstrich und Rehmaul. Die Masteignung ist gut und mit einer gewissen Frühreife ver-bunden. Es zeigt in seinen Formen den ausgesprochenen Milchviehtyp der alpinen Verhältnisse. Die Milchergiebigkeit wird für den Durchschnitt mit 3500 kg

Abb. 32. Ostschweizer-Braunvieh. Zuchtstier Hans, MM 218. Weißlingen.

als Mittelwert bei 3,5—3,6% angegeben. In guten Zuchten ergibt sich ein weit höherer Durchschnitt, es werden etwa 4500 kg als Mittelwert angegeben.

2. **Das graubraune Gebirgsvieh.**[1,2] Sein Zuchtgebiet ist Süddeutschland, das

[1] X. OETTLE: Studien über die Geschichte, die Entwicklung und den heutigen Zustand des Allgäuer-Rindes. Bern: Diss., 1910.

[2] L. ADAMETZ: Die Rinderzuchten des Montafons und des Lechtales. Sonderdruck Österr. MolkereiZtg. Wien, 1896.

Allgäu und die angrenzenden Gebiete. Die Zuchtgeschichte weist auf die Entstehung aus dem heimischen Rinde dieser Alpengebiete hin, wo es aus der Stufe des wertvollen Allgäuer-Rindes, des Lechtaler-Rindes unter Einflußnahme des Schweizer-Braunviehs in neuester Zeit zur Zuchtrasse sich entwickelte. Die Farbe ist braun bis braungrau in verschiedenen Schattierungen mit Aalstrich und Rehmaul. Das Lebendgewicht der Kühe schwankt zwischen 400 und 650 kg. Die Formen sind die eines leistungsfähigen Milchrindes; sie sind in alpinen Verhältnissen gegenüber dem Schweizer-Braunvieh vielleicht nicht so ausgeglichen, dagegen in weniger futterwüchsigen Gebieten dankbarer im Leistungswert. Die Milchergiebigkeit wird in guten Zuchten und guten Futterverhältnissen mit einem Durchschnitt von 3500 bis 4500 kg bei einem Fettgehalt von 3,6% angegeben.

Abb. 33. Braunviehkalbinnen auf der Alpweide. Zuchtrasse der Alpenkurzhorn- (Alpenbrachyceros-) Rinder. Phot. Risch, Bregenz.

3. Das Vorarlberger-Braunvieh.[1,2] Sein Zuchtgebiet umfaßte das Gebiet von Vorarlberg und erfüllt immer mehr Westtirol mit Ausnahme der höher gelegenen seitlichen Inntäler. Auch in Niederdonau und Steiermark wurde es in gewissen Bezirken eingebürgert. Seine Zuchtgeschichte weist auf Entwicklung aus einem einheimischen Bergrinde zur heutigen Form der Rasse hin, die in letzter Zeit Schweizer-Braunvieh zur Veredlung verwendete. Inwieweit für die Zuchtentwicklung die Grundlage des Kurzhorn-Rindes aus der Pfahlbauzeit als ursprüngliche Stufe für die heutige Montafoner-Rasse anzusehen ist, kann nur an gewissen Leitmerkmalen einer zootechnischen Untersuchung abgeleitet werden. Die Züchtungseinflüsse aus den Hausrindern Graubündens und auch der Viehrasse von Volksstämmen rhätischer Herkunft können nur mit Einschränkung zur Erklärung gewisser Sonderheiten herangezogen werden, die namentlich in der alten Type dieser Rasse aufscheinen und durch Züchtungs- und Auslesewirkung moderner Veredlungsarbeit in diesem Zuchtgebiet immer

---

[1] H. PETER: Studien über die zootechnische Stellung und die wirtschaftlichen Eigenschaften der Montafoner Rasse alter Type. Arb. Lehrk. Tierz. H. f. B. Wien **1** (1922).

[2] W. MÜLLER: Monographie über das Vorarlberger Braunvieh. Arb. Lehrk. Tierz. H. f. B. Wien **4** (1929).

mehr verwischt aufscheinen. Die Körperfarbe ist einfarbig braun mit Aalstrich und Rehmaul. Es ist ein mittelgroßes Rind, welches in seinen Körperformen gute Leistungsanlagen für die Milchleistung erkennen läßt. Das Lebendgewicht der Kühe erreicht im Durchschnitt 500—550 kg, stellenweise wird die Züchtung schwerer Rinder im Wege der Veredlung durch Schweizer-Braunvieh angestrebt. Der Milchertrag wird für sein Stammgebiet im Durchschnitt mit 3200—3500 kg bei 3,6% Fettgehalt angegeben. In guten Zuchten, namentlich bei entsprechenden Futterverhältnissen, werden Leistungen als Stall- und Herdendurchschnitte von etwa 4500 kg Milchertrag erzielt.

4. **Das Oberinntaler-Rind.**[1] Seine Zuchtheimat sind einige hochgelegene Seitentäler des Inns im westlichen Tirol. Sein Bestandsumfang und seine Verbreitung wurden in letzter Zeit durch das Braunvieh und Veredlungsbestrebungen

Abb. 34. Vorarlberger-Braunviehkuh, Montafoner.

im Wege einer Aufkreuzung mit demselben immer mehr eingeengt. Es ist ein kleines Rind, welches im Mittel ein Kuhgewicht von etwa 350—400 kg in alpinen Verhältnissen erreicht. Seine Körperfarbe ist grau in verschiedenen Tonstufen. Die Formen lassen ein ausgesprochenes Milchrind erkennen und seine Leistungsanlage ist nach dieser Nutzung vorzüglich. Die Milchleistung wird im Durchschnitt mit 2800—3000 kg in guten Herden angegeben. In Anbetracht seiner geringen Körpergröße und der alpinen Umwelt eine hohe Leistung. In Verhältnissen, die auf einseitige Milchgewinnung abgestellt sind, erreichen Oberinntaler Herdendurchschnitte 4000 kg.

5. **Das Waldviertler-Blondvieh.**[2] Sein Zuchtgebiet umfaßt den nordwestlichen Teil von Niederdonau. Zootechnisch wird seine Abkunft vom Kurzhorn-Rind hergeleitet. Die Zuchtgeschichte[3] weist auf Einfluß anderer Rassen, wie Mariahofer-Blondvieh und Franken-Rind hin. Es ist ein kleines bis mittelgroßes Rind, das in seiner Zuchtentwicklung der letzten Zeit auf große Formen teilweise gebracht wurde. Das Lebendgewicht der Kühe wird von Kontrollherden

[1] S. DREXEL: Monographie über das Grauvieh des Oberinntales. Arb. Lehrk. Tierz. H. f. B. Wien **4** (1929).

[2] M. BITTERLICH: Das Waldviertler Blondvieh. Mitt. Landwirtsch. Lehrk. H. f. B. Wien. 1915.

[3] C. HOLECEK-HOLLESCHOWITZ: Das Rassenbild der Rinderzucht in Niederösterreich usw. Süddeutsche Landwirtsch. Tierz. **30**, 1936.

mit 400—600 kg angegeben. Die Farbe ist eine Art Schimmelfarbe, ein helles Blond. Die Milchleistung wird von kontrollierten Kühen mit etwa 2200 kg bei 3,8% Fettgehalt angegeben.

6. Das slowakische Rotvieh. Sein Zuchtbereich sind die Gebiete der Slowakei, namentlich die westlichen Teile der Karpaten bis zu den Waldkarpaten. Es befindet sich in seinen Beständen erst im Aufbau zur Zuchtrasse, welche diesen Raum mit seinen harten Umweltbedingungen erfüllt. Es ist ein kleines bis mittelgroßes Rind, dessen Gewicht bei ausgewachsenen Kühen 400—550 kg erreicht. Die Körperfarbe ist rot, im großen Umfang des Bestandes mit der

Abb. 35. Kuh der illyrischen Kurzhorn- (Brachyceros-) Rasse. Dunkelgraubrauner Schlag des Bosnatales.

eigenartigen Pinzgauer-Zeichnung durchgreifend. Die Milchleistung wird im Durchschnitt der guten Zuchten mit etwa 2500 kg angegeben.

C. Die Landrassen des Kurzhorn-Rindes.

Ähnlich den Landrassen des Ur-Rindes ist beim Kurzhorn-Rind eine Reihe von einzelnen Rassevertretern in Europa vorhanden, die eine sehr ursprüngliche Züchtungsstufe unserer Hausrinder vorstellen. Innerhalb der Rassengruppe sind die ähnlichen Merkmalsbilder in ihrer rasselichen Trennung wohl am besten unter allen Gruppen unserer Hausrinder zu erkennen. Die Unterschiede sind aber zu den Rassenvertretern der gegensätzlichen Stammesgruppe der Ur-Rinder am größten. Die Vorstellung einer getrennten Stammesentwicklung wird hier auch am deutlichsten und die persönliche Auslesewirkung einer züchterischen Einflußnahme drängt sich hier zugunsten der natürlichen Auslesewirkung um so mehr zurück, je übermächtiger einerseits die Umwelteinflüsse sich bemerkbar machen und ferner je weiter die Kulturstufe des jeweiligen Züchtervolkes von der eigentlichen europäischen Zivilisation entfernt liegt. Die Kurzhorn-Rassen werden zufolge der geringen absoluten Wertgrößen ihrer Leistungen auch als Primitivrassen bezeichnet, doch wird die Einschätzung dieser Leistungsgrößen eine andere sein, wenn man ihre harten Umweltverhältnisse und die extensive Betriebsweise der Formen der Landwirtschaft in ihren Zuchtgebieten einigermaßen in Beziehung setzt. Durchwegs kann auch ihre geringe Körpergröße in rasselicher Verankerung, die unansehnlichen Körperformen, ihre Resistenz gegen gewisse Härten der Haltung als gegeben festgehalten werden. Ihr vornehmliches Verbreitungs- und Zuchtgebiet erstreckt sich über den Großraum

Abb. 36. Stier der illyrischen Kurzhorn- (Brachyceros-) Rasse. Dunkelgraubrauner Schlag des Bosnatales.

des Balkans. Die westliche Grenze bilden gewisse Enklaven der Gebiete der Adria und nördlich sind noch vereinzelt die letzten Überreste im Einzugsbereich der Karpaten zu begegnen, wo in den Waldkarpaten das fast verschwundene Goralen-Rind in wenigen Exemplaren noch feststellbar ist. Neben den deutlich unterscheidbaren Rassen der Balkanhalbinsel dürften noch namhafte Bestände dieser Rindergruppe in Kleinasien und anschließendem Osten feststellbar sein, über deren rasseliche Einteilung aber nur sehr schwierig zootechnische Unterlagen zu gewinnen sind. Nach dem heutigen Stande der Kenntnis wären also als kennzeichnende Rassevertreter dieser Gruppe folgende Rinder zu nennen:

1. Das illyrische Rind.[1,2] Sein Zuchtgebiet umfaßt den nordwestlichen Teil der Balkanhalbinsel, südlich der Save bis zu den Albaner Bergen. Es sind kleine Rinder, die gegen harte Umweltsverhältnisse und in futterarmen Karstgebieten

---

[1] L. ADAMETZ: Die Rinderrassen und Schläge in Bosnien, der Herzegowina usw. Wien: Sonderdruck, 1892.

[2] O. FRANGEŠ: Die Buscha. Diss. Leipzig, 1902.

große Widerstandsfähigkeit zeigen. Das Körpergewicht und die Körpergröße stellt die kleinsten Werte der europäischen Rinder überhaupt vor. Das Lebendgewicht der Kühe ist oft nur etwas über 100 kg und erreicht bei größeren Formen etwa 250 kg. Die Körperfarbe ist meist schwarz bis schwarzbraun, bei einigen Schlägen ist ein Ausblassen der Farbe bis zur Blondfarbe festzustellen. Unter diesen Schlägen unterscheidet man:

a) *Das bosnisch-herzegowinische Rind.* Seine Zuchtheimat liegt im heutigen Jugoslawien in den früheren Ländern der Monarchie Bosnien, Dalmatien usw.

b) *Das montenegrinisch-albanische Rind.* Sein Zuchtgebiet ist das Gebiet der Schwarzen und der albanischen Berge.

Abb. 37.   Stier der illyrischen Kurzhorn- (Brachyceros-) Rasse. Grauviehschlag,
Hochweiden der Vlassic-Planina, Bosnien.

2. Das mazedonische Rind.[1] Sein Zuchtgebiet umfaßt Altserbien, Mazedonien, soweit es nicht im Gebiet des Kolubara-Rindes liegt und ferner Südserbien. Es ist ein kleines Rind, das Körpergewicht der Kühe erreicht etwa 150—180 kg. Die Farbe ist hellgelb bis grau, auch dunkelgraue Individuen sind vertreten, mit Aalstrich. Die Mastfähigkeit ist eine gute, die Arbeitsfähigkeit und Milchergiebigkeit den Verhältnissen entsprechend. Die Milchleistung wird mit etwa 700 kg angegeben.

3. Das Rind von Westmazedonien.[2] Sein Zuchtgebiet umfaßt Griechisch-Westmazedonien, die Gebiete der Gebirgszüge des Pindus, der Hasse- und Pieria-Berge sowie den Wermion und Borasberge. Es ist einfarbig blond, braun oder schwarzbraun. Das Körpergewicht wird in der Schwankungsbreite von 125 bis 270 kg angegeben. Die Nutzung ist entsprechend den vorgenannten Rassen, es wird hier überdies die Milchleistung als sehr gut angegeben.

---

[1] T. Mitrovic: Das mazedonische Rind. Arb. Lehrk. Tierz. H. f. B. Wien 4 (1929).

[2] I. Dimitriades: Das Rind von Westmazedonien. Saloniki: Univers. Ref. Z. Züchtg. Reihe B 28, 1933.

4. Das griechische Kurzhorn-Rind.[1] Sein Zuchtgebiet umfaßt das Hellasfestland und stellt in Peloponnes die geschlossene Zuchtheimat vor. Die Insel Euböa und die Insel Kreta erfüllt es ebenfalls zum größten Teil. Es ist ein kleines

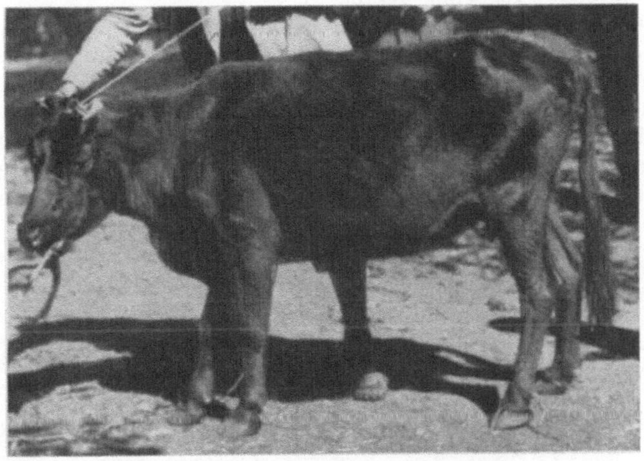

Abb. 38. Kuh, acht Jahre, des griechischen Kurzhorn- (Brachyceros-) Rindes. (Peloponnes.) Phot. D. O. Papadopoulos.

Rind, welches nur wenig unterschiedlich gegenüber den genannten Rassen des Balkans bezeichnet werden muß. Die Körperfarbe ist nicht einheitlich, die am meisten vorkommenden Farbtöne sind die graublonden, die braunen und

Abb. 39. Stier, dreieinhalb Jahre, des griechischen Kurzhorn- (Brachyceros-) Rindes. (Peloponnes.) Phot. D. O. Papadopoulos.

die schwarzbraunen. Es ist meist ein Aalstrich vorhanden. Das Körpergewicht der Kühe weist ebenfalls eine große Schwankungsbreite auf und wird mit 150 bis 370 kg Lebendgewicht angegeben. Nach gewissen Zuchtprovinzen ergeben sich hierbei Größenstufen von einem Mittelgewicht von 190 kg, 260 kg und 320 kg. Dieses Rind besitzt gute Arbeitseignung, ist nach seinen verhältnismäßigen

---

[1] O. PAPADOPOULOS: Das griechische brachycere Rind. Z. Züchtg. Reihe B **30** (1934).

Leistungswerten ein guter Fleischlieferant. Die Milchleistung wird bei besserer Ernährung im Durchschnitt mit 450—900 l angegeben. Es zeichnet sich durch seine Spätreife und äußerste Härte gegen alle Haltungsunbilden bei einem mit großen Gegensätzen versehenen Klima aus.

5. Das Rhodope-Rind. Im Gebiet des Rhodopi-Gebirgszuges liegt seine Zuchtheimat. Es ist ein kleines Rind von graubrauner Körperfarbe. Die Leistungsgrößen sind denen des mazedonischen Rindes ähnlich.

6. Das nordafrikanische Kurzhorn-Rind.[1] Im weiten Gebiete von Tunis, Algier und Marokko gibt es einen namhaften Rinderbestand, der rasselich die Kennzeichnung eines Kurzhorn-Rindes ausgeprägt hat. Es besteht in dem weiten Gebiet eine Reihe von Unterschieden, die in ihrer Gesamtheit aber nicht

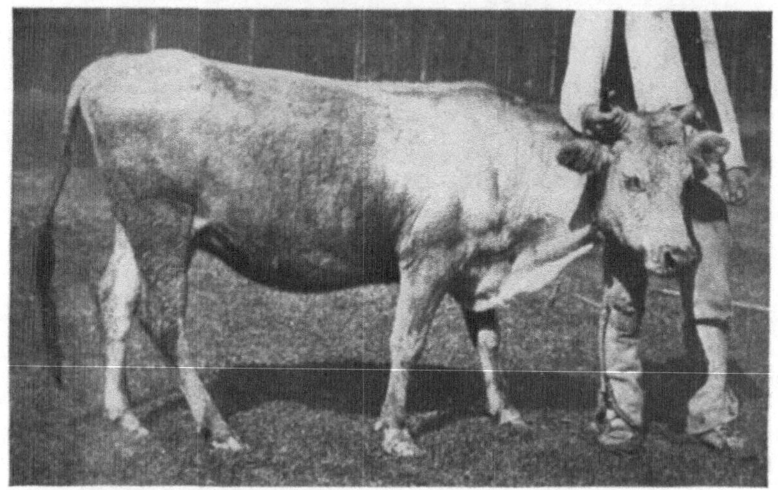

Abb. 40. Brachyceres Tatra-Rind. Kennzeichnendes Merkmalsbild ursprünglicher Zuchten der Kurzhorn- (Brachyceros-) Rassen.

die Grenzen einer Varietät übersteigen. Es handelt sich um kleine, größtenteils unansehnliche Tiere, die in dieser eigenartigen, wechselvollen Umwelt große Lebenskraft und für die Verhältnisse gute Leistungen nach Arbeit und Fleischausbeute zeigen. Die Farben sind verschieden, von einem gelben bis zu einem schwarzbraunen und schwarzgrauen Rind. Letzteres wird auch das Mauren-Rind genannt. Man unterscheidet von diesen Rindern:

a) Das tunesische Rind oder das Djerba-Rind. Am bemerkenswertesten sind seine Bestände im südlichen Teil von Tunis, wo sich die Varietät ziemlich uniform und rein befindet. Es ist ein kleines Rind von auffallend dunkler Färbung.

b) Das Rind von Guelma. Es ist im Osten von Algier verbreitet. Es hat helle Körperfarbe und ist in Wuchs und Form ansehnlicher als die anderen nordafrikanischen Schläge.

c) Das Kabylen-Rind. Es ist im südlichen Teil Algeriens am zahlreichsten vertreten. Es ist außerordentlich klein von Wuchs, sehr unansehnlich und hat eine schwarzgraue Mischfarbe.

d) Das Rind von Marokko. Sein Zuchtgebiet ist ganz Marokko bis in die Gebirgswelt der Ausläufer des Atlas und Anti-Atlas. Es ist ein sehr unausge-

---

[1] J. KRINNINGER: Studien über das Rind von Algier. Unveröff. Diss. Wien, 1926.

glichenes Rind, meist von kleinen Formen, die auch in der Farbe nicht einheitlich sind. Die braune Farbe herrscht vor.

7. Das anatolische Rind. Seine Zuchtheimat ist heute Inneranatolien, während es aus vielen Gebieten Kleinasiens in der letzten Zeit an Boden verlor, dürfte das Zuchtgebiet sich früher über zahlreichere Landschaften Kleinasiens erstreckt haben. Die Rasse hat sehr viel Ähnlichkeit mit dem illyrischen Rind und ist in den einzelnen, oft sich weit erstreckenden Gebieten unterschiedlich. Die Unterschiede dürften im allgemeinen über den Wert einer Variationsform nicht hinausgehen, sei es denn, daß eine Beeinflussung durch fremde Rassen, die teils in einzelnen Bezirken

Abb. 41. Kuh der heimischen Rinder-Rasse in den Waldkarpaten. Typ der kurzhörnigen Land-Rasse als Ausgangsmaterial für die Zucht der Alpenbrachyceros-Rinder.

heimisch sind, teils durch Einfuhr kamen, erfolgte. Das anatolische Rind ist klein, das Lebendgewicht wird mit 150—270 kg im Durchschnitt angegeben. Wo es sich rein erhielt, sind die typischen Farben des braunen bis schwarzbraunen kurzhörnigen Rindes vertreten. Es ist ausgezeichnet für Fleischleistung und bei entsprechender Aufmerksamkeit auch dankbar in der Milchleistung, die die Leistungshöhe des griechischen Kurzhorn-Rindes erreichen dürfte. Nach den östlichen und Schwarze-Meer-Gebieten in Kleinasien treten auch etwas größere Rinder mit roter Körperfarbe auf, die aber in neuerer Zeit aus Südrußland hierher eingeführt wurden.

8. Das kaukasische Gebirgsvieh. Es steht nicht fest, ob diese Rinder hier zum Kreis der Kurzhorn-Rassen eingereiht werden. Nach den Äußerungen von Kennern der Örtlichkeiten sind in gewissen Gebieten dieser Bergwelt kleine Gebirgsrinder, nach Farbe, Größe, Schwere und Körperformen im Erscheinungsbild den Kurzhorn-Rassen sehr ähnlich. Stellenweise soll die Milchnutzung sehr ansehnlich sein und das Daghestan-Rind einen sehr guten Milchertrag aufweisen.

9. Das Gebirgsvieh der Krim. Im südlichen Teile der Krim soll sich eine kleine Rasse von Rindern erhalten haben. Ihre braune Körperfarbe, die Kleinheit, das Lebendgewicht von 150 bis 230 kg läßt vermuten, daß es sich hier um ein kurzhörniges Rind in einem Rückzugsgebiet handelt.

10. Das ursprüngliche Karpaten-Rind. In gewissen Teilen der Waldkarpaten ist noch nach meinen persönlichen Wahrnehmungen eine kleine Rinderrasse anzutreffen. Das Lebendgewicht erreicht etwa 150—250 kg, die Körperfarbe ist schwarzbraun mit Rehmaul und Aalstrich. Seine Körperbeschaffenheit, seine Lebenskraft in der harten Umwelt und seine gute Anlage zur Milchleistung würde es als typisches Kurzhorn-Rind kennzeichnen. Es hat große Ähnlichkeit mit dem heute fast verschwundenen Tatra-Rind.

Abb. 42. Kreuzungskühe aus heimischem Karpaten-Rind mit Steppenvieh.

11. Die russischen Landrassen. In den angrenzenden Gebieten der Westgrenze des heutigen Rußland gibt es ein Landvieh, welches nach seinem Eigenschaftsbild in die Kennzeichnung eines Kurzhorn-Rindes sich einfügen ließe. Ob dies zutreffend ist, bzw. ob die Rinder heute überhaupt noch in ansehnlichen Beständen vorhanden sind, ist eine Frage. Erwähnenswert wären folgende Schläge:

a) *Das polesische Rind.* Sein Gebiet war Wolhynien, Kiew, Teile vom Gouvernement Minsk usw. Es handelt sich um ein kleines, kümmerliches Rind von grauer, brauner, auch roter Farbe. Es soll eine gute Arbeitseignung und eine gute Anlage zur Milchleistung besitzen.

b) *Das weißrussische Rotvieh.* Im Gouvernement Minsk und Smolensk soll es seine Zuchtheimat besitzen. Es ist sehr unausgeglichen, es kommen sehr kleine neben mittelgroßen Typen vor. Die Farbe ist meist rot, die Milchleistung soll ansehnlich sein. Züchterisch soll es mit Niederungsvieh veredelt worden sein.

Abb. 43. Aufspaltungen von Kreuzungen aus Karpaten- mit Steppenvieh.

IV. Der Rassenkreis der Kurzkopf-Rinder.

Die Rassen der Kurzkopf-Rinder nehmen in der Gliederung eine Sonderstellung ein. Diese kann nicht durch eine getrennte Abstammung gerechtfertigt werden, wie man ursprünglich auf Grund einer solchen die kurzköpfigen Rinder in einer natürlichen Ordnung einfügte. Die Ansicht M. WILCKENS, die Kurzkopf-Rassen des Rindes auf eine besondere Wildform zurückführen zu können, hat sich mit den fortschreitenden Ergebnissen der Stammesforschung als unhaltbar erwiesen. Immerhin gibt dieses Eigenschaftsbild dieser Rassen ein so kennzeichnendes Merkmal, daß es für eine natürliche rasseliche Wertung der Rinder herangezogen werden kann. Für die Auffassung im Rasselichen der Unterschiedlichkeit dieses Merkmales spricht um so mehr, daß diese Erscheinung heute als mutative Bildung sich erwiesen hat, die in ihrer erblichen Festigung in vielen Generationsfolgen diese eigenartigen Rassebilder dieser Rinder schuf. Durch Untersuchungen von ADAMETZ[1] ist nachgewiesen, daß die Ausbildung der Kurzköpfigkeit mit der Funktion gewisser innersekretorischer Drüsen in Beziehung steht. In der Stammesherkunft können diese sowohl von dem Ur-Rind als auch vom Kurzhorn-Rind herzuleiten sein. Die meisten dieser Rassen wären als Sonderform des Kurzhornkreises zu zählen, immerhin ist beobachtet worden,

daß die Kurzköpfigkeit bei den westeuropäischen Ur-Rind-Abkömmlingen auftritt, wenn auch nicht in so starkem Umfang, daß diese so gekennzeichneten Exemplare im Bestand eine Rasse umfassen würden. Die große Verkürzung des Gesichtsteiles, die häufige Kurzgliedrigkeit wirkt hier kennzeichnend. Auch finden wir hier eine Mastfähigkeit im Sinne einer Fleischwüchsigkeit mit einer Spätreife gepaart. Die Formen der kurzköpfigen Rinder treten schon ziemlich früh im Bestand der Rinderrassen auf.[2] Die biologische Wertigkeit dieser eigenartigen Merkmalsbildung, obwohl in gewissem Maße mit wirtschaftlichen Vorteilen verbunden, kann

Abb. 44. Kreuzungskuh von Steppenvieh mit Simmentaler-Rind.

in Anbetracht des kleinen Umfanges und des Zurückgehens der Rassenbestände aber nicht in der Linie der Stärkung der Lebenskraft dieser Rassen beurteilt werden.

1. Das Tux-Zillertaler-Rind.[3] Seine Zuchtheimat sind die Gebiete des Zillertaler und Tuxer Gebirgsstockes in Tirol. Seine Zuchtgeschichte weist auf ein kurzhörniges Alpenrind als Stammesgrundlage hin. Es sind mittelgroße Rinder, die in ihren Körperformen auffallende Maßverhältnisse nach Kurzgliedrigkeit, den Breitemaßen und der Kurzköpfigkeit zeigen. Das Lebendgewicht der Kühe schwankt von etwa 450—550 kg. Seine Körperfarbe ist schwarz oder rotbraun mit gewissen weißen Abzeichen. Seine Nutzung ist seine eigenartige Fleischwüchsigkeit in den wenig gehaltvollen Futtergebieten. Der Bestandumfang der Rasse ist heute sehr gering.

2. Das Eringer-Rind[4]. Seine Zuchtheimat ist das Gebiet des Eringer Tales

---

[1] L. ADAMETZ und R. SCHULZE: Untersuchungen über die wichtigsten Rassenmerkmale, den Habitus und den Konstitutionstypus der Tux-Ziller-Rinder mit besonderer Berücksichtigung usw. Z. Züchtg. Reihe B **23** (1931).

[2] M. WILCKENS: Die Schädelknochen des Rindes aus dem Pfahlbau des Laibacher Moores. Wien: Sonderdruck, 1877.

[3] L. ADAMETZ: Untersuchungen über die brachycephalen Alpenrinder (Tux-, Zillertaler, Pustertaler und Eringer usw.). Arb. Lehrk. Tierz. H. f. B. Wien. 1922.

[4] L. ADAMETZ: Das Eringer-Rind der Schweiz, seine Herkunft und seine Stellung zur sogenannten Brachycephalie (Kurzköpfigkeit). Schweiz. Landwirtsch. Mh. **2** (1924). — J. SPANN: Das Eringer Rind in der Schweiz. Züchtungskde. **12** (1937).

in der Schweiz. Das Lebendgewicht erreicht hier etwa 500—600 kg, die Körperfarbe ist einfarbig rotbraun. Die Eigenart von Tierkämpfen zwischen den Kühen ist hier als überlieferter Brauch zu vermerken. Die Leistung wird nach der Masteignung und auch nach der Milchergiebigkeit bemerkenswert.

3. Das Tarantais-Rind.[1] Sein Zuchtgebiet umfaßt Französisch-Savoyen und die angrenzenden Gebiete der französischen Alpen. Das Lebendgewicht wird hier mit 500—650 kg angegeben, die Körperfarbe ist einfarbig braun. Die Nutzung betont hier gute Masteignung und Milchergiebigkeit. Seine gute Akklimationsfähigkeit wird für nordafrikanischen Kolonialbesitz Frankreichs gerühmt.

4. Das Egerländer-Rind. Sein Zuchtgebiet umfaßt das Gebiet des Egerlandes und angrenzende Sudetenlandschaften. Rasselich wird seine Verwandtschaft mit der deutschen Rotviehgruppe in seiner Zuchtentwicklung betont. Es ist ein kleines bis mittelgroßes Rind. Das Lebendgewicht der Kühe erreicht 400 bis 425 kg. Die Farbe ist ein Kastanienbraun. Die Milchleistung wird in besseren Zuchten mit 2400 kg bei 3,8—4% Fettgehalt angegeben.

V. Die Rassen der hornlosen Rinder.

Der skandinavische Forscher ARENANDER befaßte sich mit der Gruppe der hornlosen Rinder nach ihrer Herkunft und Gliederung im rassenmäßigen Sinne und meinte darin eine Rinderart zu sehen, die sich auf eine besondere Stammform eines hornlosen Rindes (*Bos taurus akeratos*) zurückführen ließe. ARENANDER wollte sogar diese als Ausgangsform der gesamten Rinderrassen sehen. Ihr Ursprungsgebiet oder ihre besondere Verbreitung hätte sich von den Gebieten des Nordens vollzogen. Diese These hat sich nicht bis heute haltbar erwiesen und wir kennzeichnen diese Erscheinung als Verlustmutation, die heute nicht bei bestimmten Rassen durchwegs auftritt, sondern gelegentlich auch innerhalb gehörnter Rassen vorkommen kann. Es ist vielleicht die gleiche tiefgreifende Änderung im Merkmalsbild, wie die Kurzköpfigkeit, die bei Umfassung des gesamten Bestandes die rasseliche Wertung hier vollzieht, obwohl sie stammeskundlich sich von beiden Formen der Wildrinder ableiten. Nachgewiesen sind hornlose Zuchten des Rindes schon in sehr früher historischer Zeit. Von den bedeutsamsten Rassen mit dem kennzeichnenden Mermalsbild der Hornlosigkeit sind zu nennen:

1. Das Fjellrind.[2] Sein Zuchtgebiet umfaßt die Gebiete des nördlichen Schweden, die besten Zuchten befinden sich im Jämtlande. Es ist ein kleines, sehr robustes Rind. Das Lebendgewicht der Kühe erreicht 200—250 kg. Die Farbe ist weiß mit schwarzen oder braunen Flecken. Die Milchleistung ist in Anbetracht der Umwelt und des geringen Gewichtes sehr ansehnlich. Es werden 1200 bis 1400 kg als Durchschnitt gemeldet, erreichen bei guten Herden 3200 kg Milchertrag.

2. Das finnische hornlose Rind. Sein Zuchtgebiet erstreckt sich über große Teile Finnlands. In einigen Landschaften ist diese Rasse nur zum Teil ungehörnt, man unterscheidet auch mehrere Rinderschläge: das nordfinnische Rind, das einfarbige rote finnische Rind und noch das rückenscheckige Rind in Ostfinnland.

---

[1] P. HOFFMANN: Beitrag zur Kenntnis des Tarantaiser Rindes in zootechnischer wirtschaftlicher Hinsicht. Mitt. Landwirtsch. Lehrk. H. f. B. Wien. 1913.

[2] E. O. ARENANDER: Studien über das ungehörnte Rindvieh im nördlichen Europa, mit besonderer Berücksichtigung der nordschwedischen Fjellrasse nebst Untersuchung über die Ursache der Hornlosigkeit. Halle: Bericht d. Landwirtsch. Instituts. 1898.

Das Lebendgewicht der Kühe erreicht 380—420 kg. Die Körperformen sind die eines Milchrindes. Die Erträge werden mit etwa 3000 kg im Durchschnitt guter Herden bei 4—4,5% Fettgehalt angegeben.

3. Das russische hornlose Rind. Im nördlichen Gebiet Rußlands, Gouvernement Olonez und angrenzenden Landschaften befindet sich sein Verbreitungsgebiet. Es ist ein kleines, unansehnliches Rind, welches gute Anlagen zur Milchleistung verrät, im übrigen im weiten Gebiet unter Beständen oft reine Kümmerformen zeigte.

4. Das rote hornlose Rind. In gewissen Landschaften Schwedens und Norwegens gilt es als heimisch, in erstgenanntem Lande mit Namen Rödkullor bezeichnet und in Norwegen auch das Ostland-Rind genannt. Es ist ein mittelgroßes Rind, dessen Körperformen für ein Milchleistungsrind gut gebaut sind. Das Lebendgewicht der Kühe beträgt 350—450 kg. Die Farbe ist einfarbig von braunrot

Abb. 45. Aberdeen-Angus-Rind. Fleisch- und Masttype einer hornlosen Rasse.

bis zu braungelb. Der Milchertrag wird im Mittel mit etwa 2500 kg bei 3,7—4% Fettgehalt angegeben.

5. Das Galloway-Rind. Die Zuchtheimat befindet sich in den schottischen Grafschaften Kirkcudbright und Wigtown. Ihr ursprüngliches Zuchtgebiet soll sich über das südliche Schottland erstreckt haben. In manchen Merkmalen erinnern sie an das schottische Hochlandvieh und es ist anzunehmen, daß ihre Hornlosigkeit auf einer Verlustmutation eines Teiles des früher einheitlicheren Viehbestandes beruht. Die Farbe der Galloways ist schwarz mit einem braunen Ton, der namentlich bei Haaren des Winterkleides sichtbar wird. Sie sind mittelgroße Tiere, deren Kuhgewicht etwa 500—550 kg erreicht. Sie haben eine hervorragende Masteignung ohne die extreme Frühreife der Shorthorns. Die Güte des Fleisches wird geschätzt, die Milchergiebigkeit ist nicht nennenswert.

6. Das Aberdeen-Angus-Rind.[1] Das Zuchtgebiet dieser Rasse befindet sich in den Grafschaften Aberdeen und Forfar im Teil Ostschottlands. Es ist im übrigen England und namentlich in der Übersee (U. S. A.) in ansehnlichen Beständen vorhanden. Die Körperfarbe ist schwarz, das Lebendgewicht der Kühe schwankt zwischen 450 und 550 kg. Die Kurzbeinigkeit und die ausgesprochenen Mastformen dieses Rindes sind sprichwörtlich. Die Aberdeen-Angus-Rinder besitzen eine vor-

---

[1] J. MACDONALD and J. SINCLAIR: History of Aberdeen-Angus Cattle. London: Vinton & Co. Ltd., 1910.

zügliche Masteignung und große Frühreife, sodaß sie zu der vollkommensten Zuchtleistung nach dieser Richtung eingeschätzt werden. Es ist ein ausgesprochenes Mastrind, die Milchergiebigkeit ist unbedeutend.

Dritter Abschnitt.

Die Hauspferde und ihre züchterische Entwicklung.

I. Die Abstammungsfragen.

A. Die Wildpferde und die Stammformen.

Die Anschauungen über Form und Rassen der Pferde in ihrer Beziehung zur Zucht und ihrer Entwicklung ist im heutigen Bestandsumfang so vielfältig, teilweise auch widersprechend, daß es dem Praktiker schwer fällt, ein Bild zu gewinnen, welches die Grenzen der Eigenschaftsbilder in erblicher und rasselicher Hinsicht festhält, um daraus die Richtlinie abzuleiten, wieweit die Veränderungen für den Züchter in seiner Arbeit berücksichtigt oder wichtig werden können. Die Wildpferdformen, von denen sich unsere Hauspferde ableiten, gelten bis auf eine einzige Ausnahme heute als ausgestorben. Bei dieser Ausnahme, dem Dschigettai- oder Przwalski-Pferd, ist seine Bedeutung als Wildpferd einerseits und Stammform anderseits sehr umstritten. Dieses zentralasiatische Wildpferd, dessen Gebiet in der Mongolei sehr wenig zugänglich und weit verstreut sein soll, ist heute in seinem Bestandsumfang so klein, daß es selbst in den Wild- und Tiergärten zu den größten Seltenheiten zählt. In dem Kreis der Wildpferde sind die afrikanischen Vertreter, die Zebras, nicht zu übersehen, deren Bestände ebenfalls im ständigen Abnehmen sich befinden, sodaß einige ihrer Abarten ebenfalls recht selten aufscheinen. Für die Hauspferde bleiben die Zebras bisher ohne Bedeutung, obwohl die Paarungsversuche und die erhaltenen Zebroiden in das Verhalten der Erbmasse der Equiden-Familie lehrreiche Einblicke gewähren. Über die Vorfahren der Wildpferde selbst sind einige entwicklungsgeschichtliche Tatsachen bekannt, die für einen Entwicklungsvorgang als Grundlage der folgenden Rassendifferenzierung Aufschlüsse geben möchten; es sind aber die näheren Umstände der Lebensvorgänge zu hypothetisch, um daraus sichere Schlüsse ziehen zu können. Erfolgversprechender scheint der Weg, der in Vertiefung der verwandtschaftlichen Stellung des Pferdes innerhalb der Equiden-Familie[1] die Kenntnis bereichert, um aus einem gewissen Reaktionsvermögen des Erbgutes durch Zuchteingriffe einen Einblick in die Abänderungsfähigkeit zu gewinnen. In der Mehrzahl der Fälle kann auch über die Frage der Wildpferde als Stammformen unserer Pferderassen nur mit großer Mühe fortschreitende Klarheit gewonnen werden, da selbst zoologische Merkmale in eindeutiger Weise nur schwer faßbar bleiben. Bei unseren Zuchtrassen der Pferde steigern sich diese Schwierigkeiten, daß hier nur mit Einschränkung und unter Zuhilfenahme serienmäßig gewonnener Ergebnisse wenig deutliche Hinweise zu erhalten sind, inwieweit eine Verankerung der feinen morphologischen oder physiologischen Unterschiede Beziehungen zu Merkmalen oder Leistungsgrößen zu erkennen geben. Ohne zunächst auf die Vielgestaltigkeit der Abstammungsfrage unserer Hauspferde einzugehen, möchte ich in einem kurzen Überblick die Stammformen hier veranschaulichen, soweit ihr Bild und die Beziehung zur rasselichen Gliederung unserer Pferde im Ergebnis der Forschungsarbeiten feststeht.

---

[1] R. LYDEKKER: The Horse and its Relatives. London: G. Allen & Co. Ltd., 1912.

Die europäischen Pferde aus der Quartärzeit[1] (*Equus c. abeli* ANT., *Equus c. mosbachensis* REICH., *Equus süssenbornensis, Equus sequanius* usw.). Es handelt sich hier durchwegs um Pferde von größeren Ausmaßen und bestimmter Art, denen als Stammform des abendländischen Rassenkreises eine große Bedeutung zukommt, zumindest ihnen eine große Anteilnahme an der Bildung der Kaltblüter zugeschrieben wird. Wenn über die Zeitlücke bis zu den rezenten Vertretern des Kaltblut-Pferdes der Nachweis einer konstanten Entwicklungslinie fehlt, wie neuestens in der Abstammungsfrage ins Treffen geführt wird, so bleibt doch eine Tatsache der Übereinstimmung gewisser Merkmale im Schädelbau und bestimmten Körperverhältnissen aufrecht, welche sich nach der heutigen Kenntnis in die Vorstellung einer Züchtungsentwicklung soweit einfügen läßt, daß man keine größeren Widersprüche befürchten muß. Eigenartig ist in diesem Zu-

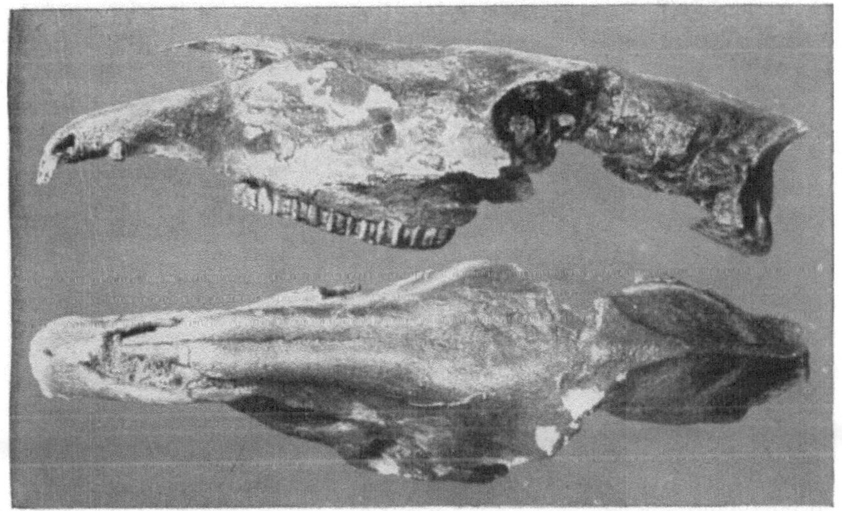

Abb. 46. Schädel der Quartärpferde. Seiten- und Vorderansicht. (Equus mosbachensis). Schädelbild der Pferde des abendländischen Rassenkreises.

sammenhang, daß gewisse Pferdeformen aus dem Südwesten Europas hier nach der Richtung weisen, die diese Lücke überbrücken könnten und mit den vorgeschichtlichen Pferdebildern und Rassengestaltung aus geschichtlicher Zeit Ähnlichkeiten erkennen lassen.

Der *Tarpan*[2] (*Equus Gmelini* ANT. und *Equus Gmelini* subspez. *silvatica*). Dieses europäische, kürzlich ausgestorbene Wildpferd, auf dessen Lebensbild ich noch näher eingehe, zeigt im Verhalten seiner Körperverhältnisse und dem Schädelbau so viele kennzeichnende Merkmale, daß aus der Übereinstimmung nach dieser Linie und seinem bisher erforschten Lebensbild es als Stammform des Rassenkreises der morgenländischen Pferde allgemeine Anerkennung findet. Sicher gilt diese Annahme für die Formen der morgenländischen Pferde, die nach den Untersuchungen diese Ausprägung deutlich aufweisen, wie bei gewissen primitiven Warmblutrassen, ferner dem Araber usw.

---

[1] O. ANTONIUS: Equus abeli nov. spec. Ein Beitrag zur Kenntnis der Quartärpferde. Wien: W. Braumüller, 1913.

[2] O. ANTONIUS: Über einige Quellen zur Frage der europäischen Wildpferde. Z. Züchtg. Reihe B **27** (1933).

Das mongolische Wildpferd[1] (*Equus ferus* PALLAS oder PRZEWALSKI). Dieses Wildpferd, als einzig vorkommende noch lebende Art, wird von einer Reihe von Forschern als eine ursprünglichere Stammform der Pferde hingestellt, während eine andere Gruppe darin eher verwilderte Pferde aus unbekannten Rasseformen sehen will. So sehr die rasseliche Stellung, mangels näherer Untersuchungen der Pferde in Ostasien, der Mongolei usw., für dieses mongolische Wildpferd umstritten bleiben wird, gibt es nach der Richtung eines Lebensbildes die einzige Möglichkeit, um über diese Fragen noch näheren Aufschluß zu erlangen, der besonders nach der Richtung der Leistungsanlagen der Wildpferde praktischen Nutzen verspricht. Wenn wir von den Abbildungen einiger mongolisch-tartarischen Pferde absehen, läßt die äußere Erscheinung des PRZEWALSKI-Pferdes kaum eine Einordnung in das Rassenbild der europäischen Pferde zu, ohne daß große Widersprüche laut werden. Der grobe, derbe Kopf, der Körperaufbau, seine Verhältnisse des Rumpfes, die Art der Gliedmaßen sind in der Gesamtheit dieses Eigenschaftsbildes nur sehr schwierig in die Erscheinung

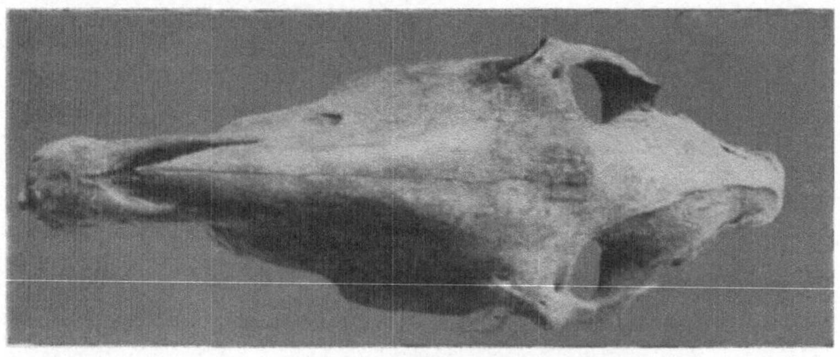

Abb. 47. Tarpanschädel in Vorderansicht.
Schädelbild der Pferde des morgenländischen Rassenkreises.

europäischer Pferde einzufügen, selbst wenn die bisher faßbare Wandlungsfähigkeit eines Erbgutes im Rahmen ganzer Rassenbestände auf Grund züchterischer und mutativer Neubildungen in größerem Ausmaße erweiterungsfähig scheinen würde. Auf den Unterlagen der bisherigen Vorstellung über die Unterschiede einer Zuchtentwicklung ließe sich nur mit Einschränkung selbst an eine Beziehung des PRZEWALSKI-Pferdes mit gewissen asiatischen Pferdegruppen denken. Leider sind nach dieser Richtung kaum nähere Untersuchungen zu erwarten, wobei vielleicht auch zentral- und vorderasiatische Zuchtgebiete im Einzugsbereich liegen könnten. Für die Wildpferde im allgemeinen bleibt noch die Eigenart ihrer Lebensweise und ihrer Leistungen im Verhältnis der Werte zum Hauspferd für die Ergebnisse einer Zuchtentwicklung beachtenswert. Die Widerstandsfähigkeit gegen Unbilden aus der Umwelt, die Flüchtigkeit, ihre Ausdauer gepaart mit der Schärfe ihrer Sinne nach dem Erkennen gewisser Gefahrenmomente gewinnen in einem Merkmalsbild an Bedeutung, wenn wir die Pferde für gewisse Kriegszwecke richtig einschätzen und auszulesen uns bemühen. Über das Tarpan-Wildpferd,[2] welchem im Gegensatz zu dem PRZEWALSKI-Pferd als Stammform eine große Bedeutung beigemessen wird, sind unsere Kenntnisse nicht so geschlossen, doch läßt sich ein halbwegs sicheres Lebensbild zurechtstellen, wenn die verschiedenen Beobachtungen aus früherer Zeit und die Untersuchungs-

---

[1] W. SALENSKY: Equus Przewalski Pol. Petersburg: Kaiserl. Akad. d. Wiss., 1902.
[2] W. FALZ-FEIN: Askania-Nova. Neudamm: Neumann, 1930.

ergebnisse in dieser Fragestellung sich ergänzen. Die Beziehungen zu dem natürlichen Lebenskreis des Tarpans im Zeitpunkt seines Aussterbens sind so weit in Erinnerung gewesen, daß wir in diesem Punkt sichere Unterlagen gewinnen, wenn wir die Nachrichten und Schilderungen über seine Verbreitung in Südrußland durchgehen. Im besonderen kann hier auf die ähnlichen und sicher auch verwandten Pferdeformen des Einzugsgebietes der Steppe nach Westen in die Karpaten hingewiesen werden. In diesen Pferdebeständen kommen noch vereinzelte Aufspaltungen im Sinne der MENDELschen Erbgesetze vor, sodaß hier einzelne Pferde angetroffen werden, welche im Erscheinungsbild sehr an das uns überlieferte Bild des Tarpans[1] erinnern.

B. Die Zucht des Pferdes mit Hinblick auf seine rasseliche Gliederung.

Die Züchtungsauslese der Hauspferde geht im Vergleich zum Rind andere Wege. Bei den Rindern wurde im Züchtungsstreben der Neuzeit die Leistungsfrage nach einseitiger Fleischausbeute und einseitiger Entwicklung der Milchleistung so sehr in den Vordergrund gestellt, daß vielfach bei gewissen Rassen Entartungserscheinungen sich häufen, die für Erhaltung der Bestände in ihrem ursprünglichen Umfang und Bedeutung Schwierigkeiten ergaben. Für die Hauspferde kann dies, wenn wir die Maße seiner Rassenbestände ins Auge fassen, weit weniger in Frage kommen. Es bleibt hier bei fast allen Rassen in einem höheren Maße und über größere Zeitspannen die Funktion der Bewältigung der Lebensräume oder Verbreitungsgebiete auch in dem hausbaren Zustand eine Nutzungsrichtung erhalten, die es in seiner biologischen Widerstandskraft weniger beeinträchtigt. Die Leistung als Reittier kann wohl in diesem Sinne nach der Auffassung in der frühgeschichtlichen Verwendung eine neue Stufe der Nutzung vorstellen, die aber in seiner Auswirkung wenigstens graduell für die Leistungsfunktionen des Pferdes nicht so gegensätzlich wirkt wie es durch eine hohe Milchleistung, hohe Fleischausbeute und Wolleistung bestimmt wird. Mit der Nutzung als Zug- und Lasttier mag der Unterschied dieser Frage beim Pferd keine größeren Gegensätze für die Auslesewirkungen gezeitigt haben, wenn wir Nutzung und Lebensfunktion in harmonischem Zusammenstimmen zu sehen gewohnt sind. Im Falle die Bewegung oder deren Leistungseffekt dem Sinne primitiver Reitervölker eigen war und ein Lebenselement der Hauspferde blieb, ist dem Ausdruck der Mechanik des Pferdeganges im großen und ganzen die Zuchtentwicklung in seiner natürlichen Lebensweise mehr gewahrt. Die Leistung als Zug- und Tragtier ließ hier die Auslesewirkung zu gewissen, bereits sich entwickelten Unterschieden nach einer Steigerung weiterführen. Solche Erscheinungen in erblicher Hinsicht festigen zu können, dürften im Zusammenwirken aus begünstigenden Faktoren der Umwelt zur unterschiedlichen Entwicklung innerhalb gewisser Stammformen auch schon in einer sehr frühen Stufe geführt haben. Die Vorstellung einer gleichgerichteten Zuchtentwicklung wird gefördert durch die hypothetische Ableitung aus bestimmten Mutationsörtlichkeiten, die in dem Beginn der Entwicklung einer Rassengliederung der Pferde sich aus den Vorfahren der gegenwärtigen Rassenvertreter gewinnen lassen. Aus diesen Beständen läßt sich einerseits die Abstammungslinie der Tarpan-Abkömmlinge[2] für den Kreis der morgenländischen Rassen überblicken, die aus dem Gebiete des Südostens Europas in den Raum von Voderasien vordrangen und hier weiter in der Zuchtentwicklung im Bereiche Arabiens einen von den am

---

[1] C. HOLECEK-HOLLESCHOWITZ: Wildpferdmerkmale bei Hauspferden in den Waldkarpaten. Natur u. Volk **67** (1937).

[2] O. ANTONIUS: Zur Abstammung des Hauspferdes. Z. Züchtg. Reihe B **34** (1936).

schärfsten ausgeprägten Vertretern in rasselicher Wertung erkennen ließ, bzw. herausgebildet wurde. Wieweit das Ausgangszentrum des europäischen Südostens mit Zentralasien oder einem weiteren Raum des Nordens in Europa in Verbindung oder einem ursächlichen Zusammenhang steht, läßt sich vorläufig nicht abgrenzen. Die rasselichen Untersuchungen über mongolische Pferde und des PRZEWALSKI-Pferdes würden hier manchen Anknüpfungspunkt für die Entwicklung der Rassegruppen geben können. Die Blüte der Zucht des morgenländischen Pferdes und seiner Rassen fällt hier in den Zeitabschnitt der zweiten Hälfte des ersten nachchristlichen Jahrtausends innerhalb des Raumes von Arabien und seines Einzugsbereiches aus Asien und seiner Ausstrahlung nach Europa und Afrika, sehr wahrscheinlich auch nach Indien.

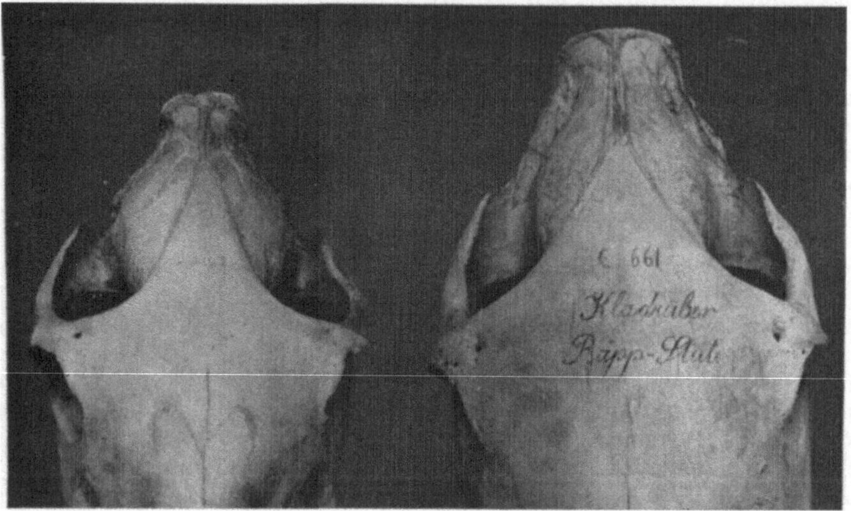

Abb. 48. Form der Schädelkapseln vom Vegliapony (links) und Kladruber-Pferd (rechts).
Kennzeichnung der Stirnregion am Schädel der morgen- und abendländischen Rassenkreise der Pferde.

Für die zweite Art der Pferde finden wir die Mutationsörtlichkeit nicht so eindeutig umschrieben, doch spricht für die Form des Rassenstammes im Kaltblut-Pferd eine Reihe indirekter Schlüsse aus osteologischen Verhältnissen gewisser europäischer Pferde dafür, daß hier die Rassengliederung des abendländischen Pferdes stufenmäßig eine Entwicklung durchmachte, die allerdings in einigen zeitlich und örtlich getrennten Zuchtabschnitten erfolgte. Im weiten Gebiet der Nordseelandschaften lassen die heimischen Formen der Pferde gewisse Merkmale der rasselichen Eigenschaften der Abendländer hervortreten, die sich in einigen Alpengebieten wiederfinden und eine Bestandeslinie im Westen Europas längs der Atlantikküste nach dem Südwesten weisen, wo im Gebiete der Iberischen Halbinsel ein solcher Ausgangspunkt keine Unwahrscheinlichkeit darstellt. Das abendländische Pferd zeigt den Höhepunkt des Zuchtstrebens für die schweren Pferdeformen im Nordseegebiet und teilweise auch im Alpengebiet um die Wende von 1000 n. Chr. Auch die Zucht des heimischen spanischen Pferdes erhält in diesem Zeitabschnitt die Impulse, die sie später im Mittelalter wieder zu einer Blüte führt, die über das Gebiet Spaniens hinaus in Italien, Mitteleuropa und der Niederlande eine Zeitlang vorherrschenden Einfluß gewinnt und als Rest in den Kladruber- und Lipizzaner-Pferden bis in die heutigen Tage sich erhalten konnte. Mit dem neuerlichen Erschließen der morgenländischen Pferderassen und der

Verwendung in England setzt ein neuer Zuchtabschnitt ein, der zur Rassegliederung der Gegenwart führt.

Dem Praktiker in der Pferdezucht mag die gegenwärtige rasseliche Entwicklungslinie der Pferdezucht aus den bisher ermittelten Stammformen nicht so sehr ins Bewußtsein dringen, da die Methodik des Gestütwesens im allgemeinen einen größeren Nachdruck nach dieser Arbeitsauffassung nicht legen konnte. Die Aufgabe, möglichst in einer hohen Zahl gewisse Gebrauchstypen zu erhalten, die immer mehr nach einseitiger Zweckbestimmung und auch Leistungsanforderung genügen mußten, ließ die Wichtigkeit eines Zusammenhanges der blutmäßigen und bodenständigen Unterlagen im Ausdruck des Rassebildes für eine bestimmte Landschaft nur selten zu Worte kommen. Glücklicherweise sind die züchterischen Einflüsse aus dem Gestütswesen in der früheren Form für züchterische Maßstäbe nicht lange und nachhaltig gewesen und seine Auswirkung durch das Hengstenmaterial in der Absicht der Förderung bäuerlicher Zuchtbestrebungen läßt sich einigermaßen überblicken. Die erzielten Unterschiede innerhalb der Pferdeformen durch diese Zuchtauswirkung im Sinne einer schärferen Auslese nach fremdem Bluteinschlag kann dem Praktiker am besten veranschaulicht werden, wenn wir die Abbildungen aus primitiven Zuchten, namentlich von Bauernpferden, mit den heutigen Hochzuchten oder gut gezogenen Rassetieren vergleichen. Beispiele nach dieser Richtung ergeben die Typen des alten Pinzgauer-Pferdes, des alten, heute verschwundenen ostpreußischen Landschlages, ferner dem ungarischen Landpferde usw. Die heutigen Rassetypen des Pinzgauers, der Landespferdezucht in Ostpreußen, in Ostfriesland, Oldenburg usw. lassen nach der Entwicklung im Zuchtaufbau die Wandlungsfähigkeit eines Erbgutes besser erkennen oder die Grenzen erfassen, innerhalb der der Praktiker seine Ziele absteckt, um in die fortschrittliche Bahn einer Zuchtführung zu kommen.

II. Der Rassenkreis der Kaltblut-Pferde.

Die Stammesabkunft der schweren Pferde leiten wir von den Quartärpferden ab, deren osteologische Merkmale nach den bisherigen zootechnischen Untersuchungen dem übereinstimmenden Merkmalsbild der ausgeprägtesten Rassevertreter dieses Kreises am nächsten stehen und ohne große Widersprüche sich einfügen. Über die Zuchtentwicklung der einzelnen Rassen sind hier im allgemeinen wenig geschlossene Daten zu erlangen, wenn auf größere Generationsfolgen ein Überblick über die Festigkeit und der Entwicklungsgrenzen des Erbgutes gesucht werden soll. Zootechnische Erfassung gewisser Unterschiede im Eigenschaftsbild und die Ergebnisse aus Beobachtungen erblicher Veranlagungen versprechen hier die Ermittlung der Richtlinien zwischen Stammesverwandtschaft und rasselichem Zuchtstreben, welche unter Bedachtnahme auf die Leistung als fortschrittlich angesehen werden kann. Besonders bei diesen Rassen wird es auffällig, daß die exakte Erfassung der Leistungswerte seit kurzem erst aufgegriffen und in Deutschland in den Zugleistungsprüfungen gehandhabt wird, während bei den beiden übrigen Gruppen der Pferde die Auslese der Leistung nach Schnelligkeit und Ausdauer schon lange geübt wird.

Die allgemein kennzeichnenden Merkmale der abendländischen Rassengruppe ist heute viel schwieriger zu geben und könnte mit gewisser Einschränkung folgende Prägung erhalten. Die Köpfe sind meist schwer, grob, verhältnismäßig groß in den Maßwerten zum Rumpfbau. Das Profil der Köpfe ist gerade oder konvex gebogen, häufig sind auch Ramsköpfe als Rassemerkmal kennzeichnend. Körpergröße und Gewicht sind fast durchwegs bedeutend, die Körperformen nach Länge und Breite sehr entwickelt. Hals und Halsansatz sind meist stark, oft sogar plump, die Rückenlinie eingesenkt mit langer Lende und abschüssiger Kruppe. Hinterhand oder Vorderhand ist oft übermäßig ausgebildet, der Knochenbau grob und derb, die Gliedmaßen und Gelenke sind stark entwickelt, in der Modellierung verschwommen. Die Haut ist dick, das Haarkleid oft sehr reichlich. Die Pferde sind meist frühreif.

  1. Das rheinisch-deutsche Kaltblut.[1] Sein Zuchtgebiet ist die Rheinprovinz. Die Verbreitung dieser heute konsolidierten Pferderasse ist noch im ständigen Zunehmen, sodaß manche deutsche Gaue Kaltblutzuchten aufbauen und dabei auf Zuchttiere aus dem Rheinland greifen. Die Zuchtgeschichte leitet dieses

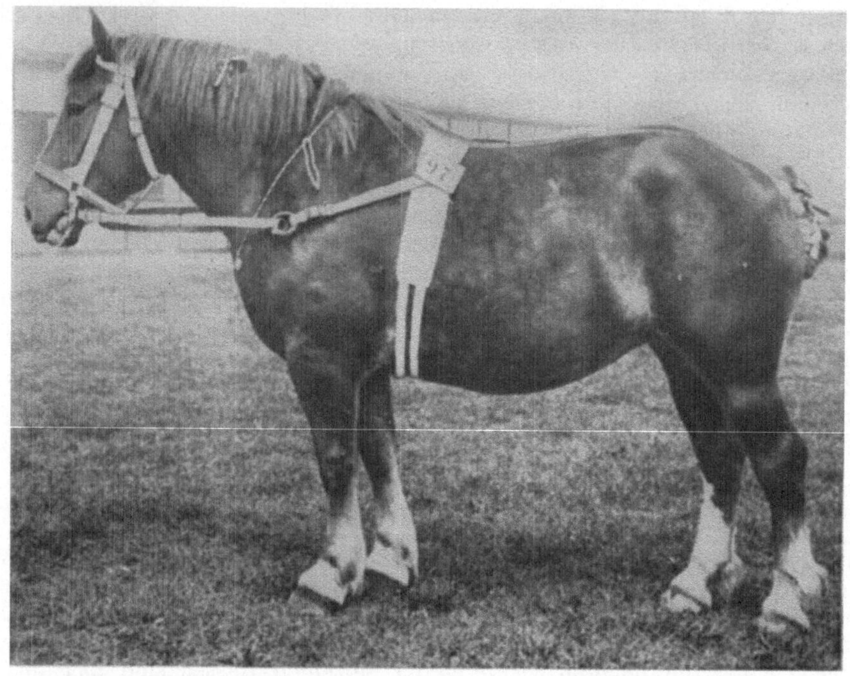

Abb. 49. Rheinisch-belgische Stute „Chrisette“. Phot. Prof. K. Keller, Wien.

Pferd von einheimischen Beständen ab, die durch Einflüsse des Gestüts Wickerath fortschrittlich ausgerichtet wurden und etwa mit 1840 züchterisch in merkbarem Maße einsetzte. Nach einer vorübergehenden Verwendung von Anglonormännern beginnt in den siebziger Jahren eine Zuchtauslese unter Einsatz wertvoller Hengste des belgischen Kaltblutes. Die Erfolge dieses Zuchtverfahrens wurden so augenscheinlich, daß die Registrierung geeigneter Zuchttiere mit der Gründung eines Stutbuches im Jahre 1895 bereits erfolgte. Das rheinische Kaltblut hat mit dem Belgier große Ähnlichkeit, es zeichnet sich durch große, schwere Formen, bei guter Brusttiefe und hohem Wert der Breitenmaße aus. Die Vorderhand ist gut entwickelt, die Kruppe breit und leicht gespalten. Die geraden großen Köpfe, die oft übermäßig entwickelte Stärke des Halses sowie die vollen und muskulösen Formen sind kennzeichnend für seine Erscheinung. Die Gliedmaßen sind derb, gut gestellt. Es bleibt der Typ des Brabanter-Pferdes vorherrschend, befriedigt

------

[1] K. Simons: Entwicklung der rheinischen Pferdezucht. Berlin: P. Parey, 1912. — P. Kern: Das rheinisch-deutsche Kaltblut-Pferd. Berlin: P. Parey, 1936.

in seiner Leistung als schweres, vorzügliches Zugpferd bei entsprechender Fütterung und Haltung. Es ist sehr frühreif.

2. Das friesische Pferd. Seine heutige Form ist kaum als Kaltblut im eigentlichen Sinne vertretbar. Es ist mehr ein schweres Halbblutpferd. Seine Entstehung weist auf ein ursprüngliches schweres Pferd in den Niederungen Frieslands hin, welches im Verlaufe des vorigen Jahrhunderts viel Zuchtmaterial aus Ostfriesland und Oldenburg einführte. Die nordniederländischen Pferde der Gebiete Frieslands und Gronningens sind nach einer rasselichen Wertung deshalb nicht vertretbar, da die Zuchtauslese nicht so wirksam wurde, um von einem ausgeglichenen Bestandeswert sprechen zu können. Die Bezeichnung als schweres

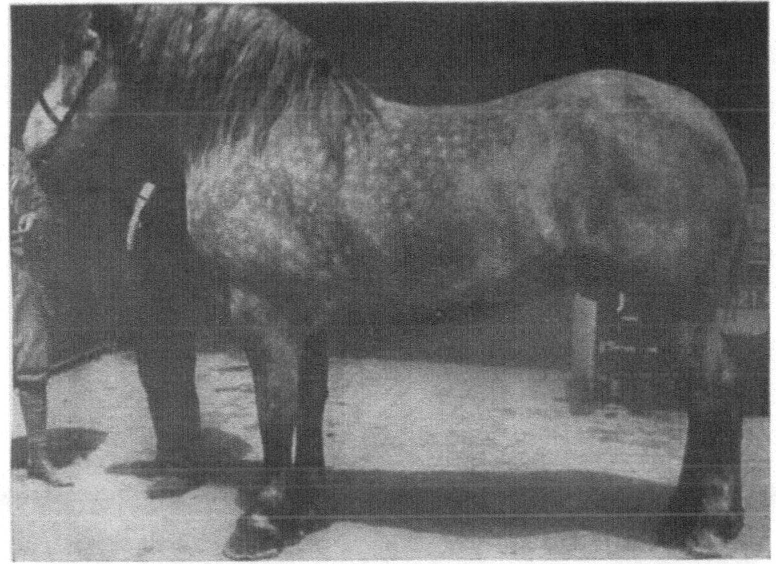

Abb. 50. Schwerer Flamländer. Zuchtrichtung des schweren Zugpferdes.

Halbblut entspricht am besten der heutigen Zuchtstufe, welche ausschließlich auf bäuerlicher Grundlage den landwirtschaftlichen Bedürfnissen dient.

3. Das belgische schwere Pferd.[1] Die Landschaften Belgiens waren durch die Zucht eines heimischen schweren Pferdes berühmt, dessen Blüte in den Zeitabschnitt vom 11. bis 16. Jahrhundert fiel. Nach dieser Zeit kam eine Anzahl landfremder Pferde aus Neapel, Spanien usw. in das Zuchtgebiet, deren Einfluß züchterisch schwer faßbar sich erweist. Der heutige Pferdebestand scheidet sich rasselich in zwei unterschiedliche Pferdebestände.

a) *Das Brabanter-Pferd* (schweres belgisches Pferd). Sein Zuchtgebiet erstreckt sich rechts und links der Maas. Die Verbreitung greift teilweise auf Gebiete Südhollands, ferner in das Gebiet des südöstlichen Brabant in Gebiete von Namur und Lüttich. Das Zuchtzentrum dürfte im Kreis Nivelles liegen. Das belgische Pferd ist ein großes, schweres Pferd, von außerordentlich massigem Rumpfbau. Der Hals ist ebenfalls derb und massig, die Brust ist tief, die Flanken

---

[1] J. Leyder: Das belgische Pferd usw. Berlin: P. Parey, 1914. — H. de Teulegot: Monographie du cheval de Trait belge. Bruxelles: G. van Oest & Cie., 1911. — C. Boicoianu: Studien über das belgische Pferd. Arb. Lehrk. Tierz. H. f. B. Wien 5. Berlin: P. Parey, 1931.

gut geschlossen, die abschüssige Kruppe leicht gespalten. Die Gliedmaßen sind gut und kräftig. Der Kopf ist gerade und meist derb. Es ist ein ausgezeichnetes, dauerhaftes Zugpferd, dessen Leistung auch in weniger futterwüchsigen Gegenden befriedigt. Die Frühreife dieses Pferdes ist in guten Verhältnissen sehr ausgeprägt.

b) *Das Ardenner-Pferd.* Das Zuchtgebiet umfaßt das südöstliche Gebiet Belgiens, kleine Teile von Lüttich und Namur, das Gebiet Luxemburgs und eine Anzahl Departements in Frankreich (Departements Meurthe et Moselle, Meuse, Vosges). Der Bestandsumfang in Frankreich ist sehr im Zunehmen. Seine Zuchtgeschichte weist auf in früher Zeit erfolgte Einkreuzung fremder Zuchtbestände morgenländischer Prägung hin, vor allem Spanier, Araber usw. Die Zuchtauslese schuf im langen Zeitabschnitt ihrer Entwicklung ein Kaltblut von

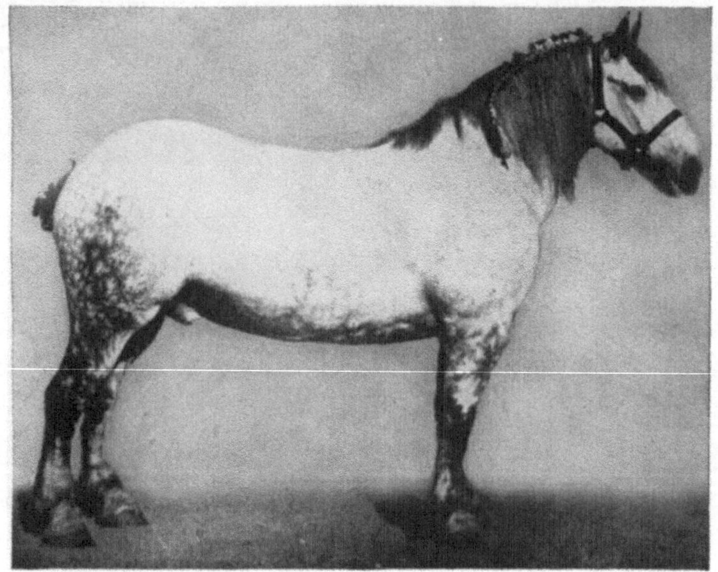

Abb. 51. Hervorragender Percheronhengst „Big Jim", amerikanische Percheronzucht.

kleineren Ausmaßen, die in Formen aber dem belgischen schweren Pferde sehr ähnlich sind. Die Köpfe sind ausdrucksvoller, der Rumpfbau geschlossener, das Temperament der Ardenner lebhafter gegenüber den Brabanter-Pferden; in der Beanspruchung auch ausdauernder. Es ist ein gutes Zugpferd, welches in Anbetracht der härteren Umwelt seines Verbreitungsgebietes auch in Haltung und Pflege als weniger anspruchsvoll beurteilt wird.

4. Das französische Kaltblut-Pferd. Die französischen Kaltblutrassen zeigen in manchen Merkmalen Übereinstimmung mit den Kaltblütern des belgisch-niederländischen Zuchtgebietes. Die verwandtschaftlichen Beziehungen nach der Stammesabkunft sind noch nicht zootechnisch bearbeitet. Die Auslesewirkung und züchterische Entwicklung bringt einige unterschiedliche Typen in räumlich getrennten Gebieten, die zuchtgeschichtlich auch in bestimmten Zeitabschnitten blühende Pferdezuchten überliefert haben. Unterschieden wird:

a) *Der Percheron.*[1] Seine Zuchtheimat umfaßt die Landschaft Perche, die als Zuchtgebiet große Teile aus den Departements Eure et Loire, Orne, Sarthe Loire

---

[1] A. GALLIER: Les origines du cheval percheron. J. d'agric. pratique nouvelle série **18** (1909).

et Chere, Eure Mayenne Loiret, Seine et Oise einschließt. Der heutige Percheron wird nicht mehr als reiner Vertreter des ursprünglichen Pferdes der Landschaft betrachtet, denn züchterisch wird auf die Verwendung einiger arabischer Schimmelhengste um das Jahr 1820 hingewiesen. Früher wurde auch eine leichte Type des Percherons mit einer Widerristhöhe von 155 bis 160 cm unterschieden, demgegenüber der große Percheron mit einer Widerristhöhe von 160 bis 165 cm in seiner schweren Massigkeit in einem kleineren Bestandsumfang vorhanden blieb. In den Formen besteht zwischen diesen beiden Typen ebenfalls nicht eine so große Übereinstimmung, daß vielfach die rasseliche Wertung des Percherons nur mit einer Einschränkung gebraucht werden kann. Zootechnisch liegen hier keinerlei Untersuchungen vor; die Praktiker des Zuchtgebietes erklären die kleine leichte Type mit züchterischem Einfluß der bereits erwähnten arabischen Hengste, während im Zuchtbild der großen, schweren Type, die Beutepferde aus den österreichischen Alpenländern zur Zeit der napoleonischen Kriege, einen blutmäßigen Einfluß bemerkbar machten. Nach der Ausformung des Schädels dieser beiden Typen dürfte die Unterschiedlichkeit der einerseits mehr trockenen Köpfe und der anderseits mehr groben Köpfe damit in Zusammenhang stehen, das allerdings eine zootechnische Erhebung zu erhärten hätte. Durch die Massigkeit seines Körpers, der großen Werte der Breitcmaße und der Abendländerkruppe und seinen starkknochigen Gliedmaßen kennzeichnet sich der Percheron als Kaltblut, das durch seine Frühreife noch unterstrichen wird. Die relative Geschlossenheit des Rumpfes durch die verhältnismäßige Kürze der Rückenlinie wirkt in diesem Zusammenhang auffällig. Seine Genügsamkeit und seine Ausdauer im städtischen Gebrauch als Zugpferd ist sprichwörtlich.

b) *Das Boulonnaiser-Kaltblut.* Sein Zuchtgebiet liegt in der Landschaft des nordöstlichen Frankreichs, das Departement Pas de Calais, und die Gegend um Boulogne bildet das Zuchtzentrum. Zuchtgeschichtlich wird überliefert, daß das Boulogner-Pferd im 18. Jahrhundert dem ursprünglichen Percheron sehr ähnlich gesehen haben soll, nicht aber die extreme Schwere und Massigkeit der abendländischen Kaltblutformen aufwies. Es erfolgte eine Umstellung auf ein schweres Ackerpferd, das durch seine Formen auf englische Shire hinweist, was durch gewisse Merkmale oder Auslesewirkung bestärkt würde. Die kleinere Type des Boulonnaiser-Pferdes zeichnete sich durch Stämmigkeit und Schwere in den Rumpfformen aus, dessen teilweise mit Behang versehenen Gliedmaßen im Vergleich zur Rumpfhöhe kurz genannt werden. Die größere Type zeigt ein Merkmalsbild, das in einer größeren Widerristhöhe, Langbeinigkeit und einem größeren Wert der Rumpf-Maßverhältnisse sich kennzeichnet. Auch eine flache Gangart, Schwammigkeit des Knochenbaues wird diesem Pferd nachgesagt, das auch im Ausdruck als flandrisches Pferd in Frankreich bekannt war. Die erstere Type als das Boulonnaiser-Pferd zeigt auch lebhaftes Temperament, ist frühreif und wird als Zugpferd geschätzt. Im Rassenbestand soll es auch zahlenmäßig immer mehr aufrücken, da die Bestände der großen Type durch den Weltkrieg sehr gelitten haben. Zucht und Auslese sollen nach den Bestimmungen des Stutbuches der Boulonnaiser-Rasse einem mittleren Typ angeglichen werden.

c) *Das Bretagner-Pferd.* Sein Zuchtgebiet erstreckt sich auf die Departements Finisterre, Cotes du Nord und teilweise auch Pas de Calais. Die selbständige rasseliche Wertung des Bretagner-Pferdes ist nicht feststehend; das ursprüngliche Pferd des Gebietes stand sehr unter dem Einfluß der Verwendung von Percheron. Man unterscheidet einen Trait-Breton und einen Postier-Breton. Ersterer ist größer, massiger, erreicht eine Widerristhöhe von etwa 160 cm im Mittel, zeichnet sich durch gröbere Köpfe und große Stämmigkeit und Gedrungenheit im Körperbau aus. Das Zuchtzentrum liegt um Brest und im Norden von Finisterre. Der

Postier-Breton ist kleiner, beweglicher, mit einer Widerristhöhe von etwa 155 cm. In seinen Formen ergeben sich keine großen Unterschiede, sein Zuchtzentrum ist mehr im südlichen Teil von Finisterre gelegen. In bäuerlichen Zuchten der südlichen Bretagne und im Gebiet von Morbihan ist zwar selten eine kleine Type anzutreffen, welche eine Widerristhöhe von kaum 150 cm erreicht und in einzelnen Vertretern auf den Schnitt eines edleren Pferdes schließen läßt, die heute mehr als bäuerliche Klepper auch schon eine Seltenheit vorstellen. Die Vorzüge bestehen in einer Härte und Genügsamkeit, dem allerdings ein unscheinbares Äußeres gegenübersteht. Das Bretagner-Pferd gilt als gutes Zugpferd, das als Artillerie-Remonte geschätzt wird. Seine Härte, Genügsamkeit und Leichtfuttrigkeit wird sehr betont.

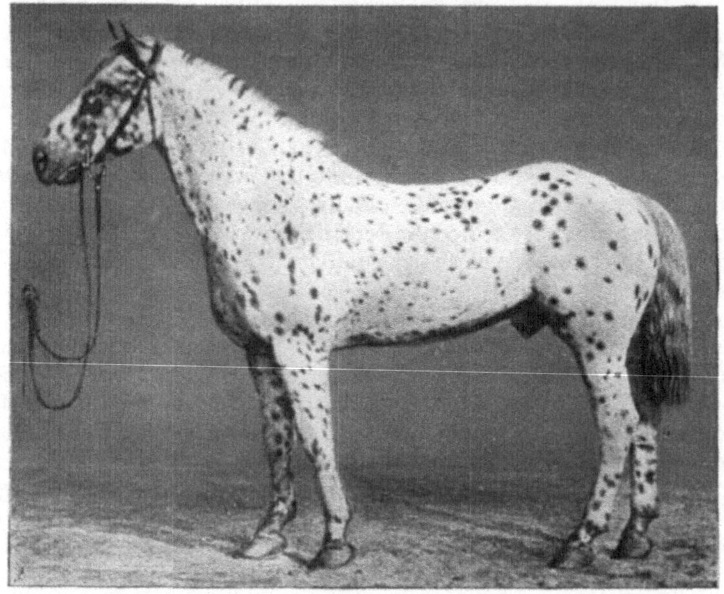

Abb. 52. Älteste primitivste Type des Pinzgauer-Pferdes. Zuchtstufe einer Landrasse des abendländischen Rassestammes.

5. Das alpenländische Kaltblut. a) *Die Pinzgauer Pferderasse*[1] *oder das norische Pferd.*[2] Sein Zuchtzentrum liegt in bestimmten Landschaften Salzburgs, umfaßt in der Reichweite des norischen Pferdes auch das Zuchtgebiet Steiermarks, Kärntens und Tirols. Seine ursprünglichen Formen finden sich heute nicht mehr im Zuchtzentrum; Auslesewirkung und züchterischer Einfluß haben das Merkmalsbild des ursprünglichen Pinzgauers verändert. Der heutige Noriker ist ein großes Pferd, das sich durch gut ausgeglichene Formen auszeichnet. Gute Brusttiefe, höhere Werte der Breitmasse, gerade Rückenlinie sind im Merkmalsbild heute vorherrschend. Breite, abschüssige Abendländer-Kruppe, ferner grobe Köpfe sind weiter kennzeichnend. In einzelnen Landschaften des Zuchtgebietes, beispielsweise Kärnten, wirkt der Rumpf geschlossener und hochbeiniger, zeigt aber sonst keine wesentlichen Unterschiede. Auch in der Körper-

---

[1] A. WEISS-TESSBACH: Studien über das Pferd des Pinzgaues. Arb. Lehrk. Tierz. H. f. B. Wien **2** (1923).

[2] F. J. SUCHANKA: Das norische Pferd. Wien: Hugo H. Hitschmann, 1900.

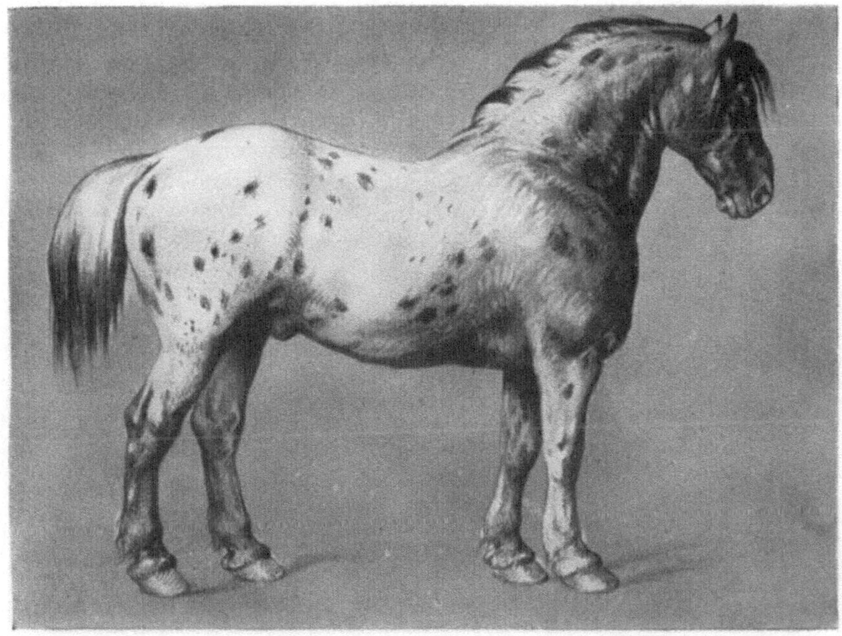

Abb. 53. Nach Form und Farbe typisches Pinzgauer-Pferd guter Zucht der Siebzigerjahre.

Abb. 54. Staatshengst Max Diamont der norischen Rasse, Standort bei Farmbach-Saalfelden.
Vertreter der ursprünglichen Pinzgauer-Type 1924.

farbe ist heute braun und Fuchsfarbe vorherrschend geworden im Gegensatz zur Tigerscheckung, die früher häufiger anzutreffen war. Das Pinzgauer-Pferd zeichnet sich als vorzügliches Gebrauchspferd aus. Als Zugpferd im Gebirge im schwierigen Terrain, namentlich durch seine Widerstandskraft bei einfacher Haltungsweise und Genügsamkeit. In wenig futterwüchsigen Gegenden ist sein Leistungswert unübertrefflich.

b) *Das Oberländer-Pferd.* Seine Zuchtgebiete umfassen die Alpenvorlande in Bayern. Seine Zuchtgrundlage stützt sich auf ein vorhandenes Bauernpferd,

Abb. 55. Hengst der norischen Rasse Gothe Vulkan. Standort Saalfelden. Vertreter der neuesten Zuchtrichtung.

das züchterisch durch Pinzgauer-Pferde und fremde Pferdeschläge beeinflußt wurde. Zuchtgeschick und Auslesewirkung schufen das heutige Merkmalsbild des Oberländers, der in seiner Formausbildung an den Pinzgauer erinnert. Das Oberländer-Pferd ist leichter, erreicht weder die Größe noch die Massigkeit des schweren alpenländischen Kaltblutes. Es gilt als genügsames, gängiges Zugpferd in gebirgigen Verhältnissen.

6. Das englische Grafschaftspferd oder Shire-Rasse.[1] Das Zuchtgebiet liegt in den sogenannten Midland Landschaften Englands, während sich das Zuchtzentrum für das eigentliche Shire-Pferd in der Grafschaft Derby befindet. Das ursprüngliche Shire-Pferd soll einen größeren Bestandsumfang zu verzeichnen gehabt und in einem frühen Zuchtabschnitt auch das Drayhorse, Carthorse,

---

[1] P. GOLDBECK: Pferdezucht und Pferderassen Englands. Leipzig: R. C. Schmidt & Co., 1902.

besonders in der Grafschaft Lincoln in sein Verbreitungsgebiet einbezogen haben. Letzteres weist in seiner Zuchtgeschichte auf ein urtümliches Pferd dieser englischen Landschaften hin, welche in früher Zeit unter Einfluß flandrischer, friesischer Pferde die schwersten Kriegspferde züchterisch hervorbrachten und unter dem Namen Greathorse oder Warehorse[1] überliefert werden. Die Abkömmlinge dieser Pferde werden als das Brauerpferd Englands ausgegeben, die heute in ihren nicht sehr zahlreichen Beständen noch zu größten und schwersten Kaltblütern zählen. Das heutige Shire-Pferd zeigt weit geringere Größenwerte in seinen Maßenverhältnissen als das Brauerpferd, erreicht eine Widerristhöhe von etwa 175 cm und ein Lebendgewicht von etwa 800 kg. Bedeutende Brusttiefe, große

Abb. 56. Shire-Pferd (Grafschaftspferd). Zucht von Sandringham. Richtung des schweren Zugpferdes.

Werte in Breitmaßen, verhältnismäßig kurzer, breiter Rücken, breite Kruppe, eine sehr gut entwickelte Hinterhand kennzeichnen die heutigen Shires. Grobe Köpfe, die teils kurz und breit, teils schmal und häßlich wirken, ferner eine verhältnismäßige Stärke und Kürze der Gliedmaßen mit meist starkem Behang bilden die weiteren Kennzeichen. Nach der Körperfarbe sind die Braunen am häufigsten, auch die Rappfarbe ist nicht selten. Es besteht ein Shire-Stutbuch und eine Reihe gerühmter Zuchten, die für die Verbreitung außerhalb des eigentlichen Zuchtgebietes des Shires Bedeutung haben.

7. Das Clydesdale-Pferd. Sein Zuchtgebiet ist Schottland, das Zuchtzentrum der Südwesten in der Landschaft des Tales der Clyde und weiteres Gebiete von Ayrshire. Seine Zuchtgeschichte läßt sich bis Anfang des 17. Jahrhunderts zurückverfolgen und weist auf die Einfuhr von flandrischen Pferden durch HAMILTON hin. Die züchterische Entwicklung auf dem Zuchtstock der alten Landpferde Schottlands und die Verwendung wertvoller Zuchttiere führt zur rasselichen Wertung dieser Pferde als Clydesdale, welche auch in den angrenzenden Grafschaften Englands

---

[1] W. GILBEY: The old English War-Horse or Shire-Horse. London: Vinton & Co., 1888.

Raum gewannen und in Cumberland besonders Nordcumberland gute Zuchten aufbauten. Die Gründung des Clydesdale-Stutbuches erfolgte verhältnismäßig früh im abgelaufenen Jahrhundert. Nach den Körperformen ist der Clydesdale ein schweres Kaltblut, der in Größe und Gewicht eine große Schwankungsbreite aufwies. Die Widerristhöhe wird von 1,65 bis 1,75 cm und das Lebendgewicht von etwa 550 bis 800 kg angegeben. Die Körperformen sind im allgemeinen gefälliger als beim Shirehorse, namentlich die leichten Typen des Clydesdales wirken im Erscheinen von einer Schönheit und Kraft, die bei schweren Pferden nicht häufig anzutreffen ist. Das Temperament ist auch lebhaft und nach der Zugleistung werden sie im Hügelland allgemein gerühmt. Die vorherrschende

Abb. 57. Clydesdale-Hengst „Prince of Cernaham". Richtung des gängigen schweren Zugpferdes. Blutmischung vom englischen Vollblut noch erkennbar.

Körperfarbe ist das Braun in allen Farbstufen. Weiße Abzeichen sind häufig, dagegen selten andere Farben, wie Schimmel, Rappen, Füchse usw.

8. Das Suffolk-Pferd. Sein Zuchtzentrum sind die Bezirke Sarding; als sein Verbreitungsgebiet wird allgemein ganz Südengland angesehen. Zuchtgeschichtlich wird auf einen Einfluß von Normänner-Pferden verwiesen. Eine strenge Registrierung der Zucht ist hier nicht in dem Sinne durchgeführt, wie es bei den bekannten Rassen in England häufig vorkommt und fast als üblich gilt. Das Suffolk-Pferd hatte den Ruf eines allgemeinen Gebrauchspferdes und wird als Ackerpferd sehr gerühmt. Es ist frühreif in der Erscheinung; ein Kaltblut-Pferd von runden Formen in mittlerer Größe; bestimmte Kennzeichen sind schwer zu geben. Die Widerristhöhe erreicht im Mittel etwa 1,65 cm, das Lebendgewicht etwa 600—700 kg. Es ist ein dauerhaftes und gebrauchsfähiges Pferd, welches für die englischen Verhältnisse als genügsam gilt. Die vorherrschende Körperfarbe ist die fuchs- und die braune Farbe in allen Schattierungen.

9. Das jütländische Pferd.[1] Sein Zuchtgebiet in Jütland umfaßt der Kreis um Randers Aarhus, Zhisted, Viborg. Das Verbreitungsgebiet weitet sich auch

---

[1] E. Ramm und H. Buer: Nachrichten aus den hervorragendsten Pferdezuchtgebieten usw. Leipzig: R. C. Schmidt, 1901.

im übrigen Dänemark, doch sind die ausgesprochen schweren Pferde auf den Inseln Fünen und Seeland nicht heimisch. Das eigentliche Seeländer-Pferd gehört nicht zu den Kaltblütern. Die Zuchtgeschichte weist auf ein ursprüngliches Pferd hin, welches unter Verwendung von Kaltblut des englischen Shires und anderen Pferden züchterisch herausgebildet wurde. Es ist ein großes, schweres Pferd, dessen Widerristhöhe etwa 170 cm und ein Lebendgewicht von etwa 700 bis 800 kg erreicht. Die Formen zeigen grobe Köpfe, lange Rücken, gut entwickelte Vorderhand und eine verhältnismäßig große Länge der Gliedmaßen. Ein Stammbuch für die jütische Rasse wurde vom Verbande dänischer Landwirtschaftsvereine 1894 gegründet. Die Farbe ist meist braun, selten sind Füchse, Rappen usw.

10. Das schleswigsche Pferd.[1] Sein Zuchtgebiet ist ganz Schleswig und auch einige Ostseegebiete. Von dem ursprünglichen schleswigschen Pferd dürfte nur wenig in der heutigen Zucht noch vorhanden sein. Die Linie der Entwicklung zu den neuen Beständen ist durch den Einschlag fremder Pferde sehr wechselvoll verlaufen. Vielfach wird durch diese Zuchtentwicklung die rasseliche Wertung des schleswigschen Pferdes nur mit Vorbehalten ausgesprochen. Das dänische Pferd ist in einem durchgehenden Einfluß erkennbar, soweit es sich um die ausgeglichenen Bestände der guten Zuchten handelt. Das schleswigsche Pferd ist durch seine Beweglichkeit unter den Kalblütern für die genannten Gebiete ein sehr gesuchtes Pferd, das durch einen gesundrobusten Zug und durch seine Härte und Gebrauchsfähigkeit leistungsfähig gilt. In einigen Merkmalen erinnert es in seiner Körperverfassung an Züge eines Warmblutes; es ist aber durch seinen langen Rücken, die Gestalt der Maßverhältnisse, dem Ausdruck des Kopfes und der Gliedmaßen ein Kaltblut-Pferd, dem eine züchterische Auslesewirkung gewisse äußerliche Warmblutlinien im Körperbau erhalten konnte. Durch seine Zuchterfolge ist die Bestandsgröße dieses Pferdes im stetigen Zunehmen.

11. Das Pferd in Gudbransdalen oder das Ostland-Pferd. Sein Zuchtgebiet befindet sich m Osten und Norden Norwegens; es erfaßt auch weitere Gebiete Schwedens. In der Zuchtgeschichte wird auf ein heimisches Pferd verwiesen, das durch Fredriksborger-Pferde und englisches Vollblut züchterisch veredelt wurde. Es ist ein mittelgroßes Pferd, seine Widerristhöhe erreicht etwa 1,50 cm und das Lebendgewicht wird mit 500—600 kg angegeben. In seinem Körperbau und Maßverhältnissen zeigt es die Formausbildung des Kaltblutes und wird durch seine geringen Maße oft nur als leichtes Zugpferd gehalten. Es ist überdies spätreif, aber durch seine guten Leistungseigenschaften für die Verhältnisse Skandinaviens sehr gerühmt und gesucht.

12. Das Pferd der Fjord-Rasse. Sein Zuchtgebiet ist der westliche Teil Norwegens. In seiner Bedeutung und Ableitung nimmt dieses Pferd eine Sonderstellung ein, da gewisse eigenartige Merkmale bei diesem Pferd in ihren Ursachen ungeklärt scheinen und die Herkunft dieser Rasse besonderes Interesse erweckt. Es wird auch norwegisches Doppelpony genannt. Es ist ein kleines Pferd, das Kaltblutformen in seinem Aufbau zeigt. Das Haarkleid ist semmelfarbig mit schwarzem Aalstrich, Schweifhaar und Mähne. Auch die mausgraue und graue Farbe ist bei dem Fjord-Pferd nicht selten. Es hat eine große Bedeutung durch seine Ausdauer, seine Leistung als Trag- und Zugtier in einer Umwelt, welche große Genügsamkeit voraussetzt.

---

[1] CARL BECKER: Das Schleswiger-Pferd. Hannover: Schaper, 1914.

III. Der Rassenkreis der morgenländischen Pferde.

Die Züchtungsentwicklung dieser Rassengruppe läßt sich immer mehr in frühere Zeitabschnitte zurückverfolgen, da ihr Auftreten geschichtlich mit immer größerer Sicherheit innerhalb des Zeitraumes und des Ortes herausgearbeitet werden kann. Wir erkennen anderseits mit immer größerer Schärfe auch ihre kleineren Unterschiede in ihrer Bedeutung der Zucht und sehen trotz der einheitlichen Herkunft oder Stammesableitung manche Verschiedenheiten, die in der Erfassung der rasselichen Zusammensetzung der Pferdebestände tiefere Einblicke gewährt, die auch im züchterischen Verfahren über eine größere Zahl der Generationsfolgen sich erstreckt,

Abb. 58. Kopf eines arabischen Vollblut-Hengstes, 18 Jahre alt (Gestüt Sadowa Wisznia, Polen). Der Kopf zeigt eine gewisse Verfeinerung.

wenn wir den Vergleich zu den abendländischen Pferden stellen. Die Leiteigenschaften und Gliederung der morgenländischen Pferde nach ihrem Bestandsumfang können wir in der Kennzeichnung leichter fassen als beim Kaltblut-Pferd. Besonders in jenen Rassenpopulationen, die fremden Einflüssen weniger ausgesetzt waren. Die morgenländischen Pferde zeigen durchwegs mittlere Größen in Maßverhältnissen und Gewicht. Die Figur ist ebenmäßiger im Rumpfbau, Vorder- und Hinterhand im Verhältnis des Körpers ausgeglichen. Der Rücken ist kurz, gut geschlossen, die Rückenlinie bleibt mehr eben und gerade, ebenso die Kruppe mit dem meist hochgetragenen Schweifhaar. Das Haarkleid ist kurz, eng anliegend und glänzend. Die

Abb. 59. Huzulen-Hengst aus Sadowa Wisznia, Polen. Morgenländischer Rassekopf von normalem Bau. Keine Verfeinerung, keine Vergröberung.

Knochen sind fein in ihrer Struktur, dicht und hart, in der Körperform meist so gestellt, daß der Gesamteindruck mehr eckig oder geschnitten wirkt. Die Trockenheit des Körpers kommt dadurch mehr zum Ausdruck, die Formen und Gliedmaßen sind mehr durchgezeichnet bzw. modelliert. Der Kopf ist meist sehr ausdrucksvoll, von breitem Stirnteil und verhältnismäßig kurzem und feinem Gesichtsteil. Die Profillinie zeichnet sich gerade oder konkav

offen für die Wahrnehmung am lebenden Tier. Die Pferde sind durchwegs
spätreif.

1. Das arabische Pferd.[1] Das Zuchtgebiet des edlen Araber-Pferdes ist nach
neuen Berichten wesentlich beschränkter, als früher angegeben wurde. Auch
ist der Bestandsumfang an edlen Pferden sehr gering. Die Schwierigkeiten,
wirklich wertvolle Zuchttiere aus dem Stammlande zu erhalten, sind dagegen
sehr große. In England kommen die Vollblutaraber zum größten Teil aus Indien,
die aus arabischen Gebieten um Nedjed oder dem Gebiet aus Aleppo erworben
werden. Es wird dadurch bestätigt, daß der edle Araber der Wahabiten dem
Fremden in Arabien selbst unerreichbar ist und die Pferdezucht in dem weiten
Gebiet immer weniger leistungsfähiger betrachtet wird. Die Unterschiede der
fünf berühmten Blutstränge sollen nicht so durchgreifend sein, daß sie selbst
dem Kenner nach dem Ergebnis neuer Mitteilungen[2] nicht geläufig sein können.
Die Namen der Stämme Sak-La-We, Ku-Hai-Lan, U-Bai-Jan, Had-Ban, Ham-
Da-Ne sollen mehr die Bedeutung einer Zuchtfamilie besitzen. Nach meinen
persönlichen Wahrnehmungen an den Araber-Pferden der europäischen Gestüte
bin ich nicht der Meinung, daß die Unterscheidung der Blutstränge des Araber-
Pferdes bedeutungslos wäre. Ich sehe auf Grund von Gegenüberstellung und
Vergleichen aus meinen Beobachtungen, daß gewisse Unterschiede von feinerer
morphologischer Gestaltung zu Recht bestehen und sie gerade für den Züchter
recht bedeutsam sind, allerdings ungemein schwer faßbar und präzisiert werden
können. Aus dieser Einsicht heraus möchte ich die Unterscheidung der Stämme
des Vollblut-Arabers eher unterstreichen und für eine züchterische Wertung
nach diesem Sinne gar nicht undankbar halten. Die Reihenfolge dieser Gliederung
innerhalb des Arabers möchte ich wie folgt stellen, wobei ich von meinem Gesamteindruck ausgehe, ohne daß die züchterische Wertung in dieser Weise feststeht, denn Klarheit kann darüber nur eine zootechnische Untersuchung im
Zusammenspiel der Auswertung gewisser Zuchtdaten geben, die die bekannten
Araber-Gestüte vielleicht besitzen oder aus ihrer Arbeit gewinnen können.

Als schönste und wertvollste Vertreter werden hervorgehoben:

Stamm: Seqlavie. Verwandt oder nahestend die Stämme: Muwaj, Ubajan,
Dahman, Milwah, Rishan, Tuwajshan.

Stamm: Kuheilan. Verwandt: Hadban, Hamdan, Schueihman, Wadnan-
Khirsan.

Stamm: Muniqhui. Verwandt: Rabdan, Kubayshan, Samhan, Dschilfan,
Mukhallad usw.

Die Kennzeichnung der edlen Pferde der wertvollen Blutlinien wird auf
das arabische Vollblut allgemein angewendet und kann nachstehend umschrieben
werden: die Widerristhöhe erreicht mit 145 cm ein gutes Mittel, schwankt
innerhalb der Grenzen von 135 bis 150 cm. Der Kopf ist trocken ausdrucksvoll,
breit in der Stirn, von verhältnismäßig kurzem Gesichtsteil, gerader, manchmal
auch konkaver Profillinie. Der gut angesetzte Hals, der kurze, gut geschlossene
Rumpf mit gerader Kruppe und hoch angesetztem, hoch getragenem Schwanz
wird als typisch angesehen und gilt als augenfälliges Merkmal. Gute durchge-
zeichnete Gliedmaßen mit kleinen, trockenen Hufen ergänzen dieses Merkmalsbild, welches durch eine gewisse Schnittigkeit und feinen Knochenbau auffällt.
Die feine, dünne Haut und das kurze, enganliegende Haarkleid sind weiter festzuhalten. Die Farbe ist verschieden, am häufigsten wird der Schimmel oder

---

[1] H. DAVENPORT: My quest of the Arab Horse. London: Grant Richards Ltd., 1911.
[2] A. NURETTIN und E. SELLAHATTIN: Der heutige Stand der Pferdezucht in
Arabien. Z. Züchtg. Reihe B **33** (1935).

Abb. 60. Importierter Araber Burgas (Polen). Typus des edlen ausdauernden Pferdes.

Abb. 61. Arabische Vollblut-Stute „Hadban" Gestüt Babolna (Ungarn). Beispiel einer Zuchtrasse
morgenländischen Rassestammes.

helle Grauschimmel angegeben. Die Leistung ist durch die Härte, Dauerhaftigkeit und Genügsamkeit des Pferdes bei langer Gebrauchsfähigkeit und durch seine Spätreife berühmt. Die Ursache des Rückganges der Zuchten in Arabien dürfte in den veränderten Verhältnissen der Nachkriegszeit liegen; wichtig bleiben die sogenannten Vollblut-Araber der Züchtung in den europäischen Staaten.

Von den Zuchtstätten des Arabers oder Gestüten, in denen der Vollblut-Araber gezogen wird, halte ich folgende für am bedeutsamsten: in Deutschland Weil-Marbach,[1] in Frankreich Pompadour (Departement Correze) und Pau, in Ungarn Babolna,[2] in Polen Janov usw.

2. Das Pferd der Nilländer. Das Gebiet Ägyptens und Oberägyptens soll früher einen ansehnlichen Bestand eines sehr edlen Pferdes aufgewiesen haben, der ständig erneuert wurde und durch Zuchttiere aus Arabien so sehr beeinflußt im Bilde dem eines hochedlen Pferdes nahestand. Das Gebiet um Dar-Fur bildete eine Art Zuchtzentrum für diese edlen Pferde Ägyptens, die nur geringe Unterschiede gegenüber dem Araber aus dem Süden der Halbinsel aufwiesen. Heute ist der Pferdebestand in Ägypten unausgeglichen, sodaß über eine rasseliche Wertung oder planmäßige Zucht kaum ein haltbarer Überblick gewonnen werden kann. Vielfach wurden in neuester Zeit Halbbluttiere und auch englisches Vollblut eingeführt, dessen bewußter oder zufälliger Zuchteinfluß das wechselvolle Bild der ägyptischen Pferdebestände eher verstärkt als verbessert haben soll. Die Stellung des zu diesem Gebiete gehörigen Dongola-Pferdes sowie des Galla-Pferdes ist mangels näherer Untersuchungen vorläufig nicht zu überblicken.

3. Das Berber-Pferd. Sein Zuchtgebiet umfaßt die weiten Gebiete der nordafrikanischen Kolonien Frankreichs; Tunis, Algier und Marokko. Das Berber-Pferd erinnert vielfach im Schnitt an das Araber-Pferd, wenn aber größere Bestände durchgesehen werden können, fällt im Vorkommen durch die Häufigkeit gewisser kleinerer Unterschiede auf, daß das Berber-Pferd mit dem reinen Ausdruck der Araber-Pferde nicht übereinstimmt. Die Profillinie ist beim Berber-Pferd viel häufiger konvex als anderswo, im Rumpfbau kommen die runden Formen viel mehr zum Ausdruck, wenn die harten und armen Umweltverhältnisse mit Gebieten, die bessere Ernährungsverhältnisse aus Umwelt und Haltung ermöglichen, wechseln. Zusammenfassend kommt der feine, edle, eckige Schnitt im Körperbau des Arabers hier viel weniger in Erscheinung; in der Gesamtheit fällt das Berber-Pferd durch Geschlossenheit des Rumpfes, der Kürze des Rückens auf.

Die Beinstellung und Modellierung der Gliedmaßen ist häufiger nicht so durchgearbeitet wie beim Araber. In den Größenverhältnissen kommen größere Unterschiede vor. Über die Einteilung der Zuchtgebiete liegen keine Erhebungen vor, vielmehr rückt das Streben vor, die Zuchten durch das Remontewesen des Mutterlandes zu beeinflussen. Inwieweit sich die Farbverteilung nach vorherrschender Schimmelfarbe der Ben-Ghareb, der grauen oder Moorenschimmel der Merizique der vorherrschenden Braunen der Hay-Mours deckt, ist nicht feststehend. In einigen Fällen erinnerte mich die Fülle der unausgeglichenen Formen an ein Bild der Aufspaltungserscheinungen von Kreuzungszuchten,

---

[1] Dr. Foss: Deutschlands Araberzucht. Berlin: St. Georg, 1938.

[2] H. Kuffner: Studien über das orientalische Pferd, mit besonderer Berücksichtigung seiner Zucht in Babolna (Ungarn). Arb. Lehrk. Tierz. H. f. B. Wien **1** (1922). — C. Madroff: Das Araberpferd und seine Zucht in den Donauländern. Z. Züchtg. Reihe B **39** (1937).

die sich aus einem Bestand von Araber-Pferden mit ursprünglichen Berber-Pferden ergeben hätte, wo letztere mehr der Vorstellung an den Schnitt des altspanischen Pferdes Raum gaben.

4. Das syrisch-persische und kurdische Pferd. In dem weiten Gebiet Vorderasiens liegen über die Verteilung der Zuchtgebiete und Abgrenzung von Pferdebeständen nach der rasselichen Wertung kaum neuere Erhebungen vor. In der Formenfülle der aus diesen Gebieten gezeigten Pferde kommt zum Ausdruck, daß es sich hier um ein vom Araber in gewissen Punkten nach Körperbau und Größenverhältnissen unterschiedliches Pferd handelt, das in der großen Unausgeglichenheit schwer zu fassen ist. Seine weniger edle Erscheinung, seine Härte und Genügsamkeit dürfte noch am ehesten für eine allgemeine Kennzeichnung dieser Gruppe stimmen.

5. Das Kaukasus-Pferd. In vielen Gebieten dieses weiten Gebirgsstockes waren ansehnliche Pferdebestände vorhanden. Über die rasseliche Verwandtschaft und ihr Merkmalsbild dieser Pferdebestände, die unter den Namen abchasisches Pferd, Daghestan-Pferd, georgisches Pferd bekannt sind, ist nichts Verläßliches in Erfahrung zu bringen, besonders auch, inwieweit ihr Bestandsumfang sich erhalten oder entwickelt hat. Sie galten

Abb. 62. Edles persisches Pferd. Hochzuchttypus des Tarpans. (Nach Simoneff und Moerder.)

sämtlich als dem Araber-Pferd nahestehend, zeigen soliden Knochenbau, zeichneten sich durch gute Leistungen als Gebirgspferde und als Springer aus.

6. Das ungarische Landpferd.[1] Seine Zuchtgebiete, die ungarischen Ebenen und bestimmte Gebietsteile Siebenbürgens, nehmen mehr und mehr im größeren Umfange Bestände von Halbblut-Pferden auf. Die ursprüngliche Type des alten Landpferdes Ungarns stellte ein kleines, unscheinbares Pferd von morgenländischem Schnitt vor. Dieses Pferd zeichnet sich durch große Genügsamkeit und Härte gegen Unbilden in der Umwelt aus, wurde stetig durch Auslesewirkung und Einfluß wertvoller Zuchttiere arabischen Blutes züchterisch weiterentwickelt. Vielfach wurde der Gesamtbestand dadurch weniger ausgeglichen, doch das Erscheinungsbild zeigte durchwegs ein Landpferd von edlem Schnitt, das für die Verhältnisse Ungarns Ausgezeichnetes leistete und darüber hinaus seinen Ruf festigte. Kennzeichnend sind heute für das Pferd Ungarns seine größeren Maßverhältnisse, der trockene Ausdruck seines Körperbaus. Besonders ist hier zu beachten, daß der Einfluß aus einer sehr gut geleiteten Gestütspferdezucht sich hier in weitem Ausmaße lange Zeit auswirken konnte. In der Zeit nach dem Weltkrieg wird durch die anderen Bedürfnisse eines Teiles der Landwirtschaft eine Umstellung in der Pferdezucht allgemein merkbar.

7. Die Landpferde Polens. Die verschiedenen Gebiete Polens, namentlich die des Südostens und Kongreßpolens, wiesen Pferdebestände auf, die im Merkmals-

----

[1] G. RAU: Ungarns Pferdezucht. Mitt. Dtsch. Landwirtsch.-Ges. Berlin **26** (1911).

bild kleine unscheinbare Tiere vorstellen, die in einer Durchbildung der Köpfe und Gliedmaßen auf einen morgenländischen Ursprung hinweisen. Die Kopfform erinnert vielfach an die Tarpanköpfe des ausgestorbenen Wildpferdes. In den Beständen der Landpferde bleibt aber vielfach durch unharmonische Formen und der großen Unausgeglichenheit der wertvolle Anlagenkomplex meist schwer erkennbar. Es kann daraus die Ursache abgeleitet werden, daß die Unterlagen für das gesuchte Remontepferd im heutigen Südpolen diese hohe Güte aufweisen, die in der früheren Monarchie bekannt war.

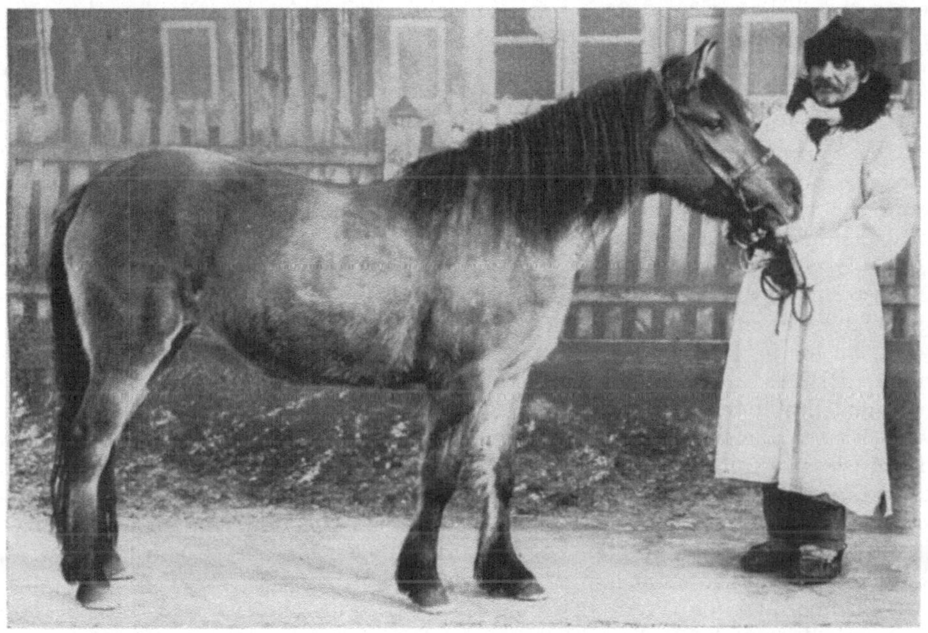

Abb. 63. Polnisches Landpferd (Polnischer Konik). Sechsjährige Stute. Typus des harten, ausdauernden Landpferdes. (Phot. Prof. T. Vetulani.)

8. Das Turkmenen-Pferd. Sein Verbreitungsgebiet umfaßt Turkestan und dürfte in Ostturkestan die wertvolleren Bestände aufweisen. Die Stellung und Erscheinung dieser Pferde sind eigenartig. Für die morgenländischen Rassetypen sind sie vielfach um ein bedeutendes größer und erinnern auch in einigen Eigenschaften an den Schnitt des englischen Vollblutes. Ihre Stellung und Wertung nach Rasse könnten demnach nur eine zootechnische Untersuchung klarstellen. Nach den bisherigen Ergebnissen wird eine größere Art von Pferden, die sich mit einem Rassetyp des frühgeschichtlichen Kaltbluttyps decken ließe, für die Einzugsgebiete Turkestans nachgewiesen, die sich durch die Ausgrabungen Persiens und Mediens immer mehr bestätigen. Es ist nicht so unwahrscheinlich, daß aus einem solchen Bestand von Pferden in diesen Gebieten unter dem Einfluß morgenländischer Rassetypen eine ähnliche lang zurückreichende Züchtungsentwicklung sich ebenso bemerkbar macht, wie wir es durch die Zucht des englischen Vollblutes verkörpert und aktenmäßig belegt sehen. Man könnte aus dieser Wertung des Turkmenen-Pferdes in einer rasselichen Auffassung es als Bindeglied für die Aufstellung der folgenden Rassengruppe, der europäischen Zuchtrassen des Pferdes, betrachten.

IV. Europäische Zuchtrassen.

Nach Abkunft aus den Stammformen unserer Pferde ist diese Rassengruppe im biologischen Sinne nicht zu vertreten, auch in seiner Kennzeichnung des Eigenschaftsbildes im üblichen Sinne viel schwieriger faßbar. Es bleibt eine Reihe im Erbgut bereits sehr gefestigter physiologischer Eigenschaften erkennbar, die in durchgreifender Ausweitung auf große Bestände nach der praktischen Auffassung eine rasseliche Wertung rechtfertigen können. Die Zuchtentwicklung, soweit wir sie hier zu überblicken vermögen, bestärkt immer mehr die Auffassung einer rasselichen Einordnung seitens der Praktiker in der Pferdezucht. Wir müssen allerdings zugeben, daß diese Ergebnisse einer Zuchtentwicklung, wie wir sie bei dem kennzeichnendsten Vertreter, dem englischen Vollblut-Pferde beobachten, nicht durchwegs anwendbar ist. Immerhin können wir behaupten, daß innerhalb einer Zeitspanne von etwa 200 Jahren die züchterische Kunst einiger europäischer Völker, ja sogar weniger Persönlichkeiten den Weg einer stetigen Entwicklung im Rahmen der Konstanz des Erbgutes weisen, wenn wir auch die unterschiedliche Größe im rasselichen Sinne als sehr klein und kaum faßbar innerhalb einer größeren Zeitfolge herausarbeiten und diese Beschränkung gelten lassen, daß die Dauer einer Menschengeneration für exakte experimentelle Nachweise zu kurz bleibt. Für biologische Maßstäbe ist der Ablauf der Züchtungsgeschichte des englischen Vollblutes als ungewöhnlich kurz zu bezeichnen, sodaß wir auch hierin die Ursache für die Schwierigkeit sehen müssen, die Kennzeichnung als Rasse in dem Sinne zu geben, wie wir es bei den naturgegebenen Rassen oder den Beständen einer primitiven Züchtungsstufe geben können. Bemerkenswert ist bei dem englischen Vollblut, daß neben seinem stetigen Zuchtaufbau die Auslesewirkung nach der Leistung eine viel schärfere zu nennen ist, denn das stetige Training unterstützt nach dieser Richtung das übliche Zuchtverfahren in nicht zu verkennender Weise, welcher Umstand von dem Praktiker heute im allgemeinen in der Größe seiner Bedeutung nicht gewürdigt wird. Ferner kann der zunehmende Einfluß der Zuchtrassen in seiner züchterischen Auswirkung auf die Pferdebestände außerhalb der heimischen Zuchtgebiete und vor allem auch für die Übersee noch zu weiteren Ergebnissen führen, deren Erfassung im zootechnischen Sinne bisher noch über ein Anfangsstadium kaum recht hinausgekommen ist. Am augenfälligsten sind diese Wirkungen noch im englischen Weltreich ausgeprägt, ein Umstand, der durch das größere Zuchtgeschick und die Wirkung aus dem kolonialen Einfluß eine Stütze aufzuweisen hat. Auch das Verfahren der Halbblutzucht zur Schaffung gewisser Gebrauchstypen und den Versuchen zur Festigung ihrer Stetigkeit dürfte aus den Zuchterfahrungen der Vollblut-Verwendung mehr Raum für seine Anwendung in breiterem Ausmaße gewonnen haben. Die Kennzeichnung dieser Gruppe wird aus diesen Grundlagen viel schwieriger und die allgemein verbindenden Linien können eigentlich nicht gegeben werden, wenn wir von dem Hauptvertreter des englischen Vollblutes absehen. Je nach dem Blutanteil, dessen Wertgröße bisher immer umstritten bleibt, wird aus dem morgenländischen oder abendländischen Rassestamm das eine oder das andere Erscheinungsbild hervortreten, über dessen erbliche Festigung meist auch nur auf dem Wege über die Nachkommenschaft und über die Vorfahren eine Beziehung erkannt werden kann. Die praktisch abgeleiteten Rassen bleiben auch meist nur in einigen physiologischen Eigenschaften oder bestimmten Leistungsformen übereinstimmend.

1. Das englische Vollblut-Pferd (Thorough-Breed).[1] Seine Zuchtheimat ist England, sein Zuchtgebiet sind die Zuchtstätten, welche sich in allen Ländern

---

[1] R. Henning: Zur Entstehung des englischen Vollblutpferdes. Stuttgart:

der Welt befinden, wo die Pferdezucht ein Interesse im Sinne hoher Leistungen und fortschrittlicher Führung erweckt. Neben dem Stammlande England ist es vor allem Frankreich, Deutschland, Italien, Ungarn und Polen, wo die Vollblutzucht die meiste Beachtung findet. Bei dem englischen Vollblut ist nach der rasselichen Wertung im züchterischen Sinne und seiner Entwicklung ein Nachweis erbracht, daß ein im erblichen Sinne gefestigtes Rassebild auch in der verschiedensten Umweltwirkung in seiner Kennzeichnung sich erhält. Seine Zuchtgeschichte weist auf die Abstammung von arabisch-berberischen Pferden hin, welche auf Grundlage eines Stutenanteiles abendländischer Pferde in bestimmter

Abb. 64. Kinscem, englische Vollblut-Stute (1874—1887).

Auslese gezogen und nach Generationsfolgen ein neues Eigenschaftsbild schufen, welches in seiner Fortentwicklung bis zur rasselichen Festigung seines Erbgutes herausgebildet werden konnte. Über die Stutengrundlage, den sogenannten Royal-Mares, sind die Ableitungen nicht immer voll übereinstimmend, soweit es sich um eine blutmäßige Vorstellung handelt. Daß es ein heimisches Pferd Englands gewesen ist, steht wohl außer Zweifel, und es kann nicht geleugnet werden, daß es ein erlesenes Material vorstellte. Es wird sich jedenfalls um Rassetiere Englands oder in einer weiteren Fassung von solchen des Nordseegebietes gehandelt haben. Über die Erscheinung dieser Pferde können wir heute nur schwer Unterlagen finden. Nach dieser Richtung gibt das Bild P. POTTERS von 1653 über einen Grauschimmel (Hamburger Kunsthalle), dem das in diesem Zuchtpunkt verwendete Stutenmaterial rasselich sicher nahestand, einen Hinweis, wodurch für manche Einzelheit im Bau des englischen Vollblut-Pferdes ein Aufschluß ermöglicht wird, wenn das zuchtmäßige Verhalten des Erbgutes richtig

<hr>

Schickhardt & Ebner, 1901. — F. W. DÜNKELBERG: Das englische Vollblutpferd. Braunschweig: F. Vieweg & Sohn, 1902.

eingeschätzt werden kann. In diesem Zusammenhang geben die weiteren Entwicklungsstufen, die uns durch die Spitzenvertreter der blutmäßigen Hauptstämme verkörpert werden, einen Beitrag zur Kenntnis des Weges der Festigung höherer Leistungswerte und gewisser Eigenschaftsbilder. Soweit wir nach den überlieferten Abbildungen und Leistungen in ihrem züchterischen Zusammenhang herausarbeiten können, ergeben sie die stetige Linie zur heutigen Wertgröße des Rassenbestandes. Die Kenntnis der Ahnenreihe auf die rasseliche Grundlage der Stämme von Herod, Matchen und Eclipse bezogen, bleiben für die Beurteilung der Stammväter 1. des Byerleys-Türken, 2. Lord Godolphins-Berber und 3. Darleys-Araber wichtig, wenn wir das Bindeglied zur Bedeutung der Familien und Spitzenvertreter zu den heutigen Zuchten ausbauen, um die Zuchtvorstellung dieser Entwicklung besser zu veranschaulichen. Ergänzend kennzeichnen noch heute einige kleine Variationen das Merkmalsbild, das sich durch Eigenart oder durch gewisse Zuchttraditionen in den einzelnen Ländern der Vollblutzucht zu einem Gesamtbild dieser Rasse stellt oder besser sich einem solchen einordnen läßt.

a) *Bestände und Zucht in England.* Für eine äußere Kennzeichnung kann man beim englischen Vollblut am besten nachstehendes Bild festlegen, doch möchte ich mit Nachdruck darauf hinweisen, daß das Gesamtbild dieser Rasse selbst für Kenner schwierig zu fassen ist. Die Kopfformen sind unausgeglichen, im allgemeinen von trockenem Ausdruck, in der Ausbildung treten abwechselnd morgenländische und abendländische Rassetypen hervor und die Zwischenformen von beiden Extremen sind nicht selten. Die Widerristhöhe ist etwa 165—170 cm, die Werte, die darüber- oder daruntergehen, sind weniger gern gesehene Extreme, die sich nur zufolge guter Leistungsergebnisse erhalten. Meist sind die Stuten länger als hoch, bei den Hengsten ist es umgekehrt; es treten bei den langen Körperformen die schwereren Typen und solche von mehr abendländischer Textur hervor. Die Beinhöhe ist mittel, relativ gut ist auch die Vorderrumpfhöhe, ferner ist Flachrippigkeit und langes, schräg gestelltes Schulterblatt zu vermerken. Die Kruppe hat sehr verschiedene Gestalt, ist meist lang und breit. Auffallend ist die durchwegs trockene Textur des Körpers, welche in der durchgezeichneten Modellierung der Einzelteile mehr augenfällig wirkt und nach dieser Richtung die Kennzeichnung des morgenländischen Pferdes am meisten ausdrückt. Nach ihrem Leistungsvermögen werden Steher (Stayer) und Flieger (Flyer) unterschieden. Erstere erreichen ihre Höchstleistung am besten über längere Rennstrecken, während letztere für Kurzstrecken meist erfolgreicher abschneiden. Nach ihrem züchterischen Verhalten, welches in der Wertung nach Blutlinien und gewissen Eigentümlichkeiten des Erbgutes von Bedeutung ist, werden drei Linien unterschieden, die unter dem Namen der Running-, Shire- und Outsider-Familie bekannt sind.

b) *Bestände und Zucht in Frankreich.* Es bestanden nach meinen Erhebungen in Frankreich etwa 80 Gestüte, welche als Zuchtstätten für englisches Vollblut eingerichtet waren. Es ergeben sich große Unterschiede in der Güte dieser Zuchten, es bleibt aber hervorzuheben, daß unter den Beständen, die aus dem Mutterland England alljährlich ins Ausland verkauft wurden, die größte Zahl von Frankreich aufgenommen wurde. Eine allgemeine Kennzeichnung des Vollblut-Pferdes ist durch den großen Umfang natürlich schwer zu geben, doch bleibt dem englischen Vollblut in Frankreich die Eigenart, daß es im Durchschnitt mehr großrahmige Tiere aufnimmt und in der Leistung die Steher bevorzugt, also die Rassetype, die über die großen Rennstrecken mehr im Erfolge hervortreten.

c) *Bestände und Zucht in Deutschland.* Die Zahl der Zuchtstätten des englischen Vollblutes dürfte vor dem Weltkrieg in Deutschland zahlreicher gewesen sein. Durch die Eingliederung der Ostmark und das Aufstreben der Pferdezucht erhielt die Zahl der Zuchtstätten eine Verstärkung. Nach der Güte und dem Leistungsergebnis bewies die englische Vollblutzucht in Deutschland immer ihre Hochwertigkeit. Nach der Kennzeichnung schließt sich hier das englische Vollblutpferd am nächsten dem Original an und die Unterschiede überschreiten nicht die Grenzen, welche die Variationsbreite in England in sich schließt. Von den Zuchtstätten mit Rang und Namen stand in Deutschland eine Reihe von Gestüten im Vordergrund: Trakehnen, Graditz, Harzburg, Schlenderhan, Puchhof, Römerhof und einige Gestüte in der Umgebung Wiens.

d) *Bestände und Zucht in Ungarn.* Die Zuchtstätten sind durch ihre außergewöhnlichen Leistungserfolge berühmt geworden, so daß vielfach geäußert wurde, in Ungarn hätte das englische Vollblut-Pferd ein zweites Zentrum ge-

Abb. 65. San Genaro, englischer Vollblut-Hengst. Phot. Prof. K. Keller, Wien.

funden. Durch den Zusammenhang und gegenseitige Anregung aus dem Kreis der österreichischen und böhmisch-mährischen Gestüte ergab sich für die Bestände ein erfolgreicheres, züchterisches Arbeitsfeld. Unterschiede sind kaum merkbar; im großen Bestandsumfang tritt der hohe Adel des englischen Vollblutpferdes vielleicht mehr hervor. Unter einer Reihe von Privatzuchten steht das Staatsgestüt Kisber in der vordersten Linie.

e) *Bestände und Zucht in Italien.* Die Zuchten des englischen Vollblutes in Italien gehören in ihrer Art zu dem jüngsten Zweig dieser Stätten. Bemerkenswert sind ihre Erfolge nach der Güte ihrer Pferde in der Nachkriegszeit, also seit etwa anderthalb Jahrzehnten sie immer deutlicher in Erscheinung treten. Die ständige Zuchtarbeit und Auslese zeigen sich in der Anlage sehr vielsprechend für die Leistung und den Wert des englischen Vollblutes überhaupt.

2. Das altspanische Pferd. Sein Herkunftsland dürfte in der Zeit des fünfzehnten Jahrhunderts die Iberische Halbinsel vorstellen, ohne daß ein engeres Zuchtgebiet genannt werden kann. Heute sind in Spanien kaum noch Bestände dieser Rasse vorhanden, die sich durch günstige Umstände einer Pferdeliebhaberei bis in die Gegenwart in zwei Zuchten erhalten konnte. Es sind dies die Kladruber- und Lipizzaner-Pferde, die besonders in ihrem zuchtgeschichtlichen

Entwicklungsgang für die Anleitungen der Beziehungen aus Rasse und Erbgut von Pferdebeständen außerordentlich dankbar sein könnten. Das Eigenschaftsbild dieser Rasse ist uns in einem ursprünglichen Stadium durch das Polesina-Pferd überliefert, welches zur Zeit seiner Blüte für den hohen Stand der spanischen Pferdezucht am Ausgang des Mittelalters ein Zeugnis stellt, welches die Bevorzugung der spanischen Pferde in ganz Europa während dieses Zeitabschnittes verständlich macht. Die Unterschiede der Kladruber- und Lipizzaner-Zucht sind durch die Zuchtentwicklung, durch den verschiedenen Blutaufbau und Arbeiten der Zuchtstätten verständlich und man kann namentlich erstere als Verkörperung einer Zuchtrasse aus dem abendländischen Rassestamm bezeichnen, welche Tatsache durch eine zootechnische Untersuchung[1] als erwiesen

Abb. 66. Altspanisches Pferd. Kladruber Zucht. Schimmelhengst Generale Alba XII.

gilt. Im Vergleich dagegen kann das englische Vollblut als Zuchtrasse aus dem morgenländischen Rassekreis angesprochen werden. Die Kennzeichnung der beiden Zuchten aus den altspanischen Pferden kann man kurz wie folgt umschreiben:

a) *Das Kladruber-Pferd.*[2] Der eigentliche Bestand des Kladruber-Pferdes an der Zuchtstätte des Gestütes Kladrub in Böhmen besteht heute wohl nicht mehr oder ist so schwer geschädigt, daß seine Existenz überhaupt in Frage steht. Seine Kennzeichnung ist die eines Kutschpferdes mit hohen Werten der Rumpfmaße nach Widerrist und Rumpflänge, Breite- und Tiefenwerten des Körpers. Charakteristisch ist die abendländische Form der Köpfe, die durchwegs Ramsnasen aufweisen und die hohe Knieaktion, die für Galazwecke, festliche Veranstaltungen eine Sonderleistung vorstellte.

b) *Das Lipizzaner-Pferd.* Seine Zuchtstätte befand sich im Karstgestüt Lipizza in Istrien; heute italienisches Staatsgebiet. Ein kleiner, aber hochwertiger

---

[1] L. ADAMETZ: Untersuchungen über Abstammung und Rassenzugehörigkeit des altspanischen Pferdes Kladruber Zucht. Arb. Lehrk. Tierz. H. f. B. Wien. 1922.

[2] R. MOTLOCH: Geschichte und Zucht der Kladruber-Rasse. Wien: Friedrich Beck, 1886.

Bestand befindet sich in Piber, Steiermark, welches den Bedarf der spanischen Hofreitschule Wien ergänzt. In den Nachfolgestaaten[1] und in Italien haben sich weiter kleinere Bestände erhalten. In seiner Körperform tritt bei dem Lipizzaner-Pferd der abendländische Rassetyp weniger hervor, wenn der Vergleich zum Kladruber gestellt wird. Die Köpfe zeigen in der Mehrzahl Ausdruck und Form des Araber- und Berber-Pferdes. Durch die Leistung der Eignung für die Hohe Schule und seiner eigenartigen Erscheinung nimmt es eine Sonderstellung ein, daß es zu den Sehenswürdigkeiten unter der Vielgestaltigkeit der Pferderassen zählt.

3. Der Orlow-Traber.[2] Diese Zuchtrasse, deren Ruf weit über sein Heimatgebiet ging, dürfte heute kaum bestehen; immerhin muß sie als Beispiel unter den

Abb. 67. Lipizzaner-Pferd. (Pluto-Slatina III, geb. Lipizza 1901.) Mittelform zwischen altspanischem und arabischem Pferd.

klassischen Zuchtvorgängen in der Welt des Pferdes genannt werden. Der Ursprung wird auf die glückliche Paarung des GRAFEN ALEXY ORLOW im Jahre 1777 zwischen einem arabischen Hengst Smetanka und einer fahlblauen dänischen Zuchtstute zurückgeführt. Die weiteren Stufen dieser Zucht begründeten die wertvollen Vatertiere, unter denen Polkan und Bars I hervorgehoben werden, sowie die weitere Auslese und Zuchtarbeit. Als Zuchtstätten werden die Gestüte Chrjnowoe und Ostrowo bei Moskau genannt. Die Kennzeichnung dieser Rasse wurde mit den Formen eines nach dem morgenländischen Bluteinschlag abgeänderten dänischen Pferdes gegeben, das die Härte und Ausdauer des Arabers vereinigte. Nach den überlieferten Abbildungen ist der Rassetyp des Orlow-Trabers sehr unausgeglichen; es herrschen im allgemeinen die langrumpfigen Tiere mit abendländischer Textur vor. In den Kopfformen kommt ebenfalls die Erscheinung der beiden Rassestämme wechselnd zum Ausdruck. Durch seine Leistung

---

[1] C. MADROFF: Das Lipizzaner-Pferd und seine Zucht in Europa. Z. Züchtg. B **33** (1935).

[2] A. DE CHAPEAUROUGE: Bilder aus der Entwicklung der Zucht der Orlow-Traber. Stuttgart: Schickhard & Ebner, 1921.

wurde es für die Verhältnisse Rußlands ein Spitzenpferd, welches auch in seiner züchterischen Auswirkung auf die Landpferde Einfluß erlangte.

4. Das Normänner-Pferd. Seine Zuchtheimat ist das Gebiet der Normandie; die Departements Calvados, La Manche, Eure usw. Das ursprüngliche Normänner-Pferd, welches heute nicht mehr besteht, wird allgemein als abendländisches Pferd bezeichnet; diese Stellung ist zootechnisch erhärtet.[1] Das heutige Normänner-Pferd ist ein sehr gefestigter Halbbluttyp, der unter Verwendung des englischen Vollblutes entstanden ist, sodaß heute vielfach die Bezeichnung Anglo-Normanne im Gebrauch ist. Es ist auch ein leichteres Kutsch- und Ackerpferd, das großrahmig und in seinen größeren Typen die abendländische Textur deutlich erkennen läßt. Der Normanne hat durch ein gefälliges Äußeres und glückliche

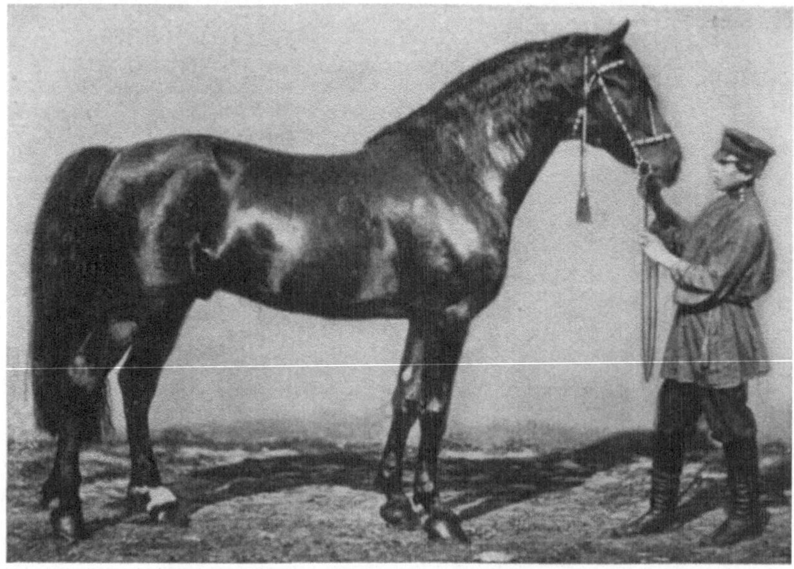

Abb. 68. Russischer Traber „Polkan II". Typus des leistungsfähigen russischen Trabers. Zuchtrasse mit vorherrschendem abendländischen Blutanteil.

Leistungskombination eine weite Verbreitung erlangt, unter denen Abkömmlinge als Nonius-Zuchten in den Nachfolgestaaten des früheren Österreich-Ungarn einen großen Bestandsumfang aufweisen.

5. Das Haflinger-Pferd. Seinen Namen führt dieses Gebirgspferd nach dem Orte Hafling in Südtirol. Seine Zuchtheimat waren die Hochflächen im Gebiete von Bozen und Meran. Die besten Zuchten befinden sich heute in Nordtirol; in den übrigen Alpenländern der Ostmark sind die Bestände weiter im Zunehmen. Die Zuchtgeschichte weist auf eine Zuchtentwicklung aus einer ursprünglichen Kreuzung von norischen Pferden mit Warmblut-Pferden meist arabischer Herkunft hin. Ständige Auslese und Zuchtarbeit konnten eine bestimmte Eigenschafts-zusammenstellung so weit erblich festigen, daß es die Kennzeichnung einer Zuchtrasse rechtfertigt. Im Äußeren bringt die Vorhand das morgenländische Pferd, die Hinterhand den Noriker zum Ausdruck. Die Widerristhöhe ist etwa 140 cm; seine Kurzbeinigkeit, Rumpftiefe und -breite mit langem Rücken und abfallender,

---

[1] J. HAIMBERGER: Untersuchungen über die Anglo-Normännische Pferderasse. Unveröff. Diss. Wien, 1934.

kurzer Kruppe ist festzuhalten. Die Fuchsfarbe ist vorherrschend. Die Leistung als Zug-, Reit- und Tragpferd ist vorzüglich, für die Gebirgsverhältnisse der Heimat unübertrefflich.

6. Das Halbblut-Pferd. Um jedem Mißverständnis vorzubeugen, ist zu betonen, daß ein Halbblut-Pferd auch im großen Bestandsumfang nie als Rasse aufgefaßt werden kann, wenn sich auch zuweilen das äußere Erscheinungsbild vielleicht mit dem Ausdruck der wahrnehmbaren Gesamtmerkmale einer Rasse decken kann. Entscheidend ist hierfür in allen Fällen die Stetigkeit der Vererbung. Die Halbblut-Pferde spalten für gewöhnlich in der Nachkommenschaft nach den Formen und Eigenschaften der Elterntiere auf. Trotzdem hat in der praktischen Anwendung die Zucht des Halbblut-Pferdes sehr weite Gebiete umfaßt, denn sie

Abb. 69. Haflinger-Hengst, vierjährig. Eignung fürs Gebirge. Phot. Prof. K. Keller, Wien.

beweist, daß die Umzüchtung eines rassemäßigen Eigenschaftsbildes lange Generationsfolgen erfordert und selbst dann gewissen Faktoren unterworfen bleibt, die nicht immer im Sinne der gewünschten Beeinflussung verlaufen. Für bestimmte Gebrauchszwecke und bei zahlenmäßig hohem Bedarf wird das Verfahren der Halbblutzucht seine Stellung behaupten. Die Bedeutung hat unter dem Einfluß der Gestütspferdezucht und besonders unter dem steigenden Bedarf eines bestimmten Militärpferdes im vorigen Jahrhundert sehr zugenommen. Außer dem Ziel, für bestimmte Zwecke bewährte Gebrauchspferde zu schaffen, bildet die Halbblutzucht unter fortschrittlicher Führung der Zuchten nicht selten den Ausgangspunkt für den Aufbau gewisser Pferdebestände, die bei erblicher Festigung eines neuen oder neu zusammengestellten Eigenschaftsbildes eine rasseliche Wertung erlangen und in weiterer Folge zur Bedeutung der Zuchtrasse selbst aufsteigen können. Beispiele einer solchen Zuchtentwicklung sind bei Pferden in einigen Fällen nachweisbar. Das Verfahren der Halbblutzucht mit ihren vielen Widersprüchen und Schwierigkeiten stellte die Förderungsorgane der Pferdezucht vor Aufgaben, deren Lösung nicht immer gefunden wurde, wenn wir die Zuchtgebiete einiger Rassen im Verlaufe der Zeit durchgehen können. Erst die Kenntnis der Vererbungsgesetze und die Klarstellung einer rassemäßigen Wertung stellen den Zuchtfortschritt auf eine sichere Grundlage, wie es besonders in der letzten Zeit in deutschen Zuchtgebieten sichtbar wird, wenn wir nach erblicher Festigung gewisser Typen ein Urteil zu fällen haben. Allerdings müssen wir offen zugeben, daß die Kenntnis über das Verhalten des Erbgutes bei einzelnen Pferderassen noch große Lücken aufweist und heute bei dem Praktiker meist zum Großteil auf einer gefühlsmäßigen Einstellung aus den Erfahrungen bei Kreuzungen beruht. Die Kenntnis der Abkunft, sein Studium und die Kenntnis der Blutlinien waren bisher für praktische Bedürfnisse viel zu wenig verbreitet, als daß man hieraus entsprechenden Nutzen ziehen konnte. Wir haben gewisse Erfahrungssätze in der Halbblutzucht nach der Richtung gewonnen, um bei gewissen Schlägen über die Fortführung der äußeren Formen und dem Bau des Körperrahmens sichere Schlußfolgerungen zu geben. Hierdurch scheint vielfach ein indirektes

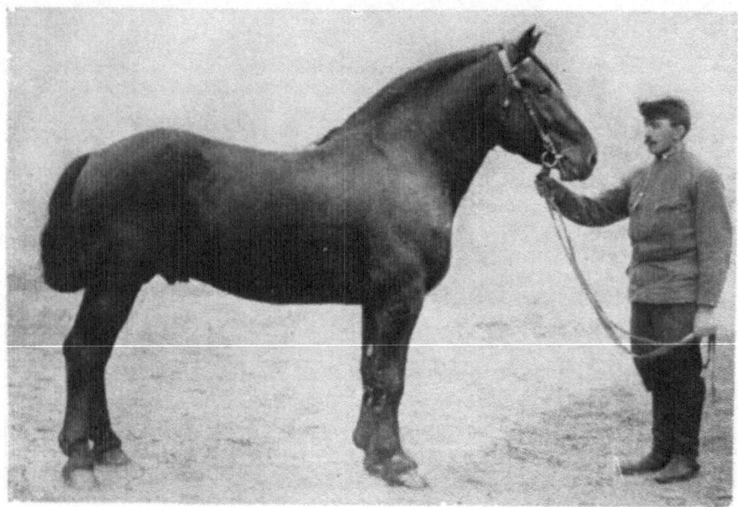

Abb. 70. Pinzgauer mal Wallone (kleine Belgier). Zucht in Stadl, Oberdonau. Ausgeglichene F_1-Form als vorzügliches Gebrauchstier, etwa um 1890—1900.

Hilfmittel auf, um über ein Leistungsvermögen die Beziehungen zu gewissen Eigenschaftsbildern und ihrem erblichen Verhalten einen Aufschluß zu bekommen. Von den Halbblutschlägen, die in europäischen Ländern eine große Bedeutung erlangten, sind zu nennen:

Deutsche Zuchten.[1]

a) *Das Hannoversche Warmblut-Pferd.*[2] Sein Zuchtgebiet ist Hannover, namentlich die Landschaften im Bereich von Stade, Lüneburg, Osnabrück, Hildesheim usw. Dieses Pferdezuchtgebiet stand züchterisch unter dem Einfluß des Landgestütes Celle, welches für den blutmäßigen Aufbau der Landeszucht die Führung innehat. Die einstige Gemeinschaft des Königs von England und Hannover dürfte dem Einfluß der englischen Voll- und Halbblut-Hengste für die Zucht sehr förderlich gewesen sein. Im Zuchtaufbau wird etwa um 1850 der Hengst Norfolk, der aus Mecklenburg kam und sich vom Vollblut-Hengst Seymour ableitet, bestimmend. Die Nachkommen Norfolks, Nordlicht und weiter Nadock und Nadick, bringen bereits die kennzeichnende Aufspaltung in

---

[1] G. RAU: Die deutschen Pferdezuchten. Stuttgart: Schickhardt & Ebner, 1911.
[2] F. SCHÖTTLER: Das Hannoversche Pferd. Hannover: Schaper, 1914.

zwei Typen, einer leichten edlen und einer schwereren Type. Das Streben, diese Typen erblich zu festigen, findet seinen Ausdruck in der Gründung des Stutbuches, welches 1888 gegründet wurde und für dessen ursprüngliches Zuchtziel die Erfolge heute nach Richtung einer rasselichen Wertung bereits in Erscheinung treten. Es wurde angestrebt, ein möglichst starkes, edles Halbblut-Pferd zu schaffen, welches in den leichten Typen ein starkes Reitpferd und in den schweren Typen ein mittelstarkes Kutschpferd abgibt.

Die Kennzeichnung des Hannovraner Warmblut-Pferdes ist zufolge der Variationsbreite schwierig zu geben. Die Kopfformen wechseln und erinnern meist im Ausdruck an Vollblut, der Hals ist schlank, gut angesetzt, die Vorderhand besser entwickelt im Vergleich zur Hinterhand. Die Schulterlage ist durchwegs gut, die Maßverhältnisse für ein leichtes Pferd vorzüglich. Der Zuchtfortschritt nach der Wertung einer rasselichen Festigung kann vielleicht damit am besten veranschaulicht werden, wenn die Verwendung von Vollblut mengenmäßig durchgesehen wird. Nach CHAPEAUROUGE waren von den Hengsten etwa 38% Vollblut von 1836 bis 1846 in die Zucht eingesetzt, während bereits um 1890 der Prozentsatz auf 6 zurückging.

b) *Das ostpreußische Warmblut-Pferd.*[1] Die Zuchtheimat ist Ostpreußen und seine Zucht und Verbreitung sind in den anschließenden Gebieten dieser Provinz noch ständig im Zunehmen. Die Zuchtentwicklung des ostpreußischen Warmblutes ist mit dem Bestand des Gestütes Trakehnen verknüpft. Das ursprüngliche Landpferd Ostpreußens wird als kleines, unscheinbares, aber ungemein genügsames und ausdauerndes Pferd geschildert. Die Farbe soll meist braun oder graubraun mit Aalstich gewesen sein. Im Schnitt des Körpers weist es auf gemeinsame Züge der Tarpan-Abkömmlinge hin und die Abstammung wird von diesem Wildpferd abgeleitet. Im Mittelalter erfolgte eine Zuchtbeeinflussung durch ein schwereres Pferd der Deutschordensritter. Im großen und ganzen bewahrte das Landpferd unter dem Namen Schweike sein trockenes und hartes Eigenschaftsbild. Zu Beginn des 19. Jahrhunderts setzte die Veredlung mit Araber-Pferden ein, die in der zweiten Hälfte des vorigen Jahrhunderts fast zur Gänze dem Einfluß des englischen Vollblutes aus Trakehnen weichen mußten. Das ostpreußische Landpferd erinnerte in vielen Merkmalen des Körperaufbaues an den Schnitt des Vollblutes, während die Köpfe meist edler und trockener im Ausdruck an den Araber denken lassen. In der Nachkriegszeit mußte die Zucht mehr auf bodenständiger Grundlage aufgebaut werden, die daraus abgeleitete Typenveränderung zufolge der Auslesewirkung und Zuchtarbeit bringt dies zum Ausdruck, daß in der Erscheinung die Rumpftiefe zugenommen hat, dadurch auch besser und harmonischer im Körperbau wirkt.

c) *Das Holsteiner-Warmblut-Pferd.*[2] Das Zuchtgebiet dieses Pferdes ist Holstein; die eigentliche Zuchtheimat sind die Marschen der Westküste. Das Landgestüt Traventhal, welches 1867 gegründet wurde, konnte durch seine Wirksamkeit in kurzer Zeit durch die Verwendung von anderen deutschen Halbblutschlägen und dem englischen Vollblut-Pferd auf Grundlage des heimischen Holsteiner-Pferdes diese Warmblutzucht in verhältnismäßig kurzer Zeit erfolgreich gestalten. Dieses Holsteiner-Pferd hat zwischen 1825 und 1850 durch die Verwendung von Yorkshire-Pferden sowie anderen englischen Halbbluttieren bereits eine Beeinflussung zuchtmäßig für die Bildung eines Halbblutschlages geschaffen. Das Holsteiner-Pferd ist ein mittelschweres Kutschpferd, das in seinem Eigenschaftsbild in un-

---

[1] F. SCHILKE: Das ostpreußische Warmblut-Pferd. Berlin: P. Parey, 1938.

[2] E. IWERSEN: Das Holsteiner-Pferd. Berlin: P. Parey, 1937. — G. FEHRS: Das Holsteinsche Marschpferd. Hannover: Schaper, 1919.

verkennbarer Weise die Merkmale des abendländischen Rassestammes trägt. Vielfach erinnert es an das bereits verschwundene Fredriksborger Gestütspferd, welches ebenfalls auf altspanischen Einschlag oder Ursprung zurückgeführt wird. Durch seine Körpermaße und Leistungsfähigkeit im Zug wird es für landwirtschaftliche Arbeitsverwendung sehr gesucht.

d) *Das ostfriesische Pferd.*[1] Sein Zuchtgebiet ist Ostfriesland. Die Zuchtgeschichte dieses Gebietes weist auf ein heimisches Pferd hin, welches dem Kaltblut-Pferd als zugehörig betrachtet wird. Dieses heimische Pferd wurde durch die bäuerlichen Züchter verständig mit englischen Pferden (Cleveland und Yorkshire) beeinflußt, woraus sich eine Grundlage wertvoller Stutenstämme bildete. Unter Verwendung von in Hannover gezogenen Hengsten und schließlich einiger Normänner-Pferde wurde die Zucht des heutigen Ostfriesen begründet. Ein Stammregister wird seit 1870 geführt und ein ostfriesisches Stutbuch erstmals im Jahre 1897 zusammengestellt. Das Zuchtziel ist nach dem Stutbuch zur Erreichung eines starken, aber edlen, leicht lenkbaren Wagenpferdes ausgerichtet. Der Wert wird hierbei darauf gerichtet, daß der Ostfriese bei angemessener Ernährung sich so frühzeitig entwickelt, um im jugendlichen Alter zu leichteren landwirtschaftlichen Arbeiten verwendet werden zu können. Mit drei bis dreieinhalb Jahren soll die Entwicklung so fortgeschritten sein, daß es der Händler als volljährig abnimmt. In der Kennzeichnung des ostfriesischen Pferdes treten die Merkmale des abendländischen Rassestammes mehr hervor, wobei die Rumpflänge auffällt. In den heutigen Beständen ist die große Ausgeglichenheit bemerkenswert.

e) *Das Oldenburger-Pferd.*[2] Es werden zwei Zuchtgebiete unterschieden. Die Oldenburger Marsch und die Münsterländisch-Oldenburger Geest. Das heimische Pferd dieses Gebietes wurde bereits im 17. Jahrhundert durch Pferde aus Spanien, Neapel und der Türkei züchterisch beeinflußt. Dieser Vorgang ist mit dem Grafen GÜNTHER, des Gestütsgründers in diesem Gebiet, verknüpft. Um etwa 1820 wurde durch ein Pferd aus England unbekannter Abkunft ein Kutschpferd erzüchtet, das durch weitere Einfuhr und Verwendung englischer Cleveland- und Yorkshire-Hengste die Zuchtgrundlage verbesserte. Die Verwendung von hannoverschen Pferden führte zur Herausbildung der heutigen Typen. Das Oldenburger-Pferd ist ein großes, schweres Kutschpferd, welches in seinem Eigenschaftsbild bereits die Ausprägung nach dem Kaltblut erkennen läßt.

Zentraleuropäische Zuchten.

a) *Das Jura-Pferd der Schweiz.* Das Zuchtgebiet umfaßt die Kantone Bern, Waadt, Neuenburg und Solothurn. Es wurde auf Grundlage der Bauernpferde dieser Gebiete unter Führung des eidgenössischen Hengstendepots in Avenches züchterisch verbessert. Die Kennzeichnung ist die eines schweren Halbblutes, welches in seinen Merkmalen die Beeinflussung durch das Ardenner-Pferd erkennen läßt. Seine gute Gebrauchsfähigkeit und Ausgeglichenheit festigt seinen Ruf.

b) *Das Nonius-Pferd.*[3,4] Sein Zuchtgebiet liegt in den Nachfolgestaaten der österreichisch-ungarischen Monarchie. Namhafte Bestände weist Ungarn, Rumänien und Jugoslawien auf. Im Gebiet des tschechoslowakischen Staates und der deutschen Ostmark ist durch die Umstellung auf die größere Boden-

---

[1] H. GROSS: Das ostfriesische Pferd. Hannover: Schaper, 1908.

[2] J. SCHÜSSLER: Das Oldenburger Kutschpferd. Hannover: Schaper, 1910.

[3] M. MALLY: Die Bundesgestüte Österreichs. Wien: Agrarverlag, 1929.

[4] G. RIEDEL: Praktische Pferdezucht. Prag: Min. Landwirtsch. Č. S. R., 1938.

ständigkeit in der Pferdezucht der Bestandsumfang im Rückgehen. Seinen Ursprung leitet dieses Halbblut aus dem ungarischen Gestüt Mezöhegyes her, wo ein anglo-normannisches Beutepferd den Zuchtstamm begründete. Dieser wertvolle Hengst Nonius stammte aus Calvados von einer normännischen Stute und dem englischen Halbblüter Orion; in den Freiheitskriegen 1815/16 erbeutet, kam Nonius in das ungarische Gestüt und bildete auf Grundlage der heimischen Stuten des Gebietes die Zuchtgrundlage, welche in stetiger Auslese ausgebaut und durch die Gestütsarbeit der österreichischen Gestüte Radautz und Piber erweitert wurde. Die Aufspaltung in zwei Typen ließ sich auch bei diesem Pferd

Abb. 71. Nonius-Hengst aus Mediasch in Siebenbürgen, Rum. Halbblut-Type Ungarn und Rumänien. (Phot. R. Gf. Fronius.)

nicht vermeiden und man unterschied ein großes und ein kleines Nonius-Pferd, welches in den Formen wesentlich nicht viel verschieden wirkt. Die Mittelformen finden sich in einer guten Ausgeglichenheit in den österreichischen Zuchten, soweit sie sich in der Nachkriegszeit erhalten konnten. Das Nonius-Pferd zeigt im Ausdruck mehr den abendländischen Rassestamm, die Köpfe sind schwer, der Körperrahmen meist kräftig, die Rückenlinie meist sehr gut, die Nachhand sehr entwickelt. Der Gang ist sehr gut und leicht. Es wird als landwirtschaftliches Arbeitspferd in den Verhältnissen der Nachfolgestaaten sehr geschätzt.

c) *Das Gidran-Pferd.* Sein Zuchtgebiet umfaßt heute die Nachfolgestaaten. Seine Zuchtstätten bildeten Babolna, Radautz und Piber. Der Begründer, ein original-arabischer Fuchshengst Gidran, wurde 1816 nach Babolna aus seiner Heimat gebracht. Hier und in Mezöhegyes wurde auf Grundlage eines heimischen Stutenstammes die Zucht aufgebaut, welche in weiterer Arbeit durch die bereits genannten Gestüte erweitert wurde. Später wurden die schwereren Typen mit englischem Vollblut noch beeinflußt. Das Gidran-Pferd zeigt mehr die Kennzeichnung eines arabischen Halbblutes, besonders sind die Köpfe ausdrucksvoller und trocken, die ungarischen Typen leicht und schnittig, als Reitpferd sehr gesucht. Die größeren Typen zeigen mehr Masse im Körper, wirken durch die gute Geschlossenheit des Rumpfes, der geraden Rückenlinie und der gut entwickelten Hinterhand. Als elegantes Kutsch- und schweres Reitpferd sind sie sehr gesucht und ihre Ausdauer wird gerühmt.

d) *Das englische Halbblut-Pferd.*[1] Neben den genannten Halbblütern besteht in den Nachfolgestaaten ein ansehnlicher Bestand, der durch englisches Vollblut zuchtmäßig beeinflußt wurde. Die Zuchten, die nach bestimmten englischen Vollblut-Hengsten die günstigste Entwicklung zeigten, wurden in den bereits genannten Gestüten und auch Kisber und Fogaras weiter ausgebaut. Die bekanntesten Stämme sind Furioso-Northstar und Przedswit. Kennzeichnend kann ersterer als schwereres englisches Halbblut aufgefaßt werden, während letzterer einen leichten, drahtigen Typ vorstellt.

Italienische Zuchten.[2]

a) *Süditalienisches Pferd.* Sein Verbreitungsgebiet umfaßt Sizilien und die süditalienischen Landschaften, mit Ausnahme der Gebiete Neapels und Roms. Es ist ein sehr unausgeglichenes Halbblut-Pferd, von kleinem, unscheinbarem Aussehen. Die früheren heimischen Pferde dieser Gebiete zeigten eine edle Erscheinung nach dem arabisch-berberischen Stamm. Durch sorglose Kreuzung der verschiedensten westeuropäischen Halbblüter dürfte diese große Unausgeglichenheit entstanden sein.

b) *Das Salerner-Pferd.* Sein Verbreitungsgebiet ist das Gebiet Neapels und Roms; sein Zuchtzentrum ist die Provinz Salerno. Unter der Führung des Gestütes Persano wurden orientalische Hengste auf Grundlage heimischer Stuten, die Kennzeichen der andalusischen Pferde trugen, gekreuzt, welche in weiterer Zuchtfolge ein leichtes Halbblutpferd ergaben. Es ist ein leichtes, vorzügliches Pferd, welches für Reit- und Zugdienst geschätzt wird.

c) *Das Maremmen-Pferd.* Sein Verbreitungsgebiet ist hauptsächlich Toskana. Für die Zucht hat das Gestüt San Rossore große Bedeutung. Es ist ein leichtes Halbblut, welches für Kavallerieremonten geschätzt wird. Seine Leistungsfähigkeit und Härte festigte in letzter Zeit immer mehr seinen guten Ruf.

d) *Das Friauler-Pferd.* Sein Zuchtgebiet umfaßt Venezien in Norditalien. Der heimische Pferdebestand dieses Gebietes, welches dem Lipizzaner-Pferd im Aussehen nahestand, wurde mit russischen, amerikanischen und Norfolk-Trabern züchterisch beeinflußt. Es ist ein leichtes Wagenpferd, welches im Typ mehr morgenländische Ausprägung zeigt.

e) *Das ferrarische Pferd.* Sein Verbreitungsgebiet ist die Landschaft Emilia und die Lombardische Tiefebene. Es ist ein gut geformtes Halbblut-Pferd, welches in seinen größeren Typen mehr abendländischen Charakter verrät. Frühreife und gute Eignung für landwirtschaftliche Arbeit wird dem Pferd nachgerühmt.

Französische Zuchten.

a) *Das Anglo-Normänner-Pferd.* Sein Verbreitungsgebiet ist die Normandie und die anschließenden Gebiete bis zur Loire und Seine im Westen. Auf Grundlage des heimischen Normänner-Pferdes wurde unter Verwendung von englischem Halbblut und englischem Vollblut die Zucht aufgebaut. Der Bestandsumfang dieses Pferdes ist sehr ansehnlich und umfaßt etwa 50% der Halbblut-Pferde

---

[1] C. Madroff: Das englische Halblut-Pferd in den Donauländern. Z. Züchtg. Reihe B **38** (1937).

[2] B. Moreschi: Industria Stalloniera. Florenz: G. Barbèra, 1903.

Frankreichs. Es wird ein schwerer Cob-Typ und ein leichter, schnittiger Reitpferdtyp unterschieden.

b) *Das Limousin- und Guyenne-Pferd.* Sein Verbreitungsgebiet umfaßt das Zentrum und die Gebiete des Südwestens in Frankreich. Das heimische Pferd dieser Gebiete wurde mit arabischem und teils englischem Vollblut veredelt. Es zeigt ein Halbblutpferd von sehr guten Formen, in dem sich der orientalische Charakter ausprägt. Die Gebrauchsfähigkeit und Ausdauer, namentlich der Typen aus dem Zentrum Frankreichs, werden sehr gerühmt.

d) *Das Charolais-Pferd.* Sein Verbreitungsgebiet sind die Departements, die sich vom Zentrum Frankreichs nach Nordosten fortsetzen und im Gebiete um Charolle das Zentrum bilden. Das Pferd entstand auf Grundlage der heimischen Pferde des Gebietes unter Verwendung von Normännern. Der Typ ist unausgeglichen; es wird eine kleinere, edlere Type unterschieden. Die größere Type verrät mehr Masse und die Ausbildung ihrer Vorderhand verrät mehr den abendländischen Rassestamm. Letztere Type ist als Zug- und Ackerpferd sehr gesucht.

Englische Zuchten.

a) *Der Hunter.* Dieses Pferd wird für bestimmte Gebrauchszwecke in England sehr gesucht. Es wird auf Grundlage von Landstuten mit Paarung von Vollblut-Hengsten gewonnen. Besonders gebrauchsfähige Hunter ergeben sich aus dem Produkt von Yorkshire-Stuten mit Vollblut-Hengsten und nochmaliger Paarung mit englischen Vollblütern. Seine scharf ausgeprägten Muskeln, seine kräftigen Sprunggelenke und der kurze Rumpf mit guter Rückenlinie sind kennzeichnend. Gefordert wird vom Hunter große Schnelligkeit, sicherer Sprung und Ausdauer unter schwerem Gewicht. Es ist das gesuchteste Reitpferd für Jagdzwecke in England.

b) *Der Hackney.* Seine Verbreitung ist in den Grafschaften Norfolk, Cambridge, Hundingdon, Lincoln und York. Seine Zucht wurde auf Grundlage von Yorkshire-Pferden unter Verwendung der Norfolk-Traber und später mit englischem Vollblut aufgebaut. Es ist ein stark gebautes, kurzbeiniges und ziemlich breites Tier. Der Hackney ist in England ein sehr gesuchtes Wagenpferd, welches besonders im städtischen Dienst gerühmt wird.

c) *Cleveland-Pferd.* Sein Zuchtgebiet ist Cleveland, Yorkshire, zum Teil Durham und Northumberland. Es wird vom sogenannten Chapman-Pferd abgeleitet, welches als Abkömmling eines schweren Ritterpferdes gilt. Die Veredlung mit Vollblut und anderen Halbblut-Pferden führte zu diesem Typ, welcher ein schwereres Wagenpferd vorstellt.

d) *Das Yorkshire-Pferd.* Sein Zuchtgebiet sind die Bezirke Drieffield, Beverley, Holderness und schließlich Howden als Zentrum. Es ist ein starkes, kräftiges Pferd mit schräger Schulter, starken Lenden und mächtiger Hinterhand. Es hat hohe steppende Aktion. Der Yorkshire ist ein schweres Halbblut, welches ziemlich große Ausgeglichenheit zeigt. Als sehr gesuchtes Arbeitspferd wird es gerühmt und sehr stark in die englischen Kolonien ausgeführt.

V. Der Kreis der Ponyrassen.

Die Gruppe der Ponypferde in ihrer rasselichen Zugehörigkeit bleibt sehr umstritten, denn einesteils sind über die Abstammung dieser Gruppe heute nur vereinzelt Unterlagen greifbar, die sich nur unter Widersprüchen in eine natürliche Ordnung einfügen lassen, andernteils sind die Bestände unserer Ponypferde zootechnisch weit weniger untersucht, um in ihrem rasselichen Verhalten eine tragbare Linie zu erkennen. Die Ableitung EWARTS aus einer besonderen

Stammform des *Equus gracilis* ist in seinen Einzelheiten zu dürftig, um als Beweis einer sicheren Abkunft zu gelten. Die Ansicht, daß die Ponypferde aus gewissen Ähnlichkeiten, die sich mit dem mongolischen Wildpferd ergeben, mit dem PRZEWALSKI-Pferd in eine verwandtschaftliche Beziehung zu bringen sind, halte ich zu gewagt. Viel mehr Berechtigung hätte nach dem Ergebnis der Untersuchungen, daß die Ponyarten im Bereiche des Mittelmeergiebetes dem morgenländischen Rassekreis nahestehen. Die Widersprüche aus bestimmten Körperformen der nördlichen Ponyarten Europas, diese Gruppe aus bestimmten Wildformen herzuleiten, bleiben nur auf der Grundlage einer hypothetischen Annahme bestehen. Ebenso gut könnten gewisse Einflüsse aus innersekretorischen Bildungsprozessen die große Unterschiedlichkeit erklären, die wir im Rassebild der Ponys finden und einesteils einem morgenländischen und andernteils einem mehr abendländischen Charakter zuschreiben können. Neben den geringen Wertgrößen in den Körpermaßen finden wir für eine nördliche Gruppe der Ponys, die in der Form des Kopfes mehr an das Warmblut erinnert, während in der Körpergestaltung der Typ des Kaltblutes aufscheint. Für die Mittelmeer- und asiatischen Ponys tritt der Schnitt der Körperformen eines morgenländischen Eigenschaftsbildes deutlicher hervor.

1. Die Schläge der englischen Ponys. Im Bereich von Großbritannien und Irland gibt es einen größeren Bestand an Ponys, die in der rasselichen Trennung und Stellung schwer zu erfassen sind, da vielfach züchterisch fremde Bluteinschläge erfolgten. Ob die Ansicht, daß die Ponys die ältesten Pferderassen dieser Insel überhaupt vorstellen, zu beweisen ist, bleibt nach den vorläufigen Unterlagen noch ungewiß. Ihre Bedeutung für die Bergwerke als Grubenponys und für den Polosport sicherte ihnen auch in züchterischer Hinsicht einige Aufmerksamkeit bis in die neueste Zeit. Man unterscheidet:

a) *Das Dartmoor-Pony.* Sein Zucht- oder Verbreitungsgebiet liegt in der gleichnamigen Landschaft im Herzogtum Cornwall. Es wird behauptet, daß hier Vollbluteinkreuzungen erfolgten und deshalb ein edlerer Typ erhalten wurde. Seine Härte und Genügsamkeit und besonders auch seine widerstandsfähigen Gliedmaßen werden gerühmt. Vorherrschend ist die dunkelbraune und die Rappfarbe.

b) *Das Exmoor-Pony.* Sein Verbreitungsgebiet liegt in der Landschaft Exmoor im südwestlichsten Teil Englands. Diese Ponys sind unausgeglichen; ein Teil ist sehr klein, die Widerristhöhe schwankt zwischen 115 und 135 cm und darüber. Der Rücken ist verhältnismäßig lang, die Kruppe abschüssig. Vorherrschend als Körperfarbe ist das Braun mit einem schwarzen Unterton; bei den größeren Tieren sind Füchse mit Abzeichen häufig.

c) *Das New-Forest-Pony.* Sein Vorkommen ist im Bereich der waldigen New-Forest-Bezirke in der Nähe von London beschränkt. Es ist auch unter dem Namen Wald-Pony bekannt. Die Zucht ist sehr sorglos. Es wird behauptet, daß ein Araber-Hengst und einige Hackneys zur Veredlung verwendet wurden. Die New-Forest-Ponys sind meist rauhhaarige, unscheinbare, kleine Pferde, die sich in harten Umweltsverhältnissen bewähren.

d) *Die Ponys von Wales oder Welsh-Pony.* Ihr Vorkommen liegt im Gebiet des wallisischen Hügellandes und die ursprünglichen Gebirgsponys sollen sehr klein und unscheinbar gewesen sein. Nach meinen Wahrnehmungen besteht eine gewisse Ähnlichkeit dieser vereinzelten Gebirgsponys mit den Bauernkleppern der Bretagne. Das heutige Welsh-Pony wurde mit Vollblut und Araber durchkreuzt, so daß es stattlicher wirkt. Seine Erscheinung wirkt ausgeglichen, die Widerristhöhe erreicht 1,32—1,40 cm; die bekanntesten Zuchten befinden sich in der Umgegend von Wynstay.

e) *Die irischen Ponys.* Das Verbreitungsgebiet soll sich im Bereich der Südwestküste in der Provinz Connaught und im Bergland von Nord-Antrim befinden. Es ist eine Reihe von Bezeichnungen für die Irland-Ponys, wie Connemara-Pony, Cushendall-Pony usw., in Gebrauch. Vielfach erinnern gewisse Bestände an das Welsh-Pony. Es handelt sich hier meist um genügsame und harte Tiere.

f) *Das Schottland- oder Highland-Pony.* Sein Verbreitungsgebiet ist Schottland; in Südschottland und der Landschaft Clyde soll es am zahlreichsten vertreten sein. Sie sind größer als die übrigen Schläge; die Widerristhöhe bewegt sich um 130—145 cm. Für Gebirgsgegenden sind sie ausgezeichnet. Ihre Tragleistung und ihr ruhiges Verhalten im Großstadtverkehr werden gerühmt.

Abb. 72. Inselpony von Castelmuccio auf Insel Veglia (Insel Krk). (Phot. Adametz-Mayreder.)

g) *Das Shetland-Pony.*[1] Sein Heimatgebiet sind die Shetlandinseln. Von der nördlichsten dieser Inseln „Unst" sollen die besten Zuchten stammen. Das Shetland-Pony ist sehr klein, genügsam und ist ungemein ausdauernd. Seine Kopfform und seine Körperverhältnisse sind eigenartig. Vielfach zeigt der Körper Anklänge an Kaltblut und in einem Bericht über amerikanische Pferdezucht[2] ist ein Bild abgedruckt, welches bei einer Gegenüberstellung von Percheron- und Shetland-Ponys die Ähnlichkeit in einem auffälligen Maße zeigt.

2. Die nordischen Ponys. Diese Ponyarten nehmen eine Sonderstellung ein. Die Anklänge an das Kaltblut sind so hervortretend, daß man diese Pferdeform von gewisser Seite als Ausgangsrasse für die Abendländer ansehen will.

a) *Das Island-Pony.* Sein Heimatgebiet ist Island; man hatte sie viel nach Schottland und England ausgeführt, wo sie in Bergwerken lebenslang den Dienst versehen. Seine Dauerhaftigkeit, Genügsamkeit und Härte werden betont. Dieses Pferd zeigt gröberen Kopf, runde Körperformen, ist aber sehr klein. Widerristhöhe 1,15—1,20 cm.

---

[1] Ch. and A. Douglas: The Shetland Pony. Edinburgh u. London: Will. Blackwood and Sons, 1913.

[2] Landstallm. Grabensee: Zur amerikanischen Pferdezucht. Berlin: P. Parey, 1906.

b) *Das Oland- und Gotland-Pony.* In Schweden war eine Pferdeart, welche sich von dem norwegischen Fjord-Pferd herleitet, früher mehr verbreitet. Man nannte dieses Pferd Doppelpony. Die kleinsten Typen dieses Pferdes werden als Pony gewertet, die heute nur mehr auf der schwedischen Insel Gotland vorkommen. Es lebt fast halbwild, hat große Ähnlichkeit mit den norwegischen Fjord-Pferden, die an anderer Stelle beschrieben sind.

3. Das Mittelmeer-Pony. Sie haben gegenüber den beiden ersten Gruppen ein etwas unterschiedliches Eigenschaftsbild und zeigen durchwegs eine morgenländische Ausprägung, die durch eine zootechnische Untersuchung nach dem Gesichtspunkt der Rasse erhärtet wurde.

a) *Das Veglia-Pony.*[1] Sein Heimatgebiet sind dalmatische Inseln, vor allem Veglia und Krk.

b) *Das korsikanische und sardinische Pony.* Beheimatet auf den beiden Inseln. Es ist ähnlich dem Veglia-Pony nach seinem Erscheinungsbild, so daß behauptet wird, es seien nahe rasseliche Beziehungen vorhanden.

4. Die Ponys Afrikas und Asiens. In beiden Kontinenten gibt es in bestimmten Gebieten eine Reihe von Ponyarten, die im Eigenschaftsbild mehr eine morgenländische Kennzeichnung verraten. Ihre Unterschiede zueinander sind aber bisher nicht im Wesen einer rasselichen Wertung bearbeitet. In Afrika seien vor allem das Togo- und weiter das Basuto-Pony erwähnt. In Asien sind die Bestände von indischen Ponyarten und auch der südostasiatischen Gebiete erwähnenswert.

Vierter Abschnitt.

Das Hausschwein und seine Zuchtentwicklung.

I. Die Abstammungsfragen und Zuchtentwicklung.

Bei keinem anderen Haustier stützt sich die Abstammung in dem Maße auf die noch lebenden Wildformen wie beim Hausschwein. Wohl werden nach dieser Richtung verschiedentlich Zweifel laut, doch stützen sich diese meist auf unzureichende Beobachtungen gewisser Veränderungen mehr oder weniger gezähmter Ferkel unserer heimischen Wildschweine, die sich im bisherigen Umfange ihrer Durchführungen nicht mit der Überzeugungskraft osteologischer Untersuchungen[2] vergleichen können. Das Hausbarmachen der Schweine ist heute in seinem näheren Entwicklungsgang noch viel zu wenig bekannt und der Widerstreit der verschiedenen Ansichten ergibt noch keine Richtlinie, von welcher Seite eine Klärung auf Grundlage eines Beweismaterials oder serienmäßig durchgeführter Untersuchungen die Klärung erwartet werden kann. In zuchttechnischer Hinsicht liegen beim Hausschwein dagegen viele Einzelheiten günstiger als bei allen anderen Haustieren, da einerseits eine kürzere Generationsdauer und seine Entwicklungsdauer besonders bei Rassen mit großer Frühreife sowie anderseits die Vielzahl der Nachkommenschaft einzelner Tiere die Voraussetzungen für Zuchtversuche verhältnismäßig günstig gestalten können. Schließlich ist die züchterische Herausbildung nach rasselicher Wertung bei keinem Tier bisher so erfolgreich verlaufen, wenn wir das Entstehen der englischen Hochzuchten ins Auge fassen. Wir sehen hier auch, daß neben den Entwicklungs-

---

[1] A. OGRIZEK: Studie über die Abstammung des Insel-Veglia- (Krk-) Ponys. Arb. Lehrk. Tierz. H. f. B. Wien **2** (1922).

[2] H. NATHUSIUS: Vorstudien für Geschichte und Zucht der Haustiere zunächst am Schweineschädel. Berlin: Wiegandt u. Hempel, 1864.

vorgängen der Zuchten die hemmenden Erscheinungen für den Bestand ganzer Rassen[1] viel mehr Beachtung erfordern und die Auslesewirkung sich doch auch in der Haustierzucht der menschlichen Einflußnahme bis zu einem gewissen Grade entziehen kann, wenn wir im Streben nach einseitigen Leistungswerten die Widerstandsfähigkeit nach der Lebenskraft im harmonischen Funktionieren nicht in gebührender Weise berücksichtigen.

Über die Herkunft der Schweine aus ihren Stammformen sehen wir heute in dem ungeheuren Bereich seines Verbreitungsgebietes zwei Zentren, deren Zeitfolgen nicht näher bestimmt werden können, da sie sehr weit zurück in die Geschichte der Menschheitsentwicklung reichen. Das ostasiatische Zentrum der Schweinezucht leitet seinen Ursprung aus dem Westen, also aus dem Inneren

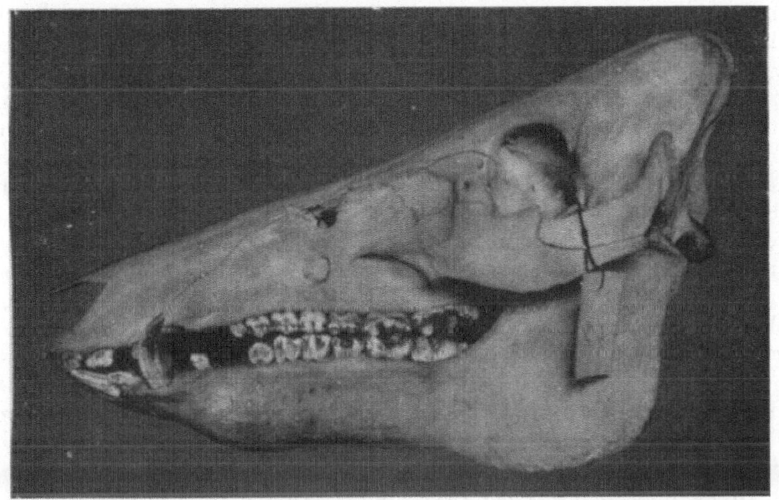

Abb. 73. Schädelbild der Landrassen europäischer Abkunft Sus scrofa ferus, Nordungarn. Naturhistorisches Museum, Wien. (Phot. Prof. A. Staffe.)

des Kontinents her, während das europäische Gebiet einen Mittelpunkt im Norden und einen im Süden im Bereich der Mittelmeerländer aufweist, aus denen wir verschiedene Anhaltspunkte für die Zuchtentwicklung unserer europäischen Schweinerassen ableiten können. Von den Wildschweinen, welche heute als Stammformen unserer Hausschweine gelten, möchte ich folgende in einem kurzen Überblick anführen.

Das europäische Wildschwein (Sus scrofa ferus). Sein Vorkommen ist in Nord- und Mitteleuropa allgemein dort, wo seine Lebensbedingungen im Umweltkreis der Wälder und freien Wildbahnen ungestört mit seinen Bedürfnissen in Übereinstimmung gebracht werden können. In dicht besiedelten Gebieten sind seine Bestände sehr im Zurückgehen und kann in bescheidenem Ausmaße nur in geschlossenen Wild- oder Jagdgärten sich erhalten. Seine Lebensgewohnheiten und sein Lebensbild sind in größerem Umfange durch die Jagdliteratur[2] bekannt geworden und ist für die Vergleiche und Vertiefung der Kenntnis so mancher Rasseform unserer Hausschweine recht anregend. Die Form des Schädels ist gestreckt, lang und schmal, die obere Profillinie gerade. Die Form

---

[1] N. Ritzoffy: Die Rolle der Inzucht in der Turopoljer Schweinerasse. Z. Züchtg. Reihe B **27** (1933).

[2] K. Snethlage: Das Schwarzwild. Berlin: P. Parey, 1932.

und Lage des Tränenbeins wird als Leitmerkmal der rasselichen Einordnung für die Abkömmlinge der europäischen Landschweine angesehen. Der Körperbau ist kräftig, stämmig, mit verhältnismäßig hohen und starken Gliedmaßen. Der Widerrist ist sehr entwickelt und liegt höher als die Kreuzgegend, wodurch seine abschüssige Rückenlinie bedingt wird und als Kennzeichen anzusehen ist. Die Vorderhand ist breit, stark, gegenüber der Hinterhand sehr entwickelt. Der Rumpfvorderteil erscheint massiger, der Rücken ist scharf, die Rippen sind flach. Die Karpfenrückigkeit des Schweines wird besonders vermerkt, denn in ihrem hartnäckigen Durchdringen bei manchen Kulturformen der Hausschweine gilt sie den Züchtern als höchst unerwünscht. Die Farbe ist je nach der Jahreszeit verschieden, das Haarkleid weist dunkelbraune, mit graumelierten Spitzen versehene Borsten auf oder ist auch ganz schwarz. Das europäische Wildschwein ist spätreif, seine Fruchtbarkeit im Vergleich der anderen Arten nicht sonderlich groß. Die Wurfgröße schwankt zwischen vier und acht Frischlingen.

Die asiatischen Wildschweine des nördlichen Gebietes *(Sus scrofa leucomystax)*. Es bestehen von dieser deutlich unterschiedlichen Art des Wildschweines mehrere Formen im Verbreitungsgebiet von Mittelasien und den ostnördlichen Gebieten dieses Kontinents. Vielfach werden sie in verwandtschaftliche Beziehung mit der folgenden Gruppe gebracht, doch bleibt diese Annahme mangels beweiskräftiger größerer Untersuchungen bisher umstritten, da manches sich in den Kreis der daraus abgeleiteten Kulturformen nach den züchtungsbiologischen Erkenntnissen nicht restlos einfügen will. Nach NEHRING soll das chinesische Wildschwein *(Sus leucomystax continentalis)* die Stammform des chinesischen Hausschweines vorstellen. Es ist groß, starkknochig und wird auch Weißbrustschwein genannt. Das japanische Wildschwein *(Sus leucomystax Temm)*[1] ist wesentlich kleiner und man will eine Inselform des vorigen darin sehen. Anschließend nach Westen ist noch eine südsibirische Wildschweinart *(Sus leucomystax sibiricus)*[2] festgestellt worden.

Das Bindenschwein (Sus vittatus). Sein Name wird von einem bandartigen Streifen, unterschiedlich gefärbt, der von der Wangengegend zur Schnauze verläuft, abgeleitet. Sein Verbreitungsgebiet umfaßt Mittel- und Südostasien. In diesem riesigen Gebiet seines Vorkommens wird eine Reihe von Lokalformen unterschieden, die sich durch verschiedene Kreuzungen und Übergangstypen noch erweitern sollen. Es werden hier eingereiht das vorderindische Wildschwein *(Sus cristatus)*, das mittelchinesische Wildschwein *(Sus monpiensis)*, ferner das Papua-Schwein und Zwergwildschwein vom Südabhang des Himalaya *(Porkula salviana)*. Im Vergleich zum europäischen Wildschwein und seiner Abkömmlinge sind die Unterschiede in der Formausbildung des Körpers, des Schädels und seinem lebenskundlichen Verhalten recht groß zu nennen; durch eine Reihe wertvoller Nutzungseigenschaften hat es die Aufmerksamkeit fast aller Züchter für die Verbesserung der Kulturformen erregt. Der Schädel hat mehr einen kurzen Schnauzenteil; er ist in seiner Gesamterscheinung kürzer und breiter. Das Hinterhauptbein ist steil und nach oben gerichtet; der Gaumen und Rüssel sind kurz, die Stirne hoch. Die Formenausbildung des Tränenbeines steht im deutlichen Gegensatz zu dem des europäischen Schwein; es ist viel kleiner in der Ausbildung und fast quadratisch, während es beim letzteren eine rechteckige, mehr

---

[1] H. NEHRING: Über das japanische Wildschwein (Sus leucomystax Temm). Zool. Garten **26** (1885).

[2] A. STAFFE: Über Schädel und das Haarkleid von Sus leucomystax sibiricus, einer neuen südsibirischen Wildschweinform. Arb. Lehrk. Tierz. H. f. B. Wien **2** (1922).

langgezogene Form aufweist. Die Profillinie ist im Gesichtsteil meist eingeknickt; die Ohren aufrecht oder hängend. Der Körperbau läßt besonders im Rumpf die breiten Formen mit stark gewölbten Rippen erkennen. Die Rückenlinie zeigt sich in der Mitte eingesenkt, Widerrist und Hinterhand ist auf gleicher Höhe, letztere ist gleich stark, meist aber besser ausgebildet, im Verhältnis zur Vorhand. Die Gliedmaßen sind kurz, die Brusttiefe verhältnismäßig groß. Die Farbe ist meist von schwärzlicher Schattierung, an Bauch, Füßen und Kehle meist weiß. Die Borstenbildung ist spärlich. Das Bindenschwein und seine Abkömmlinge haben ausgesprochene Anlagen zur Frühreife; seine Fruchtbarkeit übertrifft gewöhnlich die der europäischen Wildschweinformen.

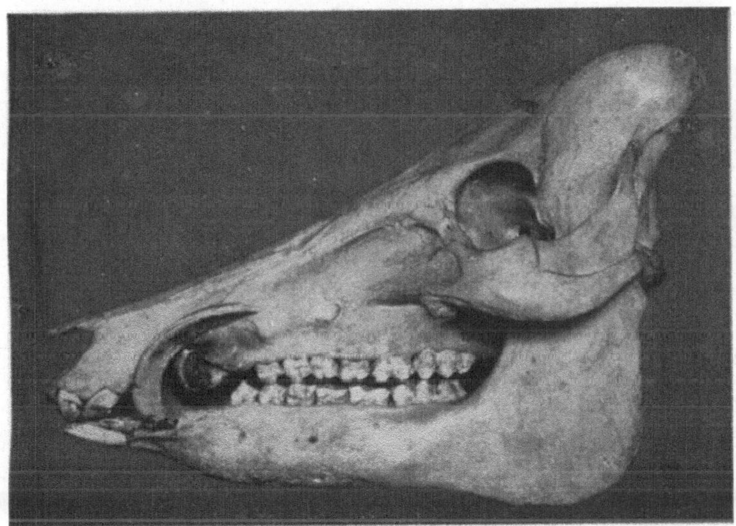

Abb. 74. Schädelbild der Stammrassen aus dem asiatischen Schwein. Sus vittatus von der Navarraexpedition. Naturhistorisches Museum, Wien. (Phot. Prof. A. Staffe)

Das Mittelmeerschwein (Sus mediteraneus). Die Herleitung dieser Schweineart aus einer Wildform begegnet neuerdings immer mehr Zweifel. Die Eigenart einer fest verankerten Mittelstellung zwischen dem Eigenschaftsbild der europäischen Schweine und der asiatischen Gruppe hat nach den Leitmerkmalen manches für sich, wenn besonders der Nachweis gelänge, daß die ähnlichen Wildschweinformen sich aus einer Verwilderung bereits hausbargemachter Rassen zurückführen ließen. Das Leitmerkmal des Tränenbeines weist eine deutliche Mittelstellung auf. Bei Berücksichtigung einer ansehnlichen Schwankungsbreite kann die Körperform und der Körperbau in der Ausprägung mittlerer Größenwerte gefunden werden. Mit Ausnahme der viel geringeren Fruchtbarkeit lassen die Leistungsanlagen mehr das Vorwiegen einer asiatischen Stammform hervortreten. In seinem bereits sehr früh in der europäischen Menschheitsgeschichte nachweisbaren Vorkommen hat diese Art für Südosteuropa und den Bereich der Mittelmeerländer eine sehr große Bedeutung für die Zuchtentwicklung der in diesem Gebiet heimischen Schweinerassen erlangt, für die es als Vorläufer oder vermutete Stammform eine große Bedeutung erhält.

Die Zuchtentwicklung der Hausschweine liegt, wenigstens für den Zeitpunkt ihres Beginnes, heute noch sehr im Dunkeln. Selbst über das Hausbarwerden liegen nur wenig greifbare Unterlagen vor. Für Europa werden zwei Ursprungszentren der Zucht der Hausschweine umrissen, wovon das eine im Norden, zumindest aus dem Ostseegebiet, den Bereich auch von Mittel- und Osteuropa in sich schließt. In seiner Entwicklung zeichnet sich hier der Weg auf Grund vorgeschichtlicher Unterlagen für das Entstehen ursprünglicher Landrassen auf der Züchtung von Abkömmlingen des europäischen Wildschweines. Das zweite Zentrum weist vorläufig in ein nicht näher bestimmbares Gebiet des Mittelmeeres. Gewisse Funde und Leitmerkmale an einigen primitiven Rassen bestimmen vorläufig Teile des Alpenraumes als nachweisbares, sehr frühes Ausgangszentrum für die Schweinezucht, soweit das Rassebild im Süden Europas heimischer Landrassen mit einer Reihe von Merkmalen des Mittelmeertyps eine gewisse Übereinstimmung zeigt, wobei die Streitfrage einer Stammform aus einem wilden oder bereits hausbaren Tier vorläufig als ungeklärt offenbleiben kann. Nach dieser

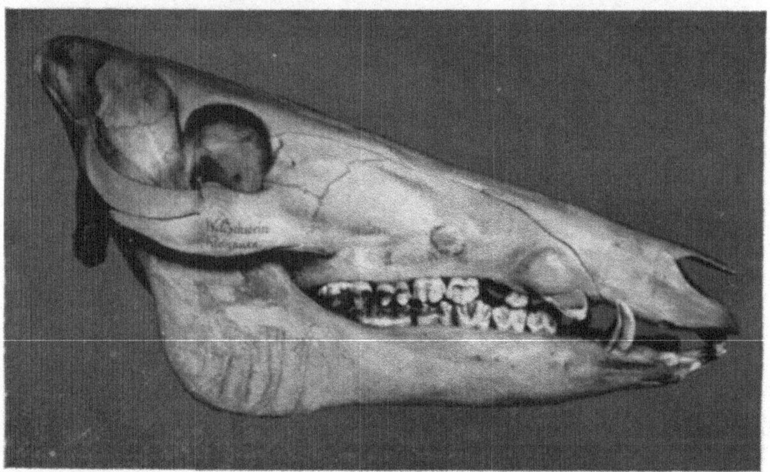

Abb. 75. Schädelbild der Landrassen der Abkunft aus dem Mittelmeer-Kreis. Sus mediterraneus, Kleinasien. Naturhistorisches Museum, Wien. (Phot. Prof. A. Staffe.)

Richtung geben indes einen wertvollen Beitrag die Untersuchungen[1] über das Torfschwein, dessen Wesen sich in den Resten der früheren Bündner und Gurktaler Schweinebestände durch eine Zufallsfügung in einer geringeren Abänderung sich erhalten konnte. Die in der geschichtlichen Zeit faßbaren Daten über die Zuchtentwicklung der Schweinerassen sind, mit Ausnahme der neuesten Zeit, sehr wenig ermutigend, um sichere Unterlagen für einen Überblick erhalten zu können. Im vorderasiatischen Kulturkreis sind die Mitteilungen über das Hausschwein sehr selten, dagegen sprechen einige Abbildungen aus dem frühen ägyptischen Kulturkreis schon für die Nutzung und Zucht des Schweines, über dessen Herkunft und rasseliche Einordnung wir vorläufig auf Vermutungen gestellt bleiben. In der Folge des antiken Kulturkreises in Griechenland und Italien nimmt die Schweinezucht bei weitem eine bevorzugtere Stellung ein und dürfte nach den bisher bekannten Unterlagen zum Schlusse berechtigen, daß das Bestandesbild den alten neapolitanischen und spanischen Primitivrassen zumindest nahestand, wenn sie nicht überhaupt eine direkt verwandtschaftliche Linie nach Abkunft in der Zuchtentwicklung unter Beweis stellen kann. Im Bereich von Nord-, West- und Mitteleuropa stand nach den Nachrichten dieser

---

[1] S. Ulmansky: Untersuchungen über das Wild- und Hausschwein des Pfahlbaues im Laibacher Moor. Arb. Landwirtsch. Lehrk. H. f. B. Wien. 1913.

Zeitspanne die Zucht des Schweines in sehr hoher Blüte, besonders wenn die Leistungsergebnisse auf Grund der damaligen Umweltgestaltung als solche in eine Beziehung gesetzt werden können. Hier hatte das Zuchtgeschick der Bevölkerung sicher auch einen starken Anteil an dem Gang einer Zuchtentwicklung, die in stetiger Linie zu den heutigen Zuchtrassen weist und die Auslesewirkung und Zuchtführung so unter seinen Einfluß stellte, daß ein Hochstand der Zucht in der Gegenwart erreicht werden konnte.

II. Die Landrassen des Schweines.

Die unter dieser Gruppe angeführten Schweinerassen sind nach ihrer Abkunft und vor allem nach ihrer Herleitung aus einer bestimmten Stammform nicht einheitlich. Vielfach sind die meisten dieser Rassen nach ihrer Abkunft überhaupt

Abb. 76. Landschwein aus den Gebirgen Siebenbürgens. Wahrscheinlich eine Kreuzung von Landschwein und einer Zuchtrasse, im Äußern vielfach an die Formen der Landrassen erinnernd. (R. Gf. Fronius.)

nicht untersucht. Meist handelt es sich bei diesen Rassen um Bestände, die in ihrem Zucht- und Verbreitungsgebiet seit urdenklichen Zeiten als heimisch gelten oder gewesen sind. Nach dem Bestandsumfang zeigt sich fast bei jeder einzelnen dieser Rassen ein ständiges Zurückgehen, sodaß bei einigen ihrer Vertreter über das ursprüngliche Aussehen vielfach nur nach mendelistischen Aufspaltungen ein Bild über das frühere rasseliche Aussehen gewonnen werden kann. Indes sind diese Landrassen für die Landeszuchten nicht so ganz bedeutungslos, denn sie lassen alle eine große Widerstandskraft gegen gesundheitliche, vor allem aber gegen Kulturschäden erkennen, ferner sind ihre Leistungswerte in allen jenen Fällen ganz ansehnlich, wo es sich darum handelt, aus bodenständigen Futtergrundlagen im Durchschnitt befriedigende Leistungsgrößen zu erzielen. Für viele Gebiete Südosteuropas sind sie deshalb von unschätzbarer Bedeutung und auch für die zentraleuropäischen Gebiete konnten sich Bestandesreste überall dort noch bis in die heutige Zeit halten, wo aus gewissen Umweltfaktoren eine Verstärkung des Feldbaues nur innerhalb gewisser Grenzen möglich blieb. Die vorhandenen Restbestände werden immer mehr von den veredelten Landschwein-Rassen aufgezogen. Der Großteil dieser Landschwein-Rassen ist zootechnisch nur vereinzelt bearbeitet, sodaß die Einordnung auf Grund gewisser Leitmerkmale aus der Haustiergeschichte nur als wahrscheinlich gelten kann.

Europäus-Abkömmlinge.

1. Das Normandie-Schwein. Sein Verbreitungsgebiet umfaßte den ganzen Norden Frankreichs im Gebiete der Normandie. In einzelnen, von der Kanalküste abgelegenen Bezirken kann es vorkommen, daß man einzelne Schweineformen antrifft, die ein Bild von seinem ursprünglichen Aussehen vermitteln können. Im allgemeinen sind die im Bereich des Normandie-Schweines vorhandenen Bestände durch englische Rassen verkreuzt und zum großen Teil auch aufgesogen. In seinem Aussehen erinnern die wenigen Reste des Normandie-Schweines an Abkömmlinge des Wildschweines, denen es in seinem Körperbau und Leistungsergebnissen auch entspricht.

2. Das alte englische Landschwein. Früher soll es weit über die Gebiete der englischen Landschaften verbreitet gewesen sein. Heute ist es kaum noch anzutreffen. Nach den uns überlieferten Abbildungen entsprach es vollkommen dem Landschwein-Typus nach dem europäischen Wildschwein. Es wies lange, schmale Formen bei hoher Gestellhöhe auf. Karpfenrückigkeit, langer, schmaler Schädel und ein üppiges Haarkleid treten nach den Bildern von Low[1] besonders hervor.

3. Das bayrische Landschwein. Seine Zuchtheimat und Verbreitungsgebiet umfaßte Bayern und die angrenzenden Gebiete. Es ist ein großes, derbes Landschwein mit langem, schmalem Schädel, dessen obere Profillinie oft eine leichte Einsattelung zeigte. Seine Ohren sind groß, mit ausgesprochener Neigung zu Schlappohren. Seine Widerristhöhe erreicht etwa 70—80 cm, zeigt Karpfenrücken. Seine Grundfarbe ist weiß mit hellroten oder roten, zuweilen auch schwarzbuntem Pigment in gleicher Verteilung auf Vorder- und Hinterhand. In ungünstigen, bzw. den nicht üppigen Ernährungsverhältnissen des nördlichen Alpenvorlandes sind seine Leistungswerte noch entsprechend, namentlich für die Herstellung von Dauerwaren erweisen gewisse Fleischpartien sich als sehr geeignet.

4. Das fränkische und das Glan-Schwein. Das Verbreitungsgebiet umfaßte seinerzeit die nach Norden und Nordwesten anschließenden Landschaften des Zuchtgebietes vom bayrischen Landschwein. Im allgemeinen wurden auch beide Landschwein-Rassen als Lokalform des letzteren betrachtet. In der Körpergröße waren beide etwas kleiner, fielen gegenüber den bayrischen Landschweinen durch die Kennzeichnung von runden Körperformen und verhältnismäßig größeren Maßwerten der Körperbreiten auf.

5. Das hannover-braunschweigische Landschwein (Hildesheimer-Braunschweiger Landschwein). Sein Verbreitungsgebiet in Hannover und Braunschweig erhielt sich in einigen Restbeständen sogar bis zur heutigen Zeit. Sein Kopf ist lang und schmal, kräftig, mit stark entwickeltem Gesichtsteil. Die Profillinie ist gerade, der Rüssel lang und spitz. Der Rumpf ist mittellang, schmal und hochgestellt. Der schmale, verhältnismäßig scharfe Karpfenrücken ist abfallend. Die Widerristhöhe erreicht hier hohe Werte, sie beträgt etwa 80—90 cm. Die Entwicklung der Brusttiefe ist mittelmäßig, manchmal sogar gering. Die Schinken sind flach und lang, die Behaarung derb und dicht. Die Vorder- und Hinterhand sind schwarz gefärbt, das Weiß der Körperfarbe ist in einer Art der Gürtelzeichnung häufig. Diese Rasse hat Stehohren und zeigt den Geschlechtscharakter sehr stark ausgeprägt. Durch seine Widerstandsfähigkeit wird es als Weideschwein sehr gerühmt. Es ist spätreif und seine Fleischprodukte werden für die Herstellung von Dauerwaren sehr gesucht.

---

[1] D. Low: Illustrations of the Breeds of the Domesticated Animales of the British Isles. London: Longman, Orme, Brown, Green, and Longmans, 1840.

6. Das jütische und das skandinavische Landschwein. Im Gebiete Dänemarks soll früher ein Landschwein in großen Beständen vorhanden gewesen sein, welchem große Ähnlichkeit mit dem alten, englischen Landschwein nachgesagt wird. Heute sind in diesem Gebiete durchwegs die Hochzuchtrassen der Schweine verbreitet. In Schweden soll nach allgemeinen Nachrichten eine sehr alte, einheimische Schweinerasse vorkommen oder kürzlich noch vorgekommen sein. Es war unter dem Namen der Waldschwein-Rasse bekannt. Im Aussehen, nach einer älteren Abbildung von NOHRING, zeigen sich starke Anklänge nach einer kleineren Type des alten englischen Landschweines; vielfach erinnern einige Merkmale an die primitiven Typen des hannover-braunschweigischen Landschweines.

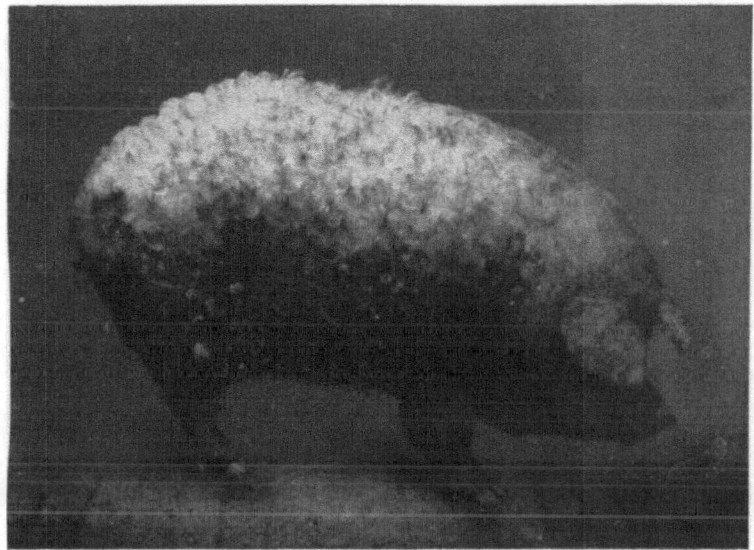

Abb. 77. Mangalitza-Schwein im Zustande der Vollmast. (Phot. Prof. Ulmansky.)

7. Die Landschweine der Sudeten- und Karpatenländer. In diesem großen Verbreitungsgebiet von Westen nach Osten bis in viele Gebiete des heutigen Staatsgebietes von Polen kommen zwei scharf getrennte Landschweinformen vor. Im Westen eine große, sehr robuste Type, die vielfach an das bayrische Landschwein erinnert und heute als ausgestorben gelten kann. In den östlichen Gebieten ist heute noch häufiger ein kleines, meist schwarzes Landschwein verbreitet. Seine schmalen, verhältnismäßig hohen Formen erinnern an eine Art Wildschwein. Durch die wenig ansprechenden Formen dürfte es sich nur durch seine Widerstandsfähigkeit und Härte in einigen dieser unwirtlichen Gebiete, meist der Waldkarpaten erhalten haben.

Mittelmeertyp-Abkömmlinge.

8. Das Mangalitza-Schwein. Sein früheres Verbreitungsgebiet war viel weiträumiger, heute ist es auf gewisse Gebiete der Donau- und Theißniederungen beschränkt. In Bezirken des Staatsgebietes von Jugoslawien, Rumänien und Ungarn kommt dieser Rasse überall dort noch eine Bedeutung zu, wo Mästung mit Mais eine ausschlaggebende Rolle spielt. Es ist von niederem, verhältnismäßig kurzem Körperbau. Rumpftiefe und Breitenmaße des Körpers sind sehr ansehnlich; im ausgemästeten Zustand fällt es durch seine runden Körperformen auf. Die Kopfform ist kurz und spitz. Das Mangalitza-Schwein ist kraushaarig; die Körperfarbe über den Rücken und Flanken ist grau bis schwarz, am Bauch meist gelb. Es ist genügend frühreif, dabei sehr widerstandsfähig und abgehärtet. Die Fruchtbarkeit bleibt zurück, wenn man den Vergleich mit den Kulturrassen stellt. Es ist ein ideales Weideschwein für die Gebiete seiner Heimat und in der Maisverwertung unübertroffen.

9. **Das Bakonyer-Schwein.** Sein Heimatgebiet war das Gebiet in Ungarn im Bereich des Plattensees. Es gilt heute als ausgestorben; die Bestände zeigten Ähnlichkeit mit dem vorigen Landschwein, waren ihm an Größenverhältnissen, Härte und Widerstandskraft überlegen.

10. **Das serbisch-syrmische Schwein** (Schumadja-Schwein). Sein Zuchtgebiet umfaßte die Gebiete von Serbien im Einzugsbereich der Donau und Save. Sein Bestandsumfang ist im Rückgehen. Es zeigte in einigen Merkmalen Anklänge an das Mangalitza-Schwein und fällt im allgemeinen durch die etwas größere Rumpflänge auf. Seine Farbe ist grau, sein Leistungswert nur aus den harten Umweltverhältnissen des Balkans anzuerkennen.

11. **Das Turopoljer-Schwein.** Seine Zuchtheimat ist die gleichnamige Landschaft in Kroatien. Der Kopf dieses Schweines hat einen mittellangen Gesichtsteil, die Profillinie ist etwas eingesenkt. Der Rumpfbau zeigt eine verhältnismäßige Länge und hohe Befestigung; die Tiere wirken dadurch langbeinig. Man unterscheidet eine kraushaarige und eine glatthaarige Abart. Für die Verhältnisse seines Heimatgebietes ist diese Rasse außerordentlich wertvoll und sein Leistungswert unter Bedachtnahme dieses Umstandes bisher unübertroffen.

12. **Das neapolitanische Schwein.** Seine engere Zuchtheimat dürfte das Gebiet um Neapel gewesen sein; sein Verbreitungsgebiet umfaßte sicher auch entlegenere Länder im Bereich des Mittelmeeres, wofür die wiederholt ausgegebene Abkunft aus Spanien einen Hinweis dafür erbringen würde. Nach den Abbildungen handelt es sich um ein mittelgroßes, ebenmäßiges Schwein von schwarzer Farbe. Nach seinem Rumpfbau und seinen vollen Formen muß seine Masteignung für eine Landrasse außerordentliche Leistungswerte ergeben haben.

13. **Das spanisch-portugiesische Landschwein.** Sein Zuchtgebiet umfaßte Andalusien und Gebiete Portugals. Im Äußeren zeigte es große Ähnlichkeiten mit dem neapolitanischen Schwein, nur wirkt es als eine primitivere Zucht. Die Bestände des spanisch-portugiesischen als auch die des neapolitanischen Schweines dürften in der ursprünglichen Verfassung kaum sich erhalten haben, dennoch bleiben sie und sind sie zum Verständnis des Zuchtaufbaues gewisser englischer Schweinerassen sehr bedeutsam.

14. **Das Craonnais-Schwein.** Sein Zuchtgebiet bildete der Südwesten Frankreichs, namentlich die Gegend um Bayonne war als Zentrum bekannt. Es war ein mittelgroßes Schwein im Aussehen einer Landrasse, verhältnismäßig frühreif und durch die Güte seiner Schinken sehr berühmt. Durch die Bevorzugung englischer Rassen ist heute sein Bestand in Frage gestellt.

15. **Das Limousin-Perigord-Schwein.** Sein Zuchtgebiet umfaßte das Zentrum Frankreichs und Gebiete Guyennes. Bei bäuerlichen Züchtern finden sich vereinzelt Restbestände, die als weidefähige und widerstandskräftige Zuchten gelten. Im Äußeren zeigt dieses Landschwein Anklänge an das hannoversche Landschwein, es bleibt aber etwas kürzer im Schädelbau und tiefer im Rumpf gestellt. Die Fleischgüte dieser Rasse wird allgemein gerühmt.

III. Die veredelten Landschwein-Rassen.

Nur ganz vereinzelt rechtfertigen einige Vertreter dieser Gruppe eine rasseliche Wertung, wenn man die Festigung ihres Erbgutes nach der äußeren Erscheinung und den Leistungsmerkmalen ins Auge faßt. Nach Abkunft können sie nur auf Grund einer Zuchtentwicklung dem Verständnis eines rassemäßigen Bestandes nähergebracht werden. Sie entstanden durch züchterische Fortbildung aus den Landschwein-Rassen, die meist aus Anlaß einer Kreuzung die Anregung zur verstärkten Auslese gaben. Nicht überall führte diese Entwicklung auch zum Erfolg; eine Reihe heute bereits verschwundener, ehemals bekannter Rassebestände zeigte, daß viele veredelte Landschwein-Bestände eigentlich nur Zwischenstufen auf dem Wege der Herausbildung der Zuchtrassen vorstellten. Dieser Vorgang ist übrigens heute noch beim veredelten deutschen Landschwein in einigen alpinen Gebieten zu beobachten, wo durch fortgesetzte Blutzufuhr des deutschen Edelschweines die ursprünglichen Bestände im Merkmals- und Leistungsbild sich der Zuchtrasse angleichen, daß sie beim besten Willen kaum der Kenner unterscheiden kann, wenn die Beurteilung für praktische Zuchtarbeit in Frage steht.

1. **Das veredelte englische, weiße Landschwein.** Sein Zuchtgebiet umfaßte eine Reihe mittelenglischer Grafschaften. Bestände dieser Zuchten bestehen heute kaum mehr, doch waren sie um die Mitte des vorigen Jahrhunderts sehr zahlreich, obwohl ihre rasseliche Wertung mit Hinblick auf die mangelnde erbliche Festigkeit ihres Eigenschaftsbildes mehr als zweifelhaft beurteilt werden müßte. Die Zuchtgeschichte lehrt heute, daß sie eine Zwischenstufe in der Zuchtentwicklung einer der englischen Zuchtrassen vorstellten. Auf Grundlage des alten, großen, schlappohrigen Landschweines entstand unter Verwendung von kleinen Yorkshires eine Reihe unausgeglichener Zuchten, die unter den Namen große Yorkshire, Leicester, Suffolks, Lincoln, Lancashire usw. bekannt waren. Ihre ständigen Aufspaltungen regten zu weiteren Veredlungen an, aus denen die Auslesearbeit einiger Züchter (Jos. TULEY) hier Zuchtmaterial für die späteren großen, weißen Yorkshire erhalten konnte.

2. **Das Marsch-Schwein.** Sein Zuchtgebiet umfaßte Nordwestdeutschland. Es ist heute aber durchwegs durch das deutsche Edelschwein oder veredelte Landschwein verdrängt. Das Marsch-Schwein entstand nach den überlieferten zuchtgeschichtlichen Vermerken durch Veredlung des deutschen bodenständigen Landschweines dieser Gebiete. Englische Rassen und deutsches Edelschwein wurden für diesen Zweck verwendet. Die entstandenen Zuchten, deren Name richtiger veredeltes deutsches Marsch-Schwein lauten sollte, vereinigte die wertvollen Eigenschaften des Landschweines mit gewissen Vorzügen der Edelschweine. Es zeichnet sich vor allem dadurch aus, daß es genügsamer als die englischen Zuchten dieser Zeit war, vor allem fruchtbarer, abgehärteter, mit großem, massigem Körper und großen Schlappohren. Das Kreuz war meist abgeschlagen, die Farbe zum Großteil weiß bis grau. Dieses Marsch-Schwein bildet größtenteils den Ausgangspunkt der Zuchten des veredelten deutschen Landschweines.

3. **Das veredelte deutsche Landschwein.** Seine Zuchtheimat stellten viele Bezirke aus Nordwestdeutschland; seine Zucht ist heute so allgemein über ganz Deutschland verbreitet, daß vielfach die großen Bestände der deutschen Landrassen immer mehr verdrängt werden. Auch in die anschließenden Gebiete nach dem Südosten findet es immer mehr in größerer Zahl Eingang. In seiner Zuchtentwicklung bildet das vorgenannte Marsch-Schwein einen Ausgangspunkt nach der Richtung einer weiteren Veredlung mit dem Streben nach größerer Ausgeglichenheit und größerer erblicher Festigung seiner Leistungsmerkmale. Aus

diesen veredelten Zuchten wurden durch gewisse Vorzüge einige weit bekannt, worunter das Meißner-, Holsteiner-, Westfälische-, Hoyaer-Schwein usw. zu nennen sind. Aus diesen Beständen folgte durch Anregung der Deutschen Landwirtschafts-Gesellschaft im Jahre 1898 eine Vereinheitlichung der Zuchten, welche nach der züchterischen Festigung gute Erfolge zeigte. Die Kennzeichnung kann am besten wie folgt gegeben werden: Der Kopf ist mittellang, breit und sehr kräftig, eher derb. Der Rüssel ist länger im Vergleich zum Edelschwein, das Kopfprofil meist etwas eingesenkt. Die Ohren sind groß, lang, breit und hängend, richtige Schlappohren. Der Rumpf ist gestreckt, groß und schwer. Die Maßwerte der Brust nach Tiefe und Breite sind sehr gut. Vorderhand und Hinterhand sind gut geschlossen, breit und gut bemuskelt. Der Rücken ist verhältnismäßig breit, die Rückenlinie ist von vorne nach rückwärts etwas ansteigend. Die Gliedmaßen sind kräftig, die Behaarung dicht, die weiße Farbe vorherrschend. In den wirtschaftlichen Eigenschaften erreicht es die Frühreife des Edelschweines nicht. Es ist dagegen bescheidener in seinen Haltungs- und Futteransprüchen und liefert auch als Weideschwein zufriedenstellende Leistungen.

4. Das Cornwall-Schwein. Sein Zuchtgebiet stellten in England zwei räumlich getrennte Landschaften: Cornwall, Devonshire und Gebiete in Suffolk und Essex. Der größere Schlag in Devon wird als der edlere betrachtet. Das Cornwall-Schwein wird zu den ältesten Rassen Englands gezählt; es ist entstanden auf Grundlage eines urtümlichen roten, großohrigen Schweines, welches mit Essex-Schweinen und chinesischen Zuchttieren veredelt wurde. Es hat mittellangen, breiten Kopf mit langem Rüssel. Große Schlappohren, gleichartige schwarze Haarfarbe sind kennzeichnend. Die Behaarung besteht in einem geraden, mehr seidenartigen Haarkleid. Der Rumpfbau ist lang, breit und tief. Die Cornwall-Schweine werden ziemlich groß und schwer; sie zeigen, mit Ausnahme der Farbe, eine gewisse Ähnlichkeit mit den Formen des veredelten deutschen Landschweines.

5. Das Tamworth-Schwein. Sein ursprüngliches Zuchtgebiet lag in den Landschaften von Staffordshire und Umgebung von Birmingham. Es stellt einen weniger veredelten Landschweintyp vor und wird allgemein als ein sich erhaltener Typ aus der Zuchtentwicklung der Berkshire angesehen. Das Tamworth-Schwein gilt als mittelschwere, leicht futtrige, sehr widerstandsfähige und sehr fruchtbare Rasse, welche in seiner Leistung als Speckschwein vorzüglich sein soll. Seine Haarfarbe ist braun bis kirschrot, während seine Hautfarbe meist fleischfarben, selten mit braungrauer Pigmenteinlagerung sich darstellt.

IV. Die Zuchtrassen der Hausschweine.

Die wertvollen wirtschaftlichen Eigenschaften und schließlich auch die fortgesetzte züchterische Verbesserung der Widerstandskraft und der gesundheitlichen Seite ihrer körperlichen Verfassung sichern diesen Rassen die erste Stellung in meisten Zuchtgebieten. Darüber hinaus nehmen die Bestände an Umfang und Bedeutung für die Landeszuchten immer größeren Raum in Anspruch, so daß vielfach die ursprünglichen bodenständigen Rassen zurückgedrängt werden, ja meist zur Gänze aufgesogen von der Bildfläche verschwinden, wie es stellenweise bei dem veredelten deutschen Landschwein beobachtet werden kann. Ihre Entstehungsgeschichte ist durchwegs in den neuesten Zeitabschnitt der Zuchtentwicklung zu verlegen, die besonders in England alle Voraussetzungen gegeben fand, daß einerseits ein wertvoller heimischer Rassenbestand und ein verständiges Zuchtwalten aus fremden Rassen zur Kreuzung anregte, anderseits aus gewissen Neubildungen durch glückliche Auslese zu erblich gefestigten Beständen gelangte, die in einseitiger Leistungsvervollkommnung die höchste Stufe vorläufig erreichen konnte. Die Ausgeglichenheit in dem morphologischen Verhalten konnte vielfach erst später zusätzlich erreicht werden, denn Schwankungsbreiten waren im Anfang der Entwicklung gewöhnlich sehr groß. Nach dem Zeitverlauf kann der Beginn dieser Entwicklung um die Mitte des 18. Jahrhunderts angenommen werden und fällt mit der Einfuhr des neapolitanisch-spanischen Schweines zusammen, dem sich dann Vitattus-Abkömmlinge aus Indien und Ostasien etwas später zugesellten. Die Zuchtentwicklung zeigte im wesentlichen etwa um die Mitte des 19. Jahrhunderts das neue Rassenbild, das ab dieser Zeit mehr das Streben auf Erhaltung und Festigung der Merkmalsbilder der Zuchtrassen in erblicher Hinsicht verfolgt werden mußte. Hier ist es bedeutsam, festzustellen, daß in England die Impulse zum größeren Teil von Einzelpersonen ausgingen, während in Deutschland der Grundsatz der Gemeinschaft durch die Wirkung der Zuchtvereinigungen vorwaltete.

1. Das deutsche Edelschwein. Die Zuchten dieser Rasse sind heute über ganz Deutschland verbreitet und finden in allen Gebieten intensiver landwirtschaftlicher Nutzung Eingang. Geschlossen findet sich diese Rasse in ihrer gegenwärtig leistungsfähigsten Gestaltung in Ostfriesland, Oldenburg, Mecklenburg, Pommern, Ostpreußen, Schlesien usw. Seine Zuchtentwicklung leiten im Beginn des 19. Jahrhunderts die Versuche mit den neapolitanischen, spanisch-portugiesischen Schweinen ein, die die Veredlung der heimischen Landrassen zum Ziele setzen. Die Namen J. E. Koppe, A. Thaer, Vincke, Arnold sowie die Zuchten in Düsselthal, Schlanstedt und Hundisburg wurden in diesem Zusammenhang genannt. Im gleichen Zeitabschnitt wurde der Verbreitung der neuen englischen Rassen auch viel das Wort gesprochen, welche zufolge ihrer Inkonstanz und der anderen Verhältnisse in Deutschland sich nicht recht bewährten. Da die vorteilhaften wirtschaftlichen Eigenschaften der englischen Zuchten wohl erstrebenswert schienen, aber ohne deren Fehler aufzuweisen, ergab sich die züchterische Beeinflussung dieser mit den mehr oder weniger veredelten deutschen Zuchten. Auf diesem Weg ergab aus einer Bestimmung der Preisrichter der Deutschen Landwirtschafts-Gesellschaft in Breslau 1888 sich offenbar die Wirkung einer günstigen Zuchtbeeinflussung. Die Beachtung der Unzulänglichkeiten für die deutschen Verhältnisse aus der Einseitigkeit der englischen Zuchten wurde gefordert und besonders auf die gesundheitlich ungünstigen Begleiterscheinungen aus Zuchten mit übertriebenen Mopsköpfen hingewiesen. Trotz anfänglicher Gegnerschaft der Züchter konnte aus dieser Bestimmung sich die Auslesewirkung bei der Verdrängungskreuzung des deutschen veredelten Landschweines mit dem Yorkshire-Schwein als Folge ergeben, die in verständiger Zuchtführung den Edelschweintyp erreichte. Der Typ mit dem Ziel einer rasselichen Wertung wird in den Mitteilungen der Deutschen Landwirtschafts-Gesellschaft genau umschrieben und hier auszugsweise zusammengefaßt. Die Größe des Kopfes soll im Verhältnis zur Gesamtgröße entsprechen, darf nicht zu klein sein. Der sogenannte Mopskopf ist verpönt. Unzulässig ist ein langer, spitzer Rüssel; die erwünschte Form der Rüssel wird als mittellang, platt, ohne Falten angegeben. Der Hals ist voll und soll gute Verbindung zeigen. Die Brust muß breit und tief zwischen den Vorderbeinen sichtbar sein. Der Rücken soll breit und gerade bis zum Schwanzansatz sein. Die Schultern schräg und gut geschlossen. Länge und gute Wölbung wird bei Ausbildung der Seiten gefordert. Der Schinken soll voll und breit sein und tief heruntergehen. Die Farbe ist weiß; blaue Flecken auf der Haut werden als charakteristisches Merkmal der Rasse angesehen. Die Haut soll weich und elastisch und rosig getönt scheinen. Bleiche und harte Haut ist unerwünscht. Das Haarkleid soll glatt, fein und reichlich im Ansatz sein. Das deutsche Edelschwein ist sehr geeignet zur Produktion von

Frischfleisch. Die großwüchsigen Zuchten erreichen die sogenannten 100-kg-Schlachttiere mit etwa sieben Monaten. Sie sind frühreif, stellten allerdings bedeutende Ansprüche an Pflege, Fütterung. Die Fruchtbarkeit ist genügend und seine Widerstandskraft in gesundheitlicher Hinsicht ist bekannt. Letztere Eigenschaften stellen es sehr zum Vorteil über die englischen Zuchtrassen.

2. Die Yorkshire-Rasse. Seine Zuchtheimat sind mittelenglische Grafschaften, vor allem Yorkshire. Seine Verbreitung setzte eine Zeitlang nach den Kolonien in USA. in großem Umfang ein, ist aber auf dem Kontinent in Europa zum Stillstand gekommen. Man unterscheidet einige Typen, die heute als selbständige rasseliche Zuchten betrachtet werden. Indessen dürfte es sich dabei um dieselbe aufscheinende Aufspaltung handeln, wie sie so oft bei den Halbblut-Pferden in

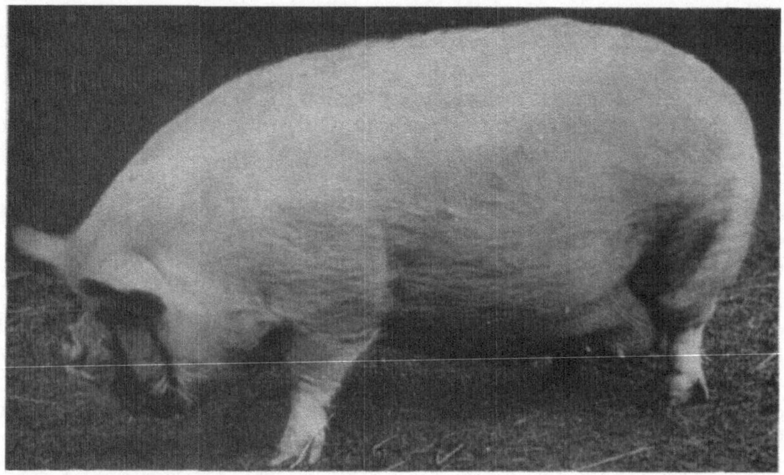

Abb. 78. Original englische Yorkshire-Sau der alten Zuchtrichtung mit extrem kurzem und aufgestülptem Gesichtsteil, starker Mikromelie usw.

einem schwereren und leichteren Schlag auftritt. Während sich die wirtschaftlichen Eigenschaften, die meist auf physiologischen Funktionen beruhen, sich sehr gefestigt zeigen, erforderte die Festigung der augenfälligen morphologischen Merkmale hier eine länger dauernde und strengere Zuchtauslese. Man unterscheidet nach Größenklassen ganz selbständige Zuchten.

a) *Kleine weiße Zucht (Small whites).* Seine Entstehung wird auf Kreuzungen des heimischen englischen veredelten Landschweines mit solchen portugiesischer, spanischer Abkunft zurückgeführt. Als Schöpfer der ersten gefestigten Typen gilt ROBERT COLLING. Die außerordentliche Mastfähigkeit der kleinen Yorkshire, ihre große Frühreife und Schnellwüchsigkeit machten die Zucht sehr beliebt. Die Feinknochigkeit sicherte hohe Fleischausbeute, sodaß die Rasse seitens der Verbraucher stark begehrt wurde. Ihre geringe Fruchtbarkeit und Anfälligkeit gegen viele Schädigungen stellten den begehrten Eigenschaften Nachteile gegenüber. Diese wurden vornehmlich mit den häufigen Überbildungserscheinungen in Beziehung gesetzt, die in der Mopsköpfigkeit, Kurzbeinigkeit und pathologischer Fettsucht hervortreten. Das Aussehen der kleinen Yorkshire wird in den kennzeichnendsten Merkmalen wie folgt angegeben. Der Kopf ist kurz, extrem verkürztes Gesichtsteil, sogenannter Mopskopf bildete die Regel. Der Rumpf ist breit, langgestreckt, tief, massig. Die Gliedmaßen sind kurz, fein, oft von ganz bezeichnender Schwäche. Die Behaarung ist fein und spärlich.

Als besonderer Schlag unter den kleinen weißen Zuchten wird das Windsor-Schwein erwähnt. Sein Blutaufbau ist etwas unterschiedlich, die Körperformen sind etwas größer. Eingereiht wird noch unter den kleinen weißen Zuchten das Coleshill-Schwein, dem größere Fruchtbarkeit und auch größere Härte nachgerühmt wird.

b) *Die großen weißen Zuchten (Large white).* Die genaue Entstehung der großen Yorkshire ist nicht bekannt, da meist die verschiedenen Züchter ihr Verfahren als Geschäftsgeheimnis ansahen und deshalb geheimhielten. Ein großer Anteil am Zustandekommen dieser Rasse wird einem Weber Jos. TULEY in

Abb. 79. Original Yorkshire-Muttersau moderner englischer Zuchtrichtung. (Phot. Dr. Zabielski, Krakau 1924.)

Yorkshire zugeschrieben. Als Ausgangsmaterial dieser Zuchten wird allgemein das bereits erwähnte englische veredelte Landschwein betrachtet, welches nicht einheitlich war und nach den Standorten in Yorkshire, Leicester, Lincoln usw. unterschieden wurde. Dem besten dieser Bestände wurde Blut asiatischer Schweine mit dunklem Pigment zugeführt, um es züchterisch zu veredeln. Nach COLEMANN erregte die Zucht der großen Yorkshire erstmals auf einer Tierschau im Jahre 1851 Aufmerksamkeit, daß sein Züchterkreis sich rasch erweiterte. Die Zucht des JOS. TULEY wechselte etwa um diese Zeit ihren Standort nach Carmead, wo sie züchterisch in ihrem Merkmalsbild mehr gefestigt wurde. Einige wertvolle Stammtiere begründeten ihren Ruf nach dieser Richtung. Der Eber Sampson und das Muttertier Matchless werden in diesem Zusammenhang besonders gerühmt. Die Kennzeichnung der großen Yorkshire kann folgend umschrieben werden. Der Kopf ist kurz, breit im Gesicht und konkav. Mittelgroße Ohren mit feiner Behaarung werden als erwünscht angesehen. Der Rumpf ist breit, lang, trotzdem gut geschlossen und sehr tief. Die Gliedmaßen sind im Verhältnis zur Massigkeit des Körpers kurz und sehr fein. Das Fleisch wird als sehr wohlschmeckend, zart und mit Fett durchwachsen angegeben. Die wirtschaftlichen Vorteile sind entsprechend der kleinen Zuchten, ihre Hinfälligkeit ist geringer, die hohe Fleischausbeute steht etwas hinter der der kleinen Zuchten.

c) *Mittelgroße weiße Zuchten (Middle white)*. Diese Zuchten gingen aus einer Auslese von Kreuzungen der kleinen und großen Zuchten hervor. Sie sollten annähernd das Gewicht der großen Zuchten, ihre Frohwüchsigkeit und die hohe Schlachtausbeute der kleinen Zuchten erreichen bzw. vereinen. Die Festigung der mittelgroßen Zuchten gelang indes lange Zeit nicht im gewünschten Grade, daß aus diesem Grunde und anderer Unzulänglichkeiten bei weitem nicht die Verbreitung im selben Ausmaße wie bei den vorerwähnten Zuchten erreicht

Abb. 80. Original Yorkshire-Eber der modernen englischen Zuchtrichtung. (Phot. Dr. Zabielski, Krakau 1925.)

wurde. Die entsprechende Ausgeglichenheit erreichte auch hier erstmals der Weber Jos. Tuley. Weitere Verbreitung fanden die mittleren Zuchten erst in neuerer Zeit.

3. Das Berkshire-Schwein. Sein Verbreitungsgebiet ist England und bestimmte Länder in Europa und Übersee weisen an Zahl ansehnliche Bestände dieser Rasse auf. Die Entstehungsgeschichte reicht bis etwa 1780 zurück; aus den Beständen, die in der Grafschaft Berkshire heimisch waren und als größte Rasse Englands angesehen wurden, kamen zur Verbesserung Tiere chinesischer, siamesischer Abkunft. Über die Art dieser Paarungen ist Genaueres nicht bekannt. Nach Mavor heißt es, daß nach je sechs bis sieben Generationen eine Blutinfusion mit indischen Schweinen erfolgte; lange Zeit wurde dieses Verfahren unter strenger Verwandtschaftszucht gehandhabt. Zum Ausgleich gewisser Zuchtschäden aus diesem Vorgange verwendeten einige Züchter Bastarde von Wild- und Hausschweinen (Halbwild-Eber) zur Kreuzung. Die so erhaltenen Bestände wurden mit Schweinen aus Suffolk und solche neapolitanischer Abkunft weiter veredelt. Schließlich erfolgte als Einkreuzung eine Verwendung der kleinen, schwarzen Essex-Schweine. Dieser vielgestaltete Blutaufbau endete etwa mit 1850. Seither wird die Rasse der Berkshire in Reinzucht fortgeführt. Die British Berkshire Society gibt 1885 folgende Merkpunkte für die Rasse. Das Gesicht ist kurz und konkav. Die Ohren sind spitz und aufrecht. Festigkeit und Ebenheit zeichnen die Körperformen aus. Mittelgröße, langer, gestreckter, tiefer und breiter Rumpfbau werden gefordert. Haarfarbe ist schwarz auf hellrosa Haut. Kleine, weiße Abzeichen an Nase, Stirn und Fußspitzen sind charakteristisch.

Die Berkshire gelten als frühreife, frohwüchsige Rasse, die große Härte und Widerstandsfähigkeit zeigen, daß sie vielfach als Weideschweine verwendet werden.

4. Das große, weiße Ulster-Schwein. Sein Zuchtgebiet liegt im Norden von Irland. Die Rasse war bereits 1860 bekannt und wurde von Yorkshire-Schweinen züchterisch beeinflußt, denen sie auch ähnlich sind. Um einem Aufsaugen dieser Rasse zu begegnen, wurde 1906 ein Herdbuch für diese Rasse gegründet.

5. Die Poland-China-Rasse. Diese Rasse ist in Nordamerika entstanden. Ihr Vorkommen ist das Gebiet im südlichen Ohio. Ihre Entstehungsgeschichte ist nicht näher bekannt. Die Rasse wird seit etwa 1850 reingezüchtet und ist in den Vereinigten Staaten eine der wertvollsten Zuchtrassen, die wegen ihrer Feinknochigkeit hohe Schlachtausbeuten liefert und von dem Verbraucherkreis des Westens sehr gesucht wird.

6. Die Duroc-Jersey-Schweine. Diese Rasse ist ebenfalls in den Vereinigten Staaten entstanden. Ihr Verbreitungsgebiet sind die nordatlantischen Staaten in Amerika. Der Ursprung dieser Rasse ist unbekannt, es wird angenommen, daß vor etwa 70 Jahren sie auf Grundlage der Berkshire-Schweine unter Einkreuzung von Tamworth-Schweinen herausgezüchtet wurden. Sie zeigen die Formen der Berkshire; ihre Körperfarbe ist aber rot. Wegen ihrer Fruchtbarkeit und Widerstandsfähigkeit werden sie in den Verhältnissen von Amerika und Kanada sehr gerühmt.

Fünfter Abschnitt.

Die Zuchtentwicklung beim Schaf.

Die Abstammung der Hausschafe.

Bei keinem unserer Haustiere bot die Ableitung unserer Rassen von den Wildformen so widersprechende und schwierige Fragestellungen als bei den Hausschafen. Die noch große Zahl der lebenden Wildformen und ihre verhältnismäßige Unzugänglichkeit, ferner die Schwierigkeit des Studiums nach ihrem züchterischen Verhalten und ihrem Lebensbild in der Beziehung zum Hausschaf mag eine der Ursachen abgeben, die, noch durch die ungemein große Variationsfähigkeit des Schafes vermehrt, immer neue Widersprüche eröffnete, die den Überblick einer natürlichen Herkunft und Zuchtentwicklung immer aufs neue erschwerte. Bei keinem anderen Haustier wird auch die Variationsbreite bei gewissen körperlichen Merkmalen so unverhältnismäßig groß, daß sie in ihrer züchterischen oder ordnungsmäßigen Fassung fast unmöglich wurde. Selbst bei den Wildformen der Schafe scheint dieses Verhalten auf gewisse Eigenschaften noch gültig zu sein, wodurch es erklärlich wird, daß man über deren Trennung und verwandtschaftlichem Verhalten auf sehr wenig einheitliche Züge stößt. Die Zuchtentwicklung zeigt hier ein ähnliches Bild, wie bei anderen Haustieren; die Vielseitigkeit seiner Nutzung und demzufolge die Ergebnisse verschiedener Auslesewirkungen erweiterten noch den Formenkreis, was als eine weitere Ursache zu vielgestalteten Formenausbildungen unserer Schafe betrachtet werden kann. Von den für die Hausschafe in Frage stehenden Wildformen bezüglich der Abkunft wird neben den europäischen Wildschafen eine Reihe asiatischer Formen genannt.

Die Gruppe der Mufflone.[1] Der europäische Mufflon *(Ovis Musimon)* ist in seinem Wildvorkommen auf Sardinien und Korsika beschränkt. Seit ungefähr drei Jahrzehnten wird der Mufflon als Jagdwild in freier Wildbahn in einigen Alpengebieten und auch stellenweise in den Karpaten eingebürgert und mit Erfolg gehegt. Seine Hornform schwankt in der Ausbildung, zeigt in der Regel ein mächtiges Gehörn von bestimmter Prägung. Als seine kennzeichnendsten Merkmale gelten die braungetönte, wildfarbene Ausfärbung mit der eigenartigen Sattelzeichnung und seine Kurzschwänzigkeit. Seine Verbreitung soll in vorgeschichtlicher Zeit sich über den größten Teil Europas erstreckt haben und eine Reihe von Landrassen in Nordeuropa gilt als Abkömmlinge des Mufflons.

Abb. 81. Mufflon (links) und Kreishorn-Schaf (rechts). Die beiden Wildschaf-Formen, die als Stammesgruppen für die Hausschafe gelten. (Phot. nach Brehms Tierleben.)

Der kleinasiatische Mufflon (Ovis orientalis GMELIN*).* Die Kennzeichnung ist ähnlich wie beim europäischen Mufflon; als sein Heimatgebiet gilt Kleinasien bzw. Vorderasien. Seine Hornform ist unterschiedlich gestaltet und es wird selbst eine Reihe von Lokalformen angegeben. Er wird als wahrscheinliche Stammform für einige Schafrassen angesehen, doch ein sicherer Nachweis steht bisher nach dieser Frage noch aus.

Die Gruppe der Kreishorn-Schafe Zentralasiens.[2] Innerhalb dieser artenreichen Gruppe wird eine Reihe von Formen unterschieden, die in gewissen Leitmerkmalen einem bedeutenden Rassenkreis unserer Hausschafe sehr nahestehen, so daß sie mit immer größerer Sicherheit als Stammgruppe hinsichtlich der Abkunft gemeinsame Züge aufweisen. Die bekanntesten sind das indisch-afghanische Kreishorn-Schaf (*Ovis vignei* BLYTH), ferner der Arkal Transkaspiens (*Ovis vignei arkar*), das eigentliche, durch starke Hornausbildung gekennzeichnete Kreishorn-Schaf in Pendschab *(Ovis vignei cycloceros)* und schließlich das Kreishorn-Schaf in Belutschistan (*Ovis vignei* BLANFORDI). Eine allgemein treffende Kennzeichnung dieser Kreishorn-Schafe ist ziemlich schwierig; sie sind meist braun, rötlich oder fahl gefärbt, ohne der Sattelzeichnung der Mufflons; gegenüber

---

[1] R. LYDEKKER: The Sheep and its Cousins. London: G. Allen & Comp., Ltd., 1912,
[2] E. GALAMBOS: Über Zackelschaf und Ovis vignei Blyth. Unveröff. Diss. Wien. 1928.

diesen scheinen sie meist höher gestellt, in den Maßwerten des Rumpfes geben sie kleinere Größen, sodaß sie nicht so gedrungen wie die Mufflons aussehen. Weitere asiatische Wildschafe, deren Beziehung aber als Stammform der Hausschafe heute so gut wie außer Frage steht, sind ungewöhnlich große Wildschafe.[1] Es sind dies das Argali-Schaf in Westsibirien (*Ovis argali* PALL.) und in Tibet, Pamir und den angrenzenden Gebieten das Riesenwildschaf (*Ovis poli* BLYTH). Letzteres erreicht Widerristhöhen bis 1,20 cm und es werden nach der Stärke seiner Hörner einige Lokalformen unterschieden, wie *Ovis Karelini* usw. Die Dickhorn-Schafe stellen die Wildschafe Nordsibiriens und Kanadas vor, *Ovis montana* und *Ovis nivicola*, die für die Hausschafe ohne nähere verwandtschaftliche Stellung genannt sein mögen. In Tibet und Westchina ist das Vorkommen eines Blauschafes zu erwähnen, wovon eine Abart, das Zwerg-Blauschaf,[2] erst kürzlich festgestellt werden konnte. Der Weg einer Züchtungsentwicklung ist bei unseren Schafrassen bei weitem schwieriger als bei anderen Haustieren zu geben, wenn wir das Rassenbild auf Grund einer natürlichen Ordnung zu stellen gewohnt sind, besonders wenn wir außerdem die heutigen Hochzuchten nach der einseitigen Wolleistung und der einseitigen Masteignung bzw. Fleischgewinnung ins Auge fassen. Zufolge der bereits betonten außerordentlich großen Variationsfähigkeit des Schafes und seiner Stellung als eines der ältesten Haustiere müssen wir hier zugeben, daß selbst hier die Leitmerkmale des Schädels, die sich bei den übrigen Haustieren durch eine verhältnismäßige Unveränderlichkeit auszeichnen, sich nicht so durchgreifend erhielten, um sie als sichere Stütze für den Vorgang einer Zuchtentwicklung heranziehen zu können. Vielfach dürfte hier auch eine wechselseitige Beeinflussung der verschiedenen Rassestufen und die kurze Generationsdauer der Schafe diesen Formenreichtum so gestaltet haben, daß ein Überblick nach einer natürlichen Stammesfolge diesen Schwierigkeiten begegnet. Immerhin dürften wir behaupten, daß die Untersuchungen, die nun in steigender Zahl nach dieser Richtung in letzter Zeit gemacht wurden, wie beim Kärntner-, Stein-, Zackel-, Karakul- und schottischen Schwarzgesicht-Schaf, auch hier in die verwandtschaftliche Stellung Einblicke eröffnen, welche für eine rasseliche Entwicklung und Schlußfolgerung für die Züchtung wertvoll bleiben. In Anknüpfung an die bereits geschilderten Wildformen unserer Hausschafe sind noch einige vorgeschichtliche Schafe zu nennen, die in der Stammesfolge nicht zu übergehen sind und in der europäischen Zuchtentwicklung eine Rolle spielten.

Das Torfschaf (*Ovis palustris* RÜTIMEYER). Es wird als kleines, in beiden Geschlechtern gehörntes Schaf mit ziegenähnlichem Gehörn, schlanken Extremitäten und geringer Bewollung beschrieben. Die Herkunft dieses Schafes, über welches die widersprechendsten Anschauungen seinerzeit geäußert wurden, ist nunmehr durch die Untersuchungen von ADAMETZ[3] geklärt.

Das Kupferschaf (*Ovis aries Studerie* DUERST). Im vorgeschichtlichen Abschnitt der Verwendung des Kupfers in Mitteleuropa wird das Vorkommen einer etwas unterschiedlichen Schafform festgestellt, welche als Abkömmling oder züchterisch durch Kreuzung veredelte Rasse aus dem Torfschaf eingeschätzt wird. Das Kupferschaf wird als mittelgroßes, gedrungenes, kurzschwänziges Schaf beschrieben, dessen Kennzeichnung als ramsköpfig mit starkem Gehörn und

---

[1] SHITKOW und SABANEJEW: Über Ovis heinsi Sewerzt. und über den Bau der Hörner der Wildschafe. Zool. Jb. (1910).

[2] E. SCHÄFER: Das Zwerg-Blauschaf der Jangtseschlucht in Osttibet. Stuttgart: Kosmos, 1937.

[3] L. ADAMETZ: Über die Rassenzugehörigkeit des ziegenhörnigen Torfschafes der neolithischen Schweizer Pfahlbauten und seiner Abkömmlinge. Z. Züchtg. Reihe B **38** (1937).

besserem Wollvlies gegeben wird. Zufolge der wirtschaftlich sich vorteilhaft auswirkenden Eigenschaften soll das Kupferschaf in dem Gebietskreis von Europa
eine ausgedehnte Verbreitung aufgewiesen haben. Das gegenwärtige Rassebild der
Hausschafe weist in einer Beziehung zur Stammesabkunft einerseits auf den Mufflon
aus einem europäischen Ursprungsgebiet hin, anderseits auf die Vignei-Gruppe
aus Zentralasien als Herkunftsgebiet, welches im Raume von Vorderasien, Klein-

Abb. 82. Wollmuster. Links: Grobe Mischwolle, nur aus Grannenhaaren bestehend. Mitte: Ägyptische
Mischwolle mit sehr viel Flaumhaar. Rechts: Leicester-Wolle. Typische Glanzwolle, flach, gewellt.

asien nach Europa durch seine Abkömmlinge seine Verbreitung ganz außerordentlich ausdehnen konnte. Über das Hausbarwerden der Schafe können wir
sehr wenig sagen; nach den vorliegenden Funden aus den verschiedenen Kulturstufen muß dieser Zeitpunkt sehr früh in der Menschheitsgeschichte angesetzt
werden, sodaß wir auch über die mutative Abänderung des rasselichen Eigenschaftsbildes unter diesem Einfluß Hinweise gewinnen können. Entsprechend
dem Stande des Wissens der biologischen Entwicklungsvorgänge ist nach der
Untersuchung von ADAMETZ[1] die stufenmäßige Ausbildung der Merkmale aufgezeigt, die zu einem näheren Verständnis des rassemäßigen Aufbaues der Schaf-

---

[1] L. ADAMETZ: Rassenbildende Domestikationsmutationen bei Abkömmlingen von
Ovis vignei Blyth. Z. Züchtg. Reihe B **20** (1931).

bestände führen, deren Herkunft aus dem genannten Gebiet Vorderasiens auf Grund der zootechnischen Arbeiten ermittelt werden konnte. Die Örtlichkeiten des Hausbarwerdens können in diesem großen Raum an verschiedenen Stellen gelegen sein, wohl dürften die Gebirgszüge im Norden des Zwischenstromlandes. zumindest als in diesen Einzugsbereich angesehen werden. Ein sehr auffälliges Merkmal zufolge eines mutativen Vorganges wird die Herausbildung der Langschwänzigkeit innerhalb dieses Gebietes angenommen. Das langschwänzige Haarschaf Alt-Ägyptens, dessen frühes Vorkommen und übriges Eigenschaftsbild sehr gut übereinstimmt, kann in seiner Herkunft aus der Mutations-

Abb. 83. Wollmuster. (In Güte und Artstufen der Schafrassen.) Obere Reihe: Merinotypen von links nach rechts; Kammwolle, Negrettiwolle, Elektoralwolle. Untere Reihe: Fettschweißarme Schlichtwolle von links nach rechts; Seeländer-, oberitalienische (Bergamasker-)Wolle.

örtlichkeit der vorderasiatischen Gebiete abgeleitet werden. Die in der Folge aufscheinende Herausbildung der Mischwolle bei Schafen wird als Abänderung des ursprünglichen Haarkleides der Schafe ebenfalls in diesen Gebietskreis zu verlegen sein. Den Mischwollcharakter, der als wirtschaftlich erwünschte Eigenschaft sicher geschätzt wurde, weisen die Schafbestände dieses großen Verbreitungsgebietes in durchgreifendem Maße auf, sodaß es nur natürlich ist, daß in diesem Bereich in seiner unterschiedlichen Gestaltung weitere mutative Abänderungen im Verlaufe der Generationen erfolgten und zufolge einer geeigneten Umweltreaktion nach einer Auslesewirkung sich erhielten und weiter ausbildeten, wie wir es auch bei der Gruppe der Fettschwanzschafe antreffen. Das übrige Merkmalsbild in seinem Verhältnis zur Stammesgruppe und seine gegenwärtige Verbreitung lassen sich auch mit dieser Mutationsörtlichkeit als Herkunftsland der Fettschwanzschafe in Übereinstimmung bringen. Eine weitere Gruppe der Bestände, die durch den Mischwollcharakter und durch einen dünnen Langschwanz gekennzeichnet sind, findet über Kleinasien nach Europa seinen Weg, wo es noch im Südosten von Europa das heutige Rassebild der Schafzucht beherrscht

und durch die moderne Zuchtentwicklung seine gegenwärtige Ausprägung erfuhr.
Aus dieser Gruppe weist eine besonders festzuhaltende mutative Abänderung der
Mischwolle zu einem feineren Wollkleid auf einen Zuchtabschnitt hin, der für
die rasseliche Entwicklung der eigentlichen Wollschafe, den Merinos, als Zwischenstufe gewertet wird und direkt zur modernen Zuchtentwicklung den Zusammenhang stellen kann. Die Herausbildung des feineren Wollcharakters bei bestimmten
Schafen wird nach Kleinasien verlegt, von wo sie bereits in der klassischen Zeit
die heimischen Schafbestände in Griechenland, Italien usw. beeinflußten und
schließlich auf der Iberischen Halbinsel eingebürgert wurden, die bekanntlich als
die Heimat der Merino-Gruppe betrachtet wird. Im Bereiche Kleinasiens und der
Zackelgruppe im Südosten Europas befinden sich heute Rassenbestände, die nach
ihrem Wollkleid als Vorstufe zu den Feinwollschafen gelten und in den Leitmerkmalen ihre stammesmäßige Verwandtschaft[1] gut erkennen lassen. In den
Zigaya-Schafen Rumäniens und den Kivirzik-Schafen Kleinasiens erhielt sich
in der Zackelgruppe dieses Merkmalsbild in seiner heutigen Ausprägung, daß wir
hier eines der seltenen Fälle aufzeigen können, wo der biologische Entwicklungsgang nach einer Ausbildung der rasselichen Unterscheidung in einer geschlossenen
Entwicklungslinie verfolgt werden kann.

Abkömmlinge der Kreishorn-Schafe.

A. Die Rassengruppe der Zackelschafe.

Aus ihrem Herkunftsgebiet über Vorder- und Kleinasien leitet sich diese
Rassengruppe unserer Hausschafe nach Europa, wo besonders im Osten und
Südosten nach der Größe des Verbreitungsgebietes und dessen zahlenmäßigem
Bestand sie eine beherrschende Stellung innerhalb der Schafzucht des Balkans
und der angrenzenden Gebiete einnimmt. In den Einzelheiten der Eigenschaften
ergeben sich zahlreiche Unterschiede, die die Erfassung einer allgemeinen rasselichen Kennzeichnung ungemein erschweren. Teils kann die Ursache darin liegen,
daß dieses Verbreitungsgebiet sich über einen ausnehmend großen Raum erstreckt, der in den Unterschieden der einzelnen Landschaften nach den natürlichen und wirtschaftlichen Verhältnissen vielfach Gegensätze zeigt, daß auch
die Auslesearbeit der Züchter entsprechend den Verhältnissen in vielen Belangen
sich unterscheiden mußte. Die Variationsfähigkeit der Hausschafe mag überdies
noch zur Herausbildung der Vielgestalt dieses Rassebildes beigetragen haben,
über deren verwandtschaftliche Zusammenhänge und die Art der Stammesabkunft wir Aufschlüsse erst durch eine Reihe zootechnischer Arbeiten in der
neuesten Zeit erlangen konnten. Der Umfang und die Abgrenzung der einzelnen
Rassen läßt sich nach dem gegenwärtigen Stand der Zucht sehr schwer festlegen,
da eine Reihe Übergangsformen besonders in den Grenzgebieten auftritt,
welche eine rasseliche Eingliederung oft unmöglich machen. Der oft überschätzte
Einfluß der Kulturrassen, der namentlich in diesen Zuchtgebieten wiederholt zur
Kreuzung anregte, hat vielfach gewisse Merkmale abgeändert, sodaß die Ausprägung des Rassebildes ursprüngliche Formen mehr zurückdrängt und im Zeitpunkt des Beginnes eines solchen Verfahrens durch große Unausgeglichenheit
unübersichtlich gestaltet.

1. Das Zigaya-Schaf.[2] Das Verbreitungsgebiet wird vom Nordufer des
Schwarzen Meeres vom Balkan durch die Ebenen der unteren Donau, des Dnjepr

---

[1] T. Vetulani: Beitrag zur Kenntnis der anatolischen Schafrassen. Z. Züchtg.
Reihe B **23** (1932).

[2] G. Richards: Studie über das Zigaya-Schaf mit besonderer Berücksichtigung
seiner Verbreitung in Groß-Rumänien. Z. Züchtg. Reihe B **23** (1931).

Abb. 84. Zigaya-Rasse, Mutterschaf, Landw. Hochschule Cluj, Rumänien. (Phot. R. Gf. Fronius.)

Abb. 85. Zigaya-Rasse, Bock, Landw. Hochschule Cluj, Rumänien. (Phot. R. Gf. Fronius.)

bis zum Don hin angegeben. Die Zigaya-Schafe kommen hier in Gemeinschaft mit anderen Schafrassen vor; die Geschlossenheit der Bestände ist in der Moldau, Walachei und Bessarabien am größten. Auch in Siebenbürgen und Jugoslawien sind sie in bestimmten Gebieten noch anzutreffen. Das Zigaya-Schaf kommt in einer weißen und schwarzen Farbvarietät vor. Die weiße Abart ist im allgemeinen größer und stellt zahlenmäßig den größeren Anteil der Bestände. Es nimmt unter den Zackel-Schafen eine Sonderstellung ein, da vor allem seine Wolleistung gerühmt wird. Die Zigayawolle stellt eine Art Übergangsform zur Wolle mit Merinocharakter vor. Die Leistung dieses Schafes ist außerdem nach

Abb. 86. Zurkana-Rasse, Mutterschaf, Schebescher Gebirge, Rum. (Phot. R. Gf. Fronius.)

der Güte des Fleisches und der Milchgewinnung in den Verhältnissen seines Heimatgebietes hervorzuheben.

2. Das Zurkana-Schaf.[1] Sein Vorkommen ist in bestimmten Landschaften der Moldau und Bessarabiens gegeben. Es ist vielfach auch im Aussehen dem Zigaya-Schaf ähnlich, unterscheidet sich aber durchgehend durch seinen Wollcharakter. Die Wolle der Zurkana-Schafe ist um eine Stufe gröber und stellt im Wesen den Übergang zum eigentlichen Mischwollcharakter der Zackel-Schafe vor. Die Kennzeichnung des Zurkana-Schafes wird auch als rumänisches Zackel-Schaf gegeben, welches gegenüber dem Zigaya-Schaf in bestimmten Zuchtbezirken kleiner und unansehnlicher gestaltet ist.

3. Die siebenbürgischen Zackel-Schafe.[2] Ihr Zuchtgebiet umfaßt die Landschaften Siebenbürgens, einschließlich der Ostkarpaten und der transsylvanischen Gebirgszüge. Es wird eine kleinere Gebirgstype und eine etwas größere Type

---

[1] G. MOLDOVEANU: Vergleichende kraniologische Untersuchungen zwischen dem Zigaya- und Zurkana-Schaf. Ann. zootechn. de Roumanie 6 (1937).

[2] TH. BAIERSDORF: Studien über die zur Gruppe der Zackel gehörenden Landschafe Siebenbürgens. Z. Züchtg. Reihe B 28 (1937).

Abb. 87. Kreuzung Friesisches Milchschaf mit Zurkana. Mutterschaf, Landw. Hochschule Cluj, Rumänien.
(Phot. R. Gf. Fronius.)

Abb. 88. Kreuzung Friesisches Milchschaf mit Zurkana, Bock, Landw. Hochschule Cluj, Rumänien.
(Phot. R. Gf. Fronius.)

des Flachlandes unterschieden. Die Körperformen zeigen sich im allgemeinen unausgeglichen, die Wolle wird als Mischwolle ausgegeben, bei der etwas feinere Sortimente vorwiegen. Für die Verhältnisse des Heimatgebietes zeigen diese Bestände nach Milch, Fleisch und Wolle gute Leistungswerte.

Abb. 89. Zackel-Schaf der Waldkarpaten, Mutterschaf der schwarzen Farbvarietät.

4. Das Zackel-Schaf der Waldkarpaten.[1] Sein Zuchtgebiet umfaßt das Gebiet der Waldkarpaten. Die Bestände des slowakischen Bergschafes dürften im Anschlußgebiet nach Westen diesem Zackel-Schaf verwandtschaftlich sehr nahestehen. Im Gebiet der Waldkarpaten stellt dieses Schaf eine kleine, ungemein harte Rasse vor, welches bei den weiblichen Tieren durchwegs ungehörnt ist. Grobe Mischwolle, entsprechende Milch- und Fleischleistung gilt als Hauptnutzung, welche in den harten Gebirgsverhältnissen als gut zu bezeichnen ist.

5. Das Racka-Schaf. Seine Verbreitung ist auf bestimmte Komitate im östlichen Ungarn heute beschränkt. Sein Bestandsumfang ist stark im Rückgehen. Als ungarisches Zackel-Schaf zeigt es einige bemerkenswerte Unterschiede, die auf Zuchteinfluß fremder Rassen zurückgeführt werden. Es fällt durch größere Formen, bessere Woll- und Fleischleistung auf. Seine eigenartige Form eines Torsionsgehörnes wäre noch zu vermerken.

Abb. 90. Zackel-Schaf der Waldkarpaten, Mutterschafe auf dem Melkplatz während der Alpung.

6. Das Likaer-Schaf und das Soltschavaer-Schaf.[2] Das Vorkommen des ersteren ist auf bestimmte Gebiete Kroatiens, das letztere im Alpengebiet der oberen Save beschränkt. Es wird von beiden Schafen noch eine Reihe Lokalformen unterschieden. Das Likaer-Schaf stellt einen größeren Zackeltyp mit gröberer Mischwolle vor, während das Soltschavaer-Schaf neben höherem Wuchs auch eine feinere Wolle aufweist, welche dem Charakter der

---

[1] C. HOLECEK-HOLLESCHOWITZ: Das Zackelschaf der Waldkarpaten. Z. Schafz. **25** (1936).

[2] A. OGRIZEK: Beitrag zur Monographie des Solcava- (Sulzbach-) Schafes. Fschr. d. Landwirtsch., Nr. 4 (1926). — J. BELIC: Beitrag zur Schafzucht in Südslawien. Z. Schafz. **25** (1936).

Zigayawolle nahesteht. Beide Schafschläge sind nur unter den heimischen Verhältnissen nach den Leistungswerten für die Nutzung günstig.

7. Die bosnisch-herzegowinischen Zackel-Schafe.[1] Ihr Zuchtgebiet umfaßt die Landschaften Bosniens und anschließender Gebiete nach Süden und Westen. Unter dem Namen der Vlassic-Zackel und der Zackel von Kupres-Polje werden sie im Schrifttum erwähnt. Sie stellen ein kleines, primitives Zackel-Schaf vor, welches für die dürftigen, armen Karstverhältnisse von unschätzbarer Bedeutung sein kann.

8. Die bulgarischen Zackel-Schafe (Karakatschenski-Schafe). Bestimmte Landschaften Bulgariens weisen große Schafbestände auf, die sich nach ihrem Merkmalsbild den Zackel-Schafen einordnen. Die Karakatschenski-Schafe sind eine kleine Rasse mit kurzem Kopf, breiten, spiralig-gewundenen Hörnern. Die Wolle weist zum Großteil dunkelbraune bis schwarze Farbe auf. Ihre Marschfähigkeit im Gebrauch als Wanderschafe in den Verhältnissen des Balkans wird gerühmt.

9. Das Zackel-Schaf der Insel Kreta.[2] Im Gebiet der Insel Kreta sind zwei Schläge von Zackel-Schafen festgestellt worden. Das Sitia- und das Sphakia-Schaf. Die Unterscheidung liegt nach einigen äußeren Merkmalen und in der Nutzungsrichtung. Das Sitia-Schaf ist kleiner in den Körperformen, weist dagegen eine feinere Wolle auf, ist spätreifer, gibt weniger, aber in der Güte wertvolleres Fleisch. Das Sphakia-Schaf ist größer, liefert gröbere Wolle, mengenmäßig höhere Fleischausbeute und besitzt ansehnliche Milchleistung.

10. Das Kivirzik-Schaf. In der europäischen Türkei, ferner in Nordwest- und Westanatolien weist diese Rasse zahlenmäßig ansehnliche Bestände auf. Es sind typische Zackel-Schafe, die in zwei Farbschlägen vorkommen. Die weißen Kivirzik (Belka-Kivirzik) sind von höherem Wuchse und die schwarzen (braunen) von niedrigerem Wuchse sowie Lebendgewicht und sollen eine bessere Anlage für die Milchleistung aufweisen. Für die letzteren soll auch die bulgarische Bezeichnung als Karnabat-Schafe gelten. Die Wolle weist einen Feinwollcharakter ähnlich dem der Zigayawolle auf.

11. Das Karayaka-Schaf. Sein Zuchtgebiet erstreckt sich in Anatolien längs des Küstengebietes des Marmarameeres. Es ist ein kleines Zackel-Schaf mit Mischwolle und wird in einer weißen Form (Cakrak-Schaf) und einer dunklen Form (Karagöz-Schaf) unterschieden. Bemerkenswert ist bei dieser Rasse ein in der obersten Schwanzpartie vorhandenes Fettgewebe von etwa 10 cm Länge, welches auf einen Zusammenhang nach der Abkunft mit den Fettschwanz-Schafen hinweist.

B. Die Gruppe der Merino-Rassen.

Die Herkunft der Merino-Schafe aus ihrer zweiten Zuchtheimat, der Iberischen Halbinsel, fällt bei Betrachtung ihrer gleichzeitigen Zuchtentwicklung nach der rasselichen Wertung des sogenannten Feinwoll-Schafes[3] bereits in einen Abschnitt moderner Zuchtgeschichte. Nach den zootechnischen Ergebnissen leitet sich der Ursprung und die Stammesabkunft aus der Gruppe der Kreishorn-Schafe her, deren Abkömmlinge in Kleinasien in verschiedenen Entwicklungsstufen Formen von Feinwoll-Schafen erkennen lassen. Es ist sicher kein Zufall, daß

---

[1] M. MEHMEDBASIC: Beitrag zur Kenntnis der Zackelschafe in Bosnien und Herzegowina. Mitt. Landwirtsch. Lehrk. H. f. B. Wien. 1913.

[2] D. O. PAPADOPOULO: Die Schafschläge der Insel Kreta. Z. Züchtg. Reihe B **35** (1936).

[3] E. W. COX: The Evolution of the Australian Merino. Sydney: Angus & Robertson Ltd., 1936.

das rasseliche Merkmalsbild, soweit es sich zootechnisch erfassen läßt, für Merinos mit gewissen Rassen Kleinasiens und Südosteuropas eine solche treffende Übereinstimmung zeigt. Die Einbürgerung von Schafen mit einem bestimmten feinwolligen Charakter aus Kleinasien in die westlichen Mittelmeergebiete ist in seinem stufenmäßigen Vollzug geschichtlich erwiesen. Die Leitmerkmale nach der rasselichen Kennzeichnung dieser Schafbestände fügten sich diesen Tatsachen so ein, daß ein züchterisches Entwicklungsbild einer Landschaf-Rasse zur Kulturrasse in einen bereits gegenwärtigen Zuchtabschnitt führt, der über den Weg der deutschen Merino-Rassen der ersten Hälfte des 19. Jahrhunderts zu den großen Beständen der Feinwoll-Schafe in Übersee den ersten Baustein legte. Soweit die zuchtmäßige Erneuerung der Wollschafbestände in Australien, Neuseeland, Südafrika und Südamerika in Frage steht, wird nach der Erfassung des Erbgutes und der rasselichen Wertung dieser Zuchtstufe und die Stammesabkunft

Abb. 91. Merino-Bock, Leutewitzer Zucht. Drei Jahre alt.

hier in einer Weise offenbar, die auch nach der praktischen Seite der Zuchtentschlüsse viele Unklarheiten berichtigen kann. Die Züchtung des Feinwollschafes in Spanien erstreckt sich selbst über Hunderte von Jahren, sodaß Mutation und Auslesewirkung züchterisch über lange Generationsfolgen eine rasseliche Entwicklung nur begünstigen konnte. Die stammesmäßige Unterlage kleinasiatischer Schafe und eine züchterische Auslesewirkung, die durch Umweltverhältnisse unterstützt wurde, führte zur Herausbildung von Unterschieden in den Beständen, die in der Gruppe der Wanderschafe (Transhumantes) und der Gruppe der Standschafe (Estantes) überliefert wird. Dieser Vorgang dürfte durch die Art einer Auslese auch auf das Merkmalsbild der beiden Gruppen eingewirkt haben. Die Kennzeichnung der Wanderschafe erfolgte im allgemeinen als großwüchsiges, widerstandsfähiges Schaf, dessen Wollcharakter nicht die höchste Stufe der Feinheit vorstellte, dafür im mengenmäßigen Ertrag besser abschnitt. Als bekannteste Zuchtfamilien dieser Gruppe werden die Negrea-Schafe und die Infantado-Schafe genannt. Die Gruppe der Standschafe wird als kleinerer Schaftyp von feinerer Körperkonstitution beschrieben, der feinsten, seidenartigen Wollcharakter aufweist. Als beste dieser Zuchten wurden die des Königs von Spanien, der Eskurialtyp und der Paulartyp der Karthäuser Mönche von PAULER gerühmt. Der Schlußstein der Zuchtentwicklung der eigentlichen Merino-Rassen fand aber nicht mehr in Spanien selbst statt, sondern erfolgte auf Grundlage der ausgeführten Zuchttiere aus Spanien nach Frankreich, England und vor allem nach Deutschland und Österreich. Die höchste Zuchtentwicklung nach der Feinheit der Wolle ergab sich in Deutschland, vor allem durch die Zuchtarbeit sächsischer Züchter, die aus der Grundlage der Einfuhr des Eskurial-Schafes große Bestände schufen. In züchterischer Weiterbildung und erblicher Festigung fand diese Entwicklung im sogenannten Elektorial-Schaf seine rasseliche Wertung, welche die höchste Vollendung der Wollfeinheit vorstellte; in körperlicher Verfassung durch die betonte Einseitigkeit der Wolleistung aber gewisse Schädigungen im Gefolge hatte, die nur durch sorgfältigste Haltungsweisen ausgeglichen werden konnten. Die sogenannte österreichische Zuchtrichtung fußte auf der Einfuhr aus der Gruppe der Wanderschafe (Negrea- und Infantado-Schaf), welche in ihrer Fortbildung als Negretti-Schaf bekannt wurde und in den Sudetenländern, Schlesien und Ungarn eine weite Verbreitung erlangte. Das Negretti-Schaf ist großwüchsiger, widerstandsfähiger als das sächsische Elektorial-Schaf, erreichte aber die höchste Wollfeinheit des letzteren nicht. Eine dritte europäische Zuchtrichtung, welche bis in die neueste Zeit ihre Bedeutung wahren konnte, entwickelte sich aus der Zuchtentwicklung der Merino-Schafe in Frankreich. Diese

Abb. 92. Stoffwollbock.

Wollschafe als Rambouillets nach dem Namen der Staatsdomäne ihres Standortes benannt, zeichnen sich durch die Art der Kammwolle und gute Fleischproduktion aus. Die Rambouillet-Schafe sind großrahmige Tiere, die durch ihre verhältnismäßige Härte und glückliche Leistungsvereinigung nach Woll- und Fleischgewinnung ihren Bestandumfang innerhalb der europäischen Zuchtgebiete vermehren konnten, daß sie vielfach wie in Ungarn die heimischen Rassen zum Großteil verdrängten. Die Einfuhr spanischer Wollschafe nach England, welche hauptsächlich unter der Regierung Georgs III. an Bedeutung zunahm, fand eine andere Entwicklung als auf dem europäischen Festland. Ein Teil der spanischen Wollschafe gelangte in die englischen Kolonien[1] und der Rest wurde von heimischen Schafrassen aufgesogen, bzw. gab Anregung zur Kreuzung, die in Fortführung unter züchterischer Auslese Einfluß auf gewisse englische Rassen gewinnen konnte. Für die deutschen Verhältnisse erfolgte zum Großteil eine

---

[1] H. HENSELER: Aus der Tierzucht von Australien und Neuseeland. Ber. Landwirtsch. **12** Sonderheft (1929).

züchterische Veränderung der genannten Merino-Rassen, da sich die wirtschaftlichen Voraussetzungen der Wollschafzucht im vorigen Jahrhundert durch den
Überseewettbewerb grundlegend änderte. Die Gliederung der Merino-Rassen
steht nach zwei Zuchtrichtungen, die nach der Produktion von Wollschafen
einerseits und nach der Produktion von Woll-Fleischschafen anderseits gegeben sind. Nach KRONACHER kann die Einteilung nach folgender Ordnung
erfolgen, deren Kennzeichnung in erster Linie nach der Art der Wolle ausgearbeitet wurde:

1. Merino-Tuchwollschafe. Kennzeichnung der Wolle: Gütestufe nach Hauptsortiment 4 A und darüber; Jahreswolle bis 5 cm Stapellänge.

Abb. 93. Kammwollbock.

2. Merino-Stoffwollschafe. Kennzeichnung der Wolle: Gütestufe im Hauptsortiment 3 A und darüber; Jahreswolle bis 7 cm.

3. Merino-Kammwollschafe. Kennzeichnung der Wolle: Gütestufe im Hauptsortiment A (Schwankung 2 A bis A/B); Jahreswolle bis 10 cm.

Die Gruppe der Woll-Fleischschafe stellt Schafrassen vor, die erst in neuester
Zeit durch Auslesearbeit der Züchter als Ziel verfolgt wurden und die Woll- und
Fleischnutzung in seinen besten Leistungswerten zu vereinigen suchen. Neben der
Wollnutzung findet die Masteignung der Schafe steigende Berücksichtigung, die
teils in neuen Formen auf eine erbliche Festigung der neuen Eigenschaftszusammenstellung zielt. In der Entstehung leiten sich diese Bestände aus
Kreuzungen zwischen Merinos oder Rambouillets einerseits und Dishley- oder
Leicester-Schafe anderseits her, die durch stete Auslese zuchtmäßig gefestigt
werden, aber heute eine strenge rasseliche Wertung nur in gewissen Ausnahmefällen rechtfertigen. Es werden unterschieden nach Kennzeichnung der Wolle,
Frühreife und Wüchsigkeit:

4. Fleischmerinos. Wolle nach Gütestufe A/B im Mittel, betonte Fleischnutzung, jedoch spätreif ohne besondere Wüchsigkeit.

5. Dishley-Merino (Merino-Precose). Wolle nach Gütestufe A/B im Mittel, betonte Fleischnutzung mit größerer Frühreife und Wüchsigkeit.

6. Mele-Schafe. Wolle nach Gütestufe A/C, gekennzeichnet durch große Schwankungsbreite. Gute Fleischleistung und Wüchsigkeit.

7. Rambouillet-Schafe. Wolle nach Gütestufe A im Mittel. Gute Fleischleistung ohne besondere Frühreife bei großer Wüchsigkeit.

C. Die Rassen der Fettschwanz- und Fettsteiß-Schafe.

Diese Rassen der Schafe sind in Europa nicht heimisch, doch haben einige Vertreter durch Einbürgerung in südrussischen Gebieten und seit etwa 40 Jahren durch Begründung einiger Zuchten in einigen europäischen Staaten ein steigendes Interesse gefunden. Die Bedeutung der letzteren, vor allem des Pelzschafes, ist im stetigen Zunehmen, was um so mehr zu begrüßen ist, als die Nachrichten sich verstärken, daß die Bestände des Pelzschafes in seiner Zuchtheimat sich im Rückgang befinden, ja vielfach bedroht erscheinen. Die einzelnen Rassen bieten für sich einzeln Beispiele, inwieweit die Unterschiede der Mutationsrichtungen und ihre züchterische Auslese größere Merkmalsverschiedenheiten im Gefolge haben können. Die Eigenart der Lockung des Lammpelzes, der Herausbildung des Fettschwanzes und eines Fettsteißes weist hinsichtlich der Mutationsörtlichkeit nach Vorderasien, in dessen Bereich sich die gegenwärtigen Verbreitungsgebiete befinden, allerdings nach dem Osten von Asien und auch nach Afrika noch weite Räume erfüllen. Besondere Stellung nach ihrem Lebensbild erhalten die meisten dieser Rassen noch dadurch, daß einige von ihnen eine große Akklimationsfähigkeit[1] aufweisen und vielfach den Nachweis lieferten, daß ihr erblich verankertes Merkmalsbild im rasselichen Sinne auch in gänzlich veränderter Umwelt gleich bleibt, ja bei aufmerksamer Zucht bestimmte sogenannte bodenbedingte Leistungsergebnisse in anderen Verhältnissen sich verbessern können. Nach der Stammesabkunft weisen diese Rassen auf die Gruppe der Kreishorn-Schafe[2] hin. Zwischen den Fettschwanz- und den Fettsteiß-Schafen besteht eine Reihe von Übergangsformen, welche sich für eine rasseliche Trennung bei Beständen in einigen Grenzgebieten nur schwierig fassen lassen.

1. Das Karakul-Schaf. Seine Zuchtheimat befindet sich in Bochara, einigen Gebieten Persiens usw. Seine Herkunft deckt sich indessen nicht mit der bezeichneten Zuchtheimat,[3] wohin eigentlich seine Entwicklung zur Zuchtrasse verlegt wird. Die Verbreitung[4] gewinnt neben Südrußland, Rumänien, Deutschland vor allem in Südwestafrika stetig Raum. Wenn von seinen kennzeichnendsten Merkmalen der Lammfellockung und dem Fettschwanz abgesehen wird, zeigt die Formausbildung des Körpers vielfach Anklänge an einige der Zackelschaf-Rassen, das durch die Stammesverwandtschaft gegeben ist. Seine besondere

---

[1] L. ADAMETZ: Über den angeblichen Einfluß des Steppenklimas und Steppenfutters Bocharas auf das Zustandekommen und die Erhaltung der Karakullocke. Z. Landwirtsch. Versuchsw. in Österr. **14** (1911).

[2] R. SCHULZE: Kraniologische Untersuchungen an einigen Wildschafformen und deren Beziehung zu den Karakulschafen. Z. Züchtg. Reihe B **30** (1934).

[3] L. ADAMETZ: Über die Herkunft der Karakulschafe Bocharas und die Entstehung der Lockenbildung am Lammvliese dieser Rasse. Z. Züchtg. Reihe B **8** (1927).

[4] L. ADAMETZ: Züchtungsversuche mit Karakulschafen in Europa unter Berücksichtigung der Ursachen ihres Gelingens usw. Z. Züchtg. Reihe B **21** (1929).

Akklimationsfähigkeit bewies es durch Einbürgerung und Gedeihen in verschiedenen Gebieten der Erde. Seine Leistungswerte nach Lammfellnutzung, nach Wollertrag und Milchertrag geben nach der Entwicklung der Nutzungsrichtungen ein einzigartiges Beispiel, wodurch auch gewisse Variationstypen[1] innerhalb der Rasse durch züchterische Auslese bedingt werden.

2. Das Malitsch-Schaf. Sein Zuchtgebiet umfaßt das Gebiet Südrußlands. Es gilt als einheimisches Schaf der Halbinsel Krim, wo seine Zucht in Händen von Tataren liegt. Seine Herkunft wird vom eigentlichen bocharischen Fettschwanz-Schaf (Karakul-Schaf) abgeleitet. Sorglose Zucht brachte einen Rückgang seiner Fellgüte, weshalb gegen Ende des vorigen Jahrhunderts durch Aufkreuzung mit Karakuls aus Bochara die Lammfellnutzung verbessert wurde. Seine Milchleistung wird gerühmt.

3. Die Daglics-Rasse.[2] Sein Vorkommen wurde in Kleinasien für die Grenzgebiete der Küstenlandschaften im Nordwesten und Westen einerseits und dem zentralen Teil Anatoliens festgestellt. Die Bezirke westlich von Ankara und Konya stellen das Verbreitungsgebiet vor.

Abb. 94. Kopf eines Bockes des Karakul-Schafes aus Bessarabien. (Phot. R. Gf. Fronius.)

Diese Rasse besitzt einen eigenartig geformten Fettschwanz. Es ist ein Mischwollschaf von weißer bis silbergrauer bzw. schwarzer Farbe.

4. Das Karaman-Schaf. Sein Vorkommen wird in Zentral- und Ostanatolien festgestellt. Man unterscheidet zwei Schläge, die weißen Ak-Karaman-Schafe und die rötlichen Kisil-Karaman-Schafe. Das freie Ende des Fettschwanzes zeigt bereits die eigenartige S-förmige Krümmung, wie sie beim Karakul-Schaf angetroffen wird. Das Gewicht der Fettpolster im Schwanz erreicht 2—13 kg, im Maximum sogar bis 30 kg, ein Zeichen der großen Schwankungsbreite dieses Merkmals.

5. Das Kamakuyruk-Schaf. Sein Vorkommen wurde im Gebiet von Kleinasien in der Gegend Ismir festgestellt. Es stellt einen Übergangstyp der gewöhnlichen langschwänzigen Mischwoll-Schafe zu den Fettschwanz-Schafen vor. Kennzeichnend sind größere Fettpolster und das Eigenschaftsbild der Zackel-Schafe im Bereiche Anatoliens.

6. Das Sakiz-Schaf. Sein Name wird von der gleichnamigen Insel im Ägäischen Meer abgeleitet; seine Verbreitung ist außerdem in Kleinasien in der Gegend von Cesme festgestellt. Gegenüber dem vorerwähnten Schaf soll der Unterschied im Wollkleid sich bemerkbar machen und gute Fleischleistung aufweisen.

7. Das Stummelschwanz-Schaf, Somali-Schaf. Es ist in einigen Gebieten Ostafrikas verbreitet und gilt als Schaf der Somalis, welches erst in jüngster Zeit durch Araber nach Afrika gebracht wurde. Das Somali-Schaf ist ein Haarschaf;

---

[1] L. Adametz: Die Variationstypen der Karakulrasse. Mitt. Landwirtsch. Lehrk. H. f. B. Wien **1** (1913).

[2] T. Vetulani: Beitrag zur Kenntnis der anatol. Schafrassen. Z. Züchtg. Reihe B **23** (1932).

ist schwarzköpfig, ungehörnt und besitzt Schlappohren. Die Fettschwanzausbildung ist eigenartig kurz, daher auch seine Bezeichnung Stummelschwanz-Schaf. Durch seine Akklimationsfähigkeit in afrikanischen Gebieten sowie seine Eignung als Unterlage für Kreuzungen mit Karakuls in Südwestafrika ist es von unschätzbarem Wert.

8. Die Fettsteiß-Schafe. Ihr Verbreitungsgebiet erstreckt sich von der südöstlichsten Grenze Europa—Asien über weite Gebiete Vorder- und Zentralasiens bis nach China. Es werden tatarische, kirgisische, kalmückische und burätische Fettsteiß-Schafe unterschieden. Diese Schafe besitzen meist grobwollige oder mischwollige Vliese, der kurze Schwanz ist von Fettpolstern umlagert, welche meist vom Steiß über den oberen hinteren Teil der Keule sich verbreiten. Die Größe dieser Fetteinlagerungen variiert sehr, auch die Nutzungsrichtungen der verschiedenen Rassen weisen in dem weiten Gebiete Unterschiede auf. Im Haustiergarten der Universität Halle wurden kalmückische Fettsteiß-Schafe mehrere Generationen gehalten. Ungeachtet der sehr unterschiedlichen Umwelt erwies sich die Eigenart des Fettsteißes als erblich bedingt und nicht, wie ursprünglich gemeint wurde, als Anpassungserscheinung an die Steppenumwelt oder Einfluß einer besonderen Ernährung.

Abb 95. Ost-Bocharisches Fettsteiß-Schaf aus Hissar in Zentralasien. (Phot. nach Atlas der Schafzucht von Beresowski.)

D. Die Rassen der Bergschafe.

Die stammeskundliche Abkunft einzelner dieser Rassen steht nicht fest, soweit die bisher durchgeführten Untersuchungen erkennen lassen, stehen sie zu dem Rassenkreis der Kreishorn-Schafe wohl in einer Beziehung, die augenscheinlich durch die spätere Zuchtentwicklung in gewissen Leitmerkmalen eine Abänderung erfuhr, welche eine neue Ausprägung des Eigenschaftsbildes entweder aus mutativen Neubildungen oder züchterischen Einfluß anderer Rassestämme im Gefolge hatte. Eine allgemeine rasseliche Kennzeichnung der Gruppe ist kaum möglich, immerhin scheinen manche verbindende Elemente noch faßbar, wenn eine genaue zootechnische Untersuchung jener Rassen durchgeführt werden kann, die sich in ausgesprochenen Rückzugsgebieten vermöge einer besonderen Lebenskraft und Abgeschlossenheit erhalten haben. Nach ihren Verbreitungsgebieten gelten die Rassen durchwegs als heimische Bergschafe im Bereich der Gebirgslandschaften, sodaß die Alpen, die Pyrenäen und der Apennin je nach der Eigenart der Umweltverhältnisse auf die Haltungs- und Nutzungsweisen Einflüsse geltend machen.

1. Das Paduaner- und das Bergamasker-Schaf. In seiner ursprünglichen Form ist diese Rasse heute kaum mehr anzutreffen; die Rasse ist insofern bedeutsam, als eine Reihe anderer alpenländischer und auch italienischer Bestände züchterisch durch dieses Schaf beeinflußt wurden und Blutanteile aufgenommen haben. Das Zucht- und Verbreitungsgebiet dieser Schafe bildete der Südrand der Alpen im Bereich der Poebene. Kennzeichnend für die Bergamasker-Schafe waren ihre verhältnismäßig großen Körperformen, die Hornlosigkeit und der mehr oder weniger geramste Kopf. Sie zeichneten sich durchwegs durch gute Fleischnutzung und Wollertrag vom Charakter einer guten Mischwolle aus.

2. Das Kärntner-Schaf.[1] Sein Heimatgebiet ist Kärnten; seine Verbreitung erstreckt sich durchgehend über den größten Teil der Ostalpen. Zufolge der recht

Abb. 96. Seeländer-Schaf aus Kärnten. Vertreter des Schlichtwolltypus. (Phot. Prof. A. Staffe.)

unterschiedlichen Verhältnisse sind die Bestände des Kärntner-Schafes nicht einheitlich, sodaß einige Lokalformen unterschieden werden. Die bekanntesten sind die Seeländer-, die Gurktaler-, die Uggowitzer- und die Bleiberger-Schafe. Die Schwankungsbreite nach der Größe ihrer Körperformen ist beträchtlich, sodaß Bestände von der Größe eines kleinen Bergschafes bis zum großen Paduaner-Schaf angetroffen werden. Das Kärntner-Schaf ist hornlos, mit mehr oder weniger ausgeprägtem Ramskopf. Die Leistung nach Woll- und Fleischertrag ist gut zu nennen, besonders wenn ihre Genügsamkeit für die Gebirgsverhältnisse in Betracht gezogen wird.

3. Das Stein-Schaf.[2] Sein Verbreitungsgebiet ist Salzburg, Teile Tirols und Bayerns und einige Gebiete der Ausläufer der nordöstlichen Alpen. Es ist ein kleines Bergschaf, das besondere Eignung zur Beweidung der hochalpinen Region aufweist, sehr genügsam und widerstandsfähig ist. Der Kopf ist gerade, die Hornbildung durchwegs schwach, die Körperfarbe weiß, vereinzelt kommen schwarze

---

[1] A. SOHNER: Das Kärtner-Schaf. Arb. Lehrk. Tierz. H. f. B. Wien 4 (1929).
[2] L. FÜHRER: Studien zur Monographie des Steinschafes. Mitt. Landwirtsch. Lehrk. H. f. B. Wien. 1913.

Tiere vor. Die Nutzung nach Fleisch und Wolle kann in Anbetracht der einfachen und harten Umweltverhältnisse befriedigend genannt werden. Stellenweise kommt in einigen Gegenden vereinzelt Milchnutzung vor.

4. Die Schweizer-Bergschafe. Innerhalb der Alpengebiete der Schweiz werden Bestände von heimischen Schafen angetroffen. Die bekanntesten Schläge sind das Wallis-, das Schwyzer- (Wildhauser-Bündner-Schaf) und das Frutigen-Bergschaf. In vielen Belangen sind die Schweizer-Bergschafe den aufgezählten alpenländischen Bergschafen ähnlich. Sie sind sehr genügsam, klimahart und widerstandsfähig, zur Ausnutzung der Hochalmen geeignet. Die Leistungsgrößen nach Wolle und Fleisch sind durchwegs bei Berücksichtigung der Umweltverhältnisse gut zu nennen. Das schwarzköpfige Fleischschaf der Schweiz, welches unter Einfluß englischer Zuchtrassen entstand, zeigt nur bei Befriedigung seiner höheren Bedürfnisse die höheren Leistungsergebnisse. Die rasseliche Entstehung der Schweizer-Alpenschafe kann in bestimmten Gebieten aus dem Torf-Schaf hergeleitet werden, welches durch die lange Zuchtentwicklung und teilweise blutmäßigen Einschluß anderer Schafformen in dem heute kennzeichnendem Eigenschaftsbild entstanden ist.

5. Die italienischen Bergschafe. Mit Ausnahme der bereits erwähnten Bergamasker- und Paduaner-Schafe ist in verschiedenen Gebieten der Apenninhalbinsel ein sehr bedeutender Schafbestand vorhanden.

Abb. 97. Kopf eines Bockes des Schafes der Béarn. (Frankreich.)

In seinen Leistungen unter Wertung bestimmter umweltbedingter Haltungsweisen sind die Leistungsgrößen als meist recht befriedigend anzusehen. Vielfach hat sorglose Zucht die Bestände recht unausgeglichen gestaltet und gewisse Nutzungsrichtungen vernachlässigt. Nach der zootechnischen Richtung sind nur vereinzelt Untersuchungen dieser Schafe bekannt, so daß betreffend ihrer Stammesabkunft und auch ihrer rasselichen Wertung fast keine Leitmerkmale faßbar scheinen. Als Rassen möchte ich, ohne über die Grenzen ihrer Trennung etwas sagen zu können, folgende nennen. Die Rasse von Moscia oder Leccese, die Rasse Calabriens und Pagliarola-Rasse. Bekannter sind das Langhe-Schaf in Piedmont, das Milchschaf von Aniene, die Vissana- und Maremmaner-Rasse.

6. Die Pyrenäen-Schafe.[1] Innerhalb der Berglandschaften der Pyrenäen und der anschließenden Gebiete Spaniens und dem Südwesten Frankreichs bestehen große Bestände von Schafrassen, deren zootechnische Bearbeitung zum größten Teil noch aussteht. Aus den spanischen Gebieten werden das Borderleira-, das Churro- und das Castillonais-Schaf genannt. Von den französischen Zuchtgebieten werden die Schafe des Gebietes der Causses, der Cevennen im Südwesten

---

[1] S. ELEK: Studie über das Schaf der Landschaft Béarn. Z. Züchtg. Reihe B **31** (1935).

Frankreichs gerühmt, ferner die eigentlichen Pyrenäen-Schafe, das Larzac-Schaf, das Schaf der Béarn und das Schaf von Lourdes in den Zentralpyrenäen als Rassen genannt. Ihre Herkunft steht eigentlich nicht fest, vielfach wird behauptet, es handelt sich um einheimische Schafbestände, die in verschiedenen Zeitabschnitten durch Abkömmlinge asiatischer Schafe veredelt wurden, dem später durch Einfluß der Merinos aus Spanien ein weiterer Zuchtaufstieg folgte. In der neuesten Zeit setzte auch stellenweise das Bestreben ein, einige Rassen dieser Gebiete durch englische Fleischrassen zu veredeln. Dieser Vorgang wurde zufolge der wenig befriedigenden Ergebnisse größtenteils wieder aufgegeben. Bei einigen Rassen ist die Milchergiebigkeit recht ansehnlich, auch die Wolleistung in Betracht der primitiven Haltungsweisen kann als gut bezeichnet werden. Der Charakter der Wolle ist verschieden, neben grober Mischwolle der Béarn-Schafe werden Kurzwollschafe und Langwollschafe unterschieden.

7. **Das schottische Schwarzgesicht-Schaf.**[1] Seine Zuchtheimat ist Schottland, wo es die Hälfte der gesamten Schafbestände darstellt. Es ist eine in beiden Geschlechtern gehörnte Landrasse, deren Abkunft vom Kreishorn-Schaf und vom Mufflon in einer Art Mittelstellung abgeleitet wird. Der Wollertrag einer groben Mischwolle ist gut, seine Fleischausbeute, namentlich von Gebrauchskreuzungen dieser Rasse, wird gerühmt.

8. **Das Cheviot-Schaf.** Seine Zuchtheimat ist die Berglandschaft des englisch-schottischen Grenzgebirges. Seine Verbreitung erstreckt sich auch gebietsweise über Schottland. Es ist eine, für englische Verhältnisse genügsame, harte Hügellandrasse, welche gute Fleisch- und Wollausbeute bei primitiver Haltungsweise liefert. Die Wolle stellt durch die Art des Glanzes einen besonderen Typ vor.

Abkömmlinge der Mufflons.

E. Die Niederungsschafe.

Der Verbreitungskreis dieser Schafrassen umfaßt das Nordseegebiet und die britischen Inseln. Der englische Ausdruck der Down-Schafe kann bis zu einem gewissen Grad als bezeichnend für diese Gruppe gelten, die neben den Merinos als höchste Stufe der Zuchtrassen unter Schafen ihre Stellung einnehmen. Die Zuchtentwicklung führte hier zu den höchsten Leistungswerten der einseitigen Nutzungsrichtungen der Schafe und weist die ergiebigsten Milchschafe der norddeutschen Marschen und die frühreifen englischen Fleischschafe auf. Nach dem Wollkleid werden einige dieser Rassen als Schlichtwoll-Schafe bezeichnet, das ihnen zufolge einer bestimmten Charakteristik der Wolle zufällt und innerhalb der englischen Bestände auch eine Gliederung nach Kurzwoll- und Langwoll-Rassen zuläßt. Bei den englischen Kurzwoll-Rassen ist die außerordentlich entwickelte Frühreife und ihre vorzügliche Masteignung zu vermerken. Nach ihrer Abkunft werden diese Rassen durchwegs in die Stammeslinie der Mufflons eingereiht; sie haben jedoch im Wege der Zuchtentwicklung Abänderungen erfahren, die teils auf Einfluß besonderer Zuchtauslese, teils auf fremden Bluteinschluß zurückgeführt werden können. Um eine Kennzeichnung in rasselicher Hinsicht in den Grundlagen zu ermöglichen, wurden bei den englischen Fleischrassen Untersuchungen[2] an Skeletten durchgeführt, die jedoch ergaben, daß eine rassenkennzeichnende Merkmalsabgrenzung nach dieser Richtung nicht durchführbar erscheint. Die Variationsbreite der hier ins Auge gefaßten Eigenschaftsgrößen

---

[1] K. KOHANY-SZABELLY: Studien über das schottische Hochlandschwarzgesichtschaf usw. Z. Züchtg. Reihe B **27** (1933).

[2] W. SCHWARZKOPF: Vergleichende Untersuchungen am Skelett englischer Fleischschafrassen in der Sammlung der Universität Halle. Diss. Halle, 1927.

zeigten so große Transgressionen, daß die rasseliche Gliederung der Gruppe auf den bekannten züchterischen Unterschieden (körperlichen Eigenschaftsbild, Leistungsgrößen) begründet bleiben muß.

1. Das ostfriesische Milchschaf. Seine Zuchtheimat ist Ostfriesland und die Rasse nimmt unter vielen Schafen eine Sonderstellung durch den Erfolg der Leistungszüchtung ein. Die Milchleistung liefert die höchsten Werte aller Schafrassen und der Ertrag der Schlichtwolle ist befriedigend. Es ist ein mittelgroßes Schaf, das in seinen Beständen große Ausgeglichenheit zeigt; außerhalb seines Heimatgebietes aber die Höchstwerte seiner Leistung selten erlangt.

Abb. 98. Typischer Vertreter der Southdown-Rasse. (Extreme Form für Frühreife und Mastfähigkeit.)

2. Das Marsch-Schaf. Vielfach ist der Ausdruck Geestschaf für diese Rasse gebräuchlich. Es ist vornehmlich in den norddeutschen Marschgebieten verbreitet. Nach seiner Kennzeichnung ist das Marsch-Schaf dem vorigen sehr ähnlich; in seiner Leistung zeigt es eine Mittelstellung nach guter Fleischausbeute und Milchergiebigkeit.

3. Das deutsche schwarzköpfige Fleischschaf. Diese Rasse wurde aus deutschen Landschaften unter Verwendung englischer Hampshire-Böcke gezüchtet. Gute Fleischausbeute bei genügender Klimahärte ist die Leistungsrichtung auf bodenständiger Futtergrundlage.

4. Das deutsche weißköpfige Fleischschaf. Die Rasse entstand durch Veredlung von spätreifen Merino-Abkömmlingen aus Cotswold- und Dishley-Schafen. Gute Wolleistung mit entsprechender Fleischausbeute bei Frühreife wird gerühmt.

5. Das Texel-Schaf. Sein Zuchtgebiet ist die holländische Insel Texel. Die Bestände sind nicht sehr zahlreich; es ist ein in beiden Geschlechtern ungehörntes Schaf, dessen gut geformter, langgestreckter Rumpfbau als gute Anlage für Milchleistung gewertet wird. Die Wolle steht dem Kammwollcharakter nahe; gute Milchleistung und hohe Fruchtbarkeit werden hervorgehoben.

6. Das Charmois-Schaf. Sein Verbreitungsgebiet ist das Massiv Zentralfrankreichs und die nördlich und westlich gelegenen Gebiete. Es ist aus den Landrassen Mittelfrankreichs unter Verwendung englischer Fleischrassen entstanden. Seine Fleischausbeute und Frühreife werden gerühmt. Die Bestände dieser Rasse befinden sich in steter Zunahme.

7. Das Southdown-Schaf. Sein Vorkommen wird in erster Linie in südenglischen Grafschaften festgestellt. Bestände werden in steigender Zahl auch in Übersee und Frankreich angetroffen. Seine Entstehung wird aus den kleinen, feinwolligen südenglischen Landschafen abgeleitet. Das Southdown-Schaf wurde für den Zuchtaufbau vieler anderer Zuchtrassen Englands bedeutsam. Es ist ein kleines Schaf, von weißer bis graubrauner Farbe. Der Kopf ist fein, breit und hornlos. Für die Wolle ist meist Sortiment B kennzeichnend, seine Leistungsfähigkeit ist durch seine Frühreife und Masteignung bekannt.

Abb. 99. Hampshiredown-Bock. Vertreter der einseitigen Fleischmastrichtung.

8. Das Shropshire-Schaf. Seine Bestände dürften in Übersee bereits ansehnlicher sein als im Mutterland. Diese Rasse wurde aus den Hügellandschaften Englands zum Teil durch Kreuzung mit Leicester-Schafen und Verwendung von Southdown-Böcken herausgebildet. Der Rumpf des Schafes zeigt gute Verhältnisgrößen, der Kopf ist klein; nach seiner körperlichen Verfassung wird es als widerstandsfähig beurteilt, worauf seine Bevorzugung für die Verwendung in Übersee sich stützt. Seine Fleischleistung wird als sehr gut angegeben; die Wollgüte nach Sortiment C gekennzeichnet.

9. Das Oxfordshire-Schaf. Sein Vorkommen wird im südlichen Teil Mittelenglands angegeben. Seine rasseliche Entwicklung wird aus Kreuzungen von Hampshire- und Cotswold-Schafen unter späterer Veredlung durch Southdowns abgeleitet. Diese Rasse zeigt breiten, vollen Rumpfbau und ist hochgestellt. Schnellwüchsigkeit und gute Fleischausbeute sind seine Vorzüge. Seine Wollkennzeichnung wird als Sortiment C/D mit Wellung und leichtem Glanz angegeben.

10. Das Hampshire-Schaf. Die Rasse ist in Südengland verbreitet; seine Zuchtgeschichte weist auf Entwicklung aus südenglischen Landschaften unter Veredlung mit Southdown-Böcken hin. Es ist ein breites, tiefrumpfiges Schaf. Die Lämmer zeigen gute Eignung für Frühmast. Die Wolle wird als Sortiment C mit einem leichten Glanz angegeben.

11. Das Leicester-Schaf. Seine Entstehung verdankt es dem Züchter Bakewell, der Schafe der südlichen englischen Hügellandschaften nach Frühreife und Masteignung verbesserte und die Zucht der Leicester-Schafe begründete. Die Zuchtrasse verlangt viel Futter und gute Haltungsverhältnisse. Es zeigt den Typ der frühreifen Fleischschafe, seine Farbe ist weiß, die Wolle wird als Sortiment D eingeteilt, dessen eigenartiger Glanz zu vermerken ist.

12. Das Lincoln-Schaf. Seine Verbreitung ist in Mittelengland häufiger. Es ist ein mittelgroßes Schaf mit nacktem, geramstem Kopf. Die Masteignung zeigt nicht die Höchstwerte der Leicester, dagegen ist es robuster. Sein Wollkleid zeichnet sich durch lange, glänzende Kammwolle aus, die als Lustrewolle ausgegeben wird.

13. Das Cotswold-Schaf. Die Bestände dieser Rasse sind im Abnehmen, es wurde seinerzeit in großem Umfang ausgeführt. Es ist ein großes, schweres Schaf mit langgestrecktem Rumpf. Die Cotswold gelten als widerstandsfähig, als robuste Vertreter unter den englischen Fleischschafen, die allerdings die Höchstwerte der einseitigen Nutzungsrichtung nach Fleischausbeute nur vereinzelt erreichen.

14. Das Romneymarsh- und das Devonlongwool-Schaf. Beide Rassen waren in Südengland

Abb. 100. Bock der Lincoln-Rasse in altem Vlies. (Glanzwolle.)

früher weitverbreitet; die Bestände sind indessen heute nicht sehr zahlreich. Sie wurden viel ausgeführt und in Übersee gern zu Gebrauchskreuzungen verwendet. Die extremen Leistungswerte nach Frühreife und Masteignung werden in den Stufen der Zuchtrassen nicht erreicht; durch ihre weit bessere Akklimationsfähigkeit in fremden Verhältnissen erfreuten sie sich einer gewissen Sonderstellung.

F. Die Rassen der Landschafe.

Durch die ins Auge springenden Erfolge, die gewisse Zuchtrassen der Hausschafe nach ihren höheren Leistungswerten erlangten, und weiter durch die ungünstige Stellung der Schafzucht in den arbeitsintensiven Betrieben wurde den Landschaf-Rassen immer weniger Aufmerksamkeit in züchterischer Hinsicht gewidmet, daß sie stellenweise immer mehr und mehr zurückgedrängt, ja zum Teil auch vom Blut der eingebürgerten Zuchtrassen aufgesogen wurden. Es wurde übersehen, daß bodenständige Landrassen durch ihre Genügsamkeit, Futterdankbarkeit in ihrem verhältnismäßigen Nutzen oft nicht geringer bewertet werden können, besonders wo Umweltverhältnisse gewisse Voraussetzungen an Widerstandskraft stellen, die den Zuchtrassen vielfach verloren gegangen sind. Ferner ist zu berücksichtigen, daß bestimmte Lagen und Futterverhältnisse eine entsprechende Auswertung ermöglichen, wenn Landrassen bestimmter Prägung in klima- oder bodenbedingten Verhältnissen verwendet werden. Vielfach lohnen Landrassen züchterische Aufmerksamkeit selbst durch Leistungssteigerung, daß sie oft als Bestandsreserven zur Entwicklung neuer Zuchtrassen ausgegeben werden können. Nach ihrer Abkunft werden die Landrassen von Mufflons abgeleitet; die meisten

Vertreter haben als Abkömmlinge schon züchterische Abänderungen erfahren, daß die zootechnischen Leitmerkmale nur auf Grund besonderer Methoden faßbar scheinen. Über die rasseliche Trennung der Landrassen oder Beurteilung einer Züchtungsstufe nach Entwicklung könnten die Ergebnisse neuerer Arbeiten[1] bei Ergänzung als Weiser in Betracht kommen.

1. Das Württemberger-Schaf.[2] Seine Verbreitung ist heute in Südwestdeutschland (Baden, Württemberg, Gebiete von Bayern) allgemein. Die Zuchtentwicklung weist auf die züchterische Veredlung der süddeutschen Landschafe durch Merino-Abkömmlinge hin. Vielfach wird der Ausdruck Württemberger Bastardschaf gebraucht, eine Bezeichnung, die unzutreffend ist, wenn das Eigenschaftsbild nach der Ausgeglichenheit größerer Bestände beurteilt werden kann. Das Württemberger-Schaf ist eine mittelgroße, verhältnismäßig frohwüchsige Rasse, die Härte und Widerstandsfähigkeit der Landschafe sich bewahrte. Seine Woll-

Abb. 101. Heidschnucken der Lüneburger Heide.

und Fleischleistung wird aus der bodenständigen Futtergrundlage als gut bezeichnet. Die gleichmäßig gut gekräuselte Wolle besteht im Sortiment A/C.

2. Das Franken-Schaf. Seine Verbreitung schloß sich an das Gebiet des Württemberger-Schafes nach Nordwesten in Franken an. Das Franken-Schaf ist in seiner ursprünglichen Form fast zur Gänze von anderen Rassen aufgesogen oder abgeändert. Es zeigte kleinere Statur, weißen Kopf und in der Wolle Schlichtwollcharakter.

3. Das Zaupel-Schaf. Als Landschaf in Bayern blieb es von lokaler Bedeutung. Es ist ein kleines Schaf von grauer bis brauner oder schwarzer Wolle. Seine Genügsamkeit und Widerstandsfähigkeit erhielt es in vereinzelten Moorgegenden oder Berglagen.

4. Das Berrichonne- und das Limousin-Schaf. Die Verbreitung dieser beiden Landschafe reichte in die Gebiete des Zentralplateaus Frankreichs und der nordöstlich anschließenden Landschaften. Unter den französischen Landschafen er-

---

[1] H. GROSSE: Untersuchungen an Schädeln von deutschen Landschafrassen. Diss. Halle, 1927. — S. WIARDA: Vergleichende anatomische und biometrische Untersuchungen am Skelet der deutschen Landschafe. Diss. Halle, 1925.

[2] H. K. HUTTEN: Das Deutsche veredelte Landschaf (Württemberger). Dtsch. Ges. f. Züchtungskde. 1938.

hielten sich noch einige Restbestände, denen gute Fleischleistung in einfachen, harten Haltungsverhältnissen nachgerühmt wird.

5. Das Leine-Schaf. Seine Verbreitung ist in Deutschland sehr zurückgegangen, vielfach wurde das Leine-Schaf durch fremden Bluteinschlag verbessert. Es ist ein weißköpfiges Schaf, von mittlerer Größe, das aus der bodenständigen Futtergrundlage mäßige Leistung gibt. In guten Futterverhältnissen zeigt es befriedigende Ergebnisse; die lange, ziemlich dicht gestapelte Wolle besteht aus C-Wolle.

6. Das Rhön-Schaf. Für die Verhältnisse des Rhöngebietes wird es als robustes, genügsames Landschaf gewertet. Die Rumpfentwicklung ist gut, Kopf und Ohren sind schwarz. Die Fleischleistung wird durch die Güte seines Fleisches gut beurteilt. Die lange Schlichtwolle besteht zum Großteil aus Sortiment C.

7. Die Heideschnucke. Für gewisse nordwestdeutsche Gebiete, namentlich Moor- und Heidegegenden, gilt es als die heimische Rasse. Seine Genügsamkeit, Härte und Futterdankbarkeit für diese Umweltverhältnisse macht es wertvoll. Es ist ein mittelgroßes Schaf, von schlanken und gewöhnlich trockenen Körperformen. Dieses Heideschaf ist von grauer Farbe und gehörnt, es besteht eine Abart von weißer Farbe und ungehörnt.

8. Die Skudde. Sein Heimatgebiet sind Heidegebiete Ostpreußens. Ähnlich der Heideschnucke galt die Skudde als das Heideschaf dieser Gebiete, welche heute durchwegs arbeitsintensiver gestaltet wurden und dieses Landschaf durch leistungsfähigere Rassen ersetzt haben.

Sechster Abschnitt.

Die Zuchtentwicklung der Ziege.

Die Abstammung der Hausziegen.

Ursprünglich wurde allgemein nach der Stammesabkunft die Hausziege von der Wildform der Bezoar-Ziege abgeleitet. Indessen konnten gewisse zootechnische Leitmerkmale, soweit sie wenigstens die europäischen Hausziegen betreffen, nicht in Einklang gebracht werden. Nur vereinzelte zootechnische Untersuchungen der Ziegenrassen und vor allem gänzlich unzureichende Unterlagen der Stammesforschung unserer Hausziegen mochten zu diesen lange Zeit in Geltung stehenden stammeskundlichen Irrtümern geführt haben. Die fortschreitende Kenntnis des biologischen Lebensbildes der Wildziegen und vor allem die Bearbeitung der neolithischen Haustierreste brachten in Beziehung zu zootechnischen Untersuchungsergebnissen aus gegenwärtigen Rassen es zu einem Wissensbild, daß über die Stammeskunde, soweit die europäischen Ziegen in Betracht kommen, Klarheit herrscht. Heute bestehen noch zwei Wildformen von Ziegen, die allerdings als Stammformen für die europäischen Ziegen nicht in Frage kommen; immerhin sind die zum besseren Verständnis und klaren Erfassung der zootechnischen Leitmerkmale an Ziegen nicht zu umgehen, so daß sie vor der eigentlichen ausgestorbenen Stammform aufgeführt erscheinen, wiewohl ihr Vorkommen im Wesen auf Asien beschränkt bleibt.

Die Schrauben-Ziege oder der Markhor (Capra falconeri). Das Verbreitungsgebiet schließt sich nach Osten an das der Bezoar-Ziege an und wird von Bochara und Afghanistan zum westlichen Himalaya umrissen. Es wird eine Reihe von Lokalformen bzw. Unterarten angegeben. Das kennzeichnende Merkmal bleibt indessen durchgehend, die enger oder weiter gewundene Art der Hörner, die schrauben- bis korkzieherartige Formen zeigen. Die Richtung der Windung gegen den Urzeigersinn (heteronym) wird als wesentlich bei dieser Formausbildung angesehen. Diese Ziegen sind grau im Winter, rötlich und rötlichbraun im Sommer. Die vordere Seite des gewöhnlich sehr stark ausgebildeten Bartes und die Vorderbeine sind schwarz. Die Böcke zeigen über dem Vorderkörper ein starkes mähnenartiges Haarkleid. Abkömmlinge dieser Ziege als Hausziege sind nur vereinzelt bisher bekannt geworden, so weist ANTONIUS auf die Tscherkessen-Ziege hin. Altmesopotamische Darstellungen weisen auf Hausziegen mit solchen Hornformen hin, auch sollen nach LYDEKKER in Kleinasien Hausziegen mit der Hornbildung des Markhors vorkommen.

Abb. 102. Bezoar-Ziegen (Capra aegagrus) aus Schönbrunn.

Die Bezoar- oder säbelgehörnte Ziege (Capra aegagrus). Die zweite wild lebende Ziegenart schließt an das Verbreitungsgebiet der Schrauben-Ziege nach Westen an, vom Kaukasus zieht die Verbreitung durch Kleinasien bis nach Kreta und den Cykladen (Erimomilos). Die kennzeichnende Hornform dieser Ziege besteht in einfach nach rückwärts bogenförmig geschwundenen Hörnern, deren vordere Kantenbewegung sich in charakteristischer Weise nach einwärts wendet. Nach Größe dieser Ziegen, ihrer Färbung und Variation des Gehörns wird eine Reihe von Unterarten unterschieden. Wie aus einem geschilderten Lebensbild nach FLORSTEDT[1] hervorgeht, handelt es sich um Tiere, deren Lebensraum nur im Hochgebirge sein ihm zusagendes Element findet. Die Körperfarbe unterliegt einem jahreszeitlichen Wechsel und weist im Sommer ein Rotbraun und im Winter ein Graubraun auf. Bauch und innere Seiten der Extremitäten sind weiß. Erwachsene Böcke zeigen

---

[1] A. FLORSTEDT: In den Hochgebirgen Asiens und Siebenbürgens. Neudamm: Neumann, 1928.

eine weiße Sattelzeichnung. Gesicht, Kinn, Bart, Brust und Vorderseite der Beine werden als schwarz angegeben. Für die Abstammung[1] der europäischen Ziegenrassen steht die säbelgehörnte Ziege außer Frage, denn eine Umschau hat bisher keine Rasse in Europa ausfindig machen können, welche im Leitmerkmal des säbelförmigen Gehörns eine zootechnische Begründung aufgezeigt hätte. Wohl scheint es nach Beobachtungen wahrscheinlich, daß besonders West-Bochara und Turkestan, also das westliche Zentralasien, Hausziegen aufweisen, die sich von der Bezoar-Ziege ableiten oder zumindest irgendeine blutmäßige Verwandtschaft erkennen lassen.

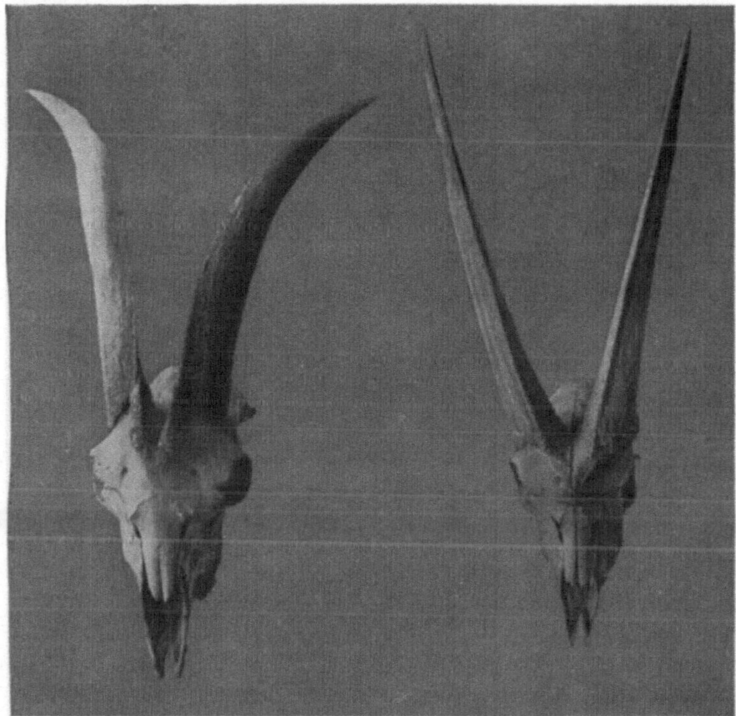

Abb. 103. Ziegenschädel. Links Capra-prisca-, rechts Capra-aegagrus-Type.

Die europäische Ziege (Capra prisca ADAMETZ[2]*).* Diese Ziege als Stammform ist heute ausgestorben, auch steht die Reichweite ihres Verbreitungsgebietes bzw. ihr Ursprungsgebiet heute nicht fest. Nach den Funden und der Verbreitung ihrer Abkömmlinge ist sie in Europa in einem weiten Bereich anzutreffen. Die kennzeichnende Hornform, die sich bei allen europäischen Ziegenrassen in den verschiedensten Ausbildungsstufen wiederfindet, ist die im Sinne des Urzeigers gewundene (homonyme) Vorderkante der Hornausbildung, welche ein deutlich gegensätzliches Bild zu der Schrauben-Ziege Asiens und der Bezoar-Ziege stellt. Dieses eigenartige Eigenschaftsbild der drei Ziegenarten erweist sich als erblich fest verankert, denn Versuche im zoologischen Garten in Berlin zeigten, daß bei

---

[1] L. ADAMETZ: Über das Vorkommen des Aegagrus-Typus bei den Hausziegen Europas und Asiens. Z. Züchtg. Reihe B **15** (1929).

[2] L. ADAMETZ: Untersuchungen über Capra prisca, einer ausgestorbenen, neuen Stammform unserer Hausziegen. Mitt. Landwirtsch. Lehrk. H. f. B. Wien. 1914.

Kreuzungen der Hausziege mit dem Markhor die kennzeichnende Windung der Hornform desselben durch mehrere Generationen beibehalten wird, selbst wenn die Bastarde wieder mit den Hausziegen rückgekreuzt werden. Nach dem Bild der bisherigen Fundstellen in ihrer Verteilung,[1] wie Zlota bei Sandomircz, Wiechow, Koszylowce in Podolien, Nauenheim am Mittelrhein, Pfahlbau v. Schaffis in der Schweiz und Klausenburg in Siebenbürgen, kann angenommen werden, daß die Priska-Ziege durch ganz Europa herrschend wurde und stellenweise, wie gewisse Rassenbestände aus Kleinasien und Afrika erkennen lassen, sich auch in angrenzenden Gebieten verbreitete. Daß ihre rasseliche Differen-

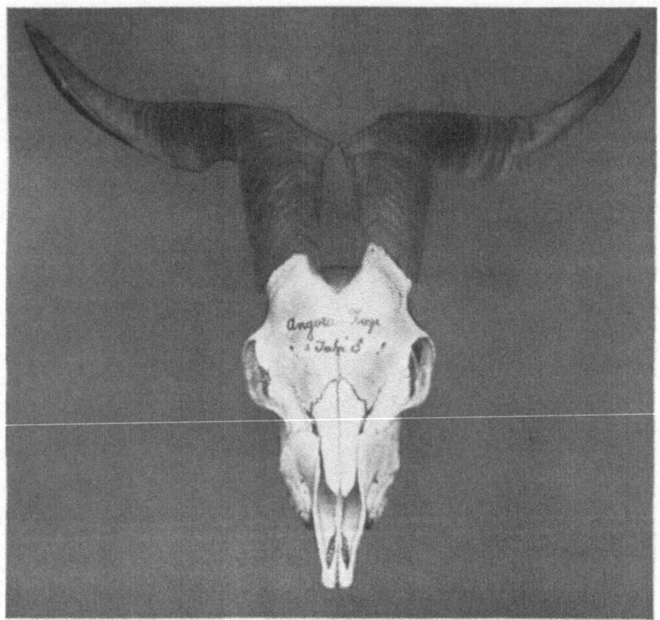

Abb. 104. Schädel der Angora-Ziege. Vorderansicht.

zierung nach den unterschiedlichsten Formen sich daraus ergab, ist aus der Größe des Verbreitungsgebietes erklärlich, daß sich auch in mancher Hinsicht die Ziegen der Gebirgslandschaften und der Niederungen unterscheiden. Auch die Unterschiede im Haarkleid sind außerordentlich und geben eine vergleichsweise mutative Herausbildung mit dem Wollkleid der Schafe, wenn wir das Wollkleid der Angora-Ziege mit der langhaarigen Karpaten-Ziege und schließlich dem Haarkleid der Saanen-Ziege vergleichen.

Das Hausbarwerden der Ziege ist für Europa weit in die vorgeschichtliche Zeit zu verlegen; über die Art der Durchführung dieses Vorganges ist wie bei allen Haustieren nichts Näheres bekannt. Die frühgeschichtlichen Formen einer Ziege, die als Pfahlbau-Ziege *(Capra hircus Rütimeyeri* DUERST*)* und als Kupferziege *(Capra hircus Kelleri* DUERST*)* uns überliefert werden, zeigen Unterschiede, die in rasselicher Hinsicht als erste Stufe des Entwicklungsganges aufgefaßt werden können. Von der Pfahlbau-Ziege wird eine Normal-, eine Zwerg- und eine Wüstenform unterschieden. Die Kupferziege, deren Verbreitung über Europa ziemlich

---

[1] L. ADAMETZ: Über neolithische Ziegen des östlichen Mitteleuropas. Z. Züchtg. Reihe B **12** (1928).

allgemein angenommen wird, unterscheidet sich von der Torfziege durch ansehn-
lichere Körperformen, größere Hornausbildung und einen konvexen Gesichtsschnitt im Profilbild. Nach Augst[1] können bereits verschiedene Entwicklungsstufen nach der rasselichen Differenzierung abgeleitet werden, die in der Kelten-
Ziege mit einem nördlichen Verbreitungskreis und einer kleineren Form der Süd-
kelten bereits über Europa ein zuchtmäßiges Verteilungsbild ergeben. Die
weitere Form der Germanen-Ziege nach Augst kann vorläufig nicht nach einer
stammeskundlich verschiedenen Herleitung der Ziegenbestände in Europa abgeleitet werden, sondern dürfte eher im höheren züchterischen Geschick der
germanischen Volksstämme seine Ursache besitzen, daß gewisse Merkmals-
unterschiede auf dem Weg einer rasselichen Trennung sich bemerkbar machen.
Der Fortschritt der Zuchtentwicklung der Ziegen in geschichtlicher Zeit muß
recht wechselvoll gewesen sein. Vielfach dürfte in gewissen Zeitabschnitten die
Ziegenzucht sich einer sehr geringen Aufmerksamkeit erfreut haben, erst gewisse

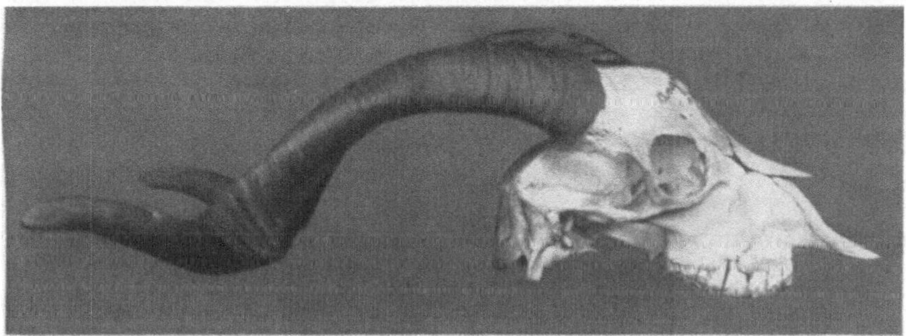

Abb. 105. Schädel der Angora-Ziege. Profilansicht.

Notzeiten und besondere Umweltverhältnisse rückten die Bedeutung der Ziegenzucht wieder in den Vordergrund. Die steigende Entwicklung des Ackerbaues,
besonders aber die für die heimischen Verhältnisse sehr bedeutsame Waldkultur
dürften der Entwicklung einzelner Ziegenrassen keineswegs förderlich gewesen
sein. Erst die Siedlungsbewegung und das Gebot der Ausnutzung aller Er-
zeugungsmöglichkeiten der Scholle geben der Ziegenzucht wieder eine erhöhte
Bedeutung, die auch in züchterischer Hinsicht bei einigen Rassen Abänderungen
im Gefolge haben könnte.

A. Die Zuchtrassen der Ziegen.

Die allmähliche Besserung der Ziegenzucht und besonders auch ihre zahlen-
mäßige Vermehrung brachte es mit sich, daß bestimmte Bestände der Ziegen die
Aufmerksamkeit auf sich lenkten und durch züchterische Arbeit in ihren Leistungswerten verbessert wurden. Allerdings mußten einige Umstände zusammentreffen, um die Zuchtentwicklung durch die stetige Auslesewirkung in jene Er-
folgslinie zu führen, daß von einer rasselichen Wertung gegenüber dem ursprünglichen Bestand der Landziegen gesprochen werden konnte. Aus den Beispielen
der bekanntesten Ziegenrassen ergibt sich, daß die Zuchtentwicklung zu höheren
Leistungswerten bei Ziegen an das Vorhandensein einer widerstandsfähigen Landrasse und das züchterische Geschick der Besitzer geknüpft bleibt, ferner die Faktoren eines gewissen Gemeinschaftssinnes und einer bestimmten Umweltauswirkung

---

[1] G. Augst: Abstammung und Herkunft der mitteleuropäischen Hausziegen.
Heidelberg: Carl Winter, 1920.

sich vereinen müssen, um die Impulse einer Verbesserung der Ziegenzucht zur rasselichen Entwicklung zu vervollkommnen. Dieses Zusammenstimmen aller Einzelelemente konnte bisher, wenn wir von der Angora-Ziege absehen, nur in der Schweiz und in Deutschland beobachtet werden, so daß nur in diesen Ländern von einer eigentlichen Zuchtheimat der Zuchtrassen gesprochen werden kann. Auffällig ist bei den Zuchtrassen, daß sie durchwegs durch die ungewöhnlich hohe Leistungssteigerung in ihrer Widerstandskraft und gesundheitlichen Verfassung Rückschläge zu verzeichnen haben, die nur durch sorgfältigste Haltungsweisen ausgeglichen werden können. Eine bei Haustieren wohl allgemeine Erscheinung, die sich aber bei den Ziegen weit vollkommener oder leichter veranschaulichen läßt, wenn die Vergleichsgrößen durch ein Lebensbild nach dieser Richtung bei den Landrassen erfaßt sind.

1. Die Saanen-Ziege.[1] Seine Zuchtheimat ist das Saanenland im Kanton Bern in der Schweiz. Die Verbreitung der Rasse ist heute so allgemein, daß mehr oder weniger große Bestände in Deutschland, Frankreich und Italien vorhanden sind. In den fünfziger Jahren hörte man die ersten Empfehlungen zur Verwendung als Zuchtverbesserung anderer Rassen durch die Saanen-Ziege. Die erste Zuchtgenossenschaft für diese Rasse wurde im Zuchtgebiet im Jahre 1890 begründet. Die Saanen-Ziege ist weiß, kurzhaarig, hornlos und zeigt in der Körperform alle Merkmale einer leistungsfähigen Milchziege. Sie gilt als Milchtier allerersten Ranges, dem auch ihre Durchschnittsleistungen von etwa 700 l in der Laktationsdauer von acht bis zwölf Monaten entspricht. Ihre Akklimationsfähigkeit ist gering, sie gewöhnt sich in fremde Verhältnisse bei voller Leistungshöhe nur schwer ein, vielfach auch gar nicht.

2. Die deutsche Edelziege.[2] Diese seit etwa einem Jahrzehnt gebräuchliche Bezeichnung als Zuchtrasse der Ziegen in Deutschland stellt eine züchterische Zusammenfassung einiger Schläge vor. Die einheitliche Ausrichtung der wichtigsten Zuchtgebiete in Deutschland zeigt beachtenswerte Zuchtfortschritte nach Leistungsverbesserung und Ausgeglichenheit der Bestände, daß ihre rasseliche Wertung gerechtfertigt erscheint. Man unterscheidet zwei Schläge dieser Rasse. Die Zuchtentwicklung ergab sich aus den Beständen der Starkenburger-, der Langensalzer- und der hessisch-nassauischen Ziegen durch Veredlung der hornlosen Saanen-Ziege, vereinzelt auch der Appenzeller-Ziege, welche Arbeit in der züchterischen Auslesewirkung erfolgreich abschnitt.

a) *Die weiße deutsche Edelziege.* Sie zeigt in größerem Ausmaß den Bluteinschluß der Saanen-Ziege. Nach der äußeren Erscheinung ergeben sich gegenüber letzterer kaum Unterschiede. Möglicherweise sind die Körperformen etwas kleiner, oder die Variationsbreiten der Größenverhältnisse der verschiedenen Bestandeszuchten noch weiter gezogen als bei der Saanen-Ziege der Schweiz. Bei guten Haltungs- und Futterverhältnissen werden die Leistungswerte der Schweizer Zuchten durchwegs erreicht. Die Akklimationsfähigkeit ist für deutsche Verhältnisse durchwegs besser, auch die gesundheitliche Widerstandskraft gegen Schädigungen wird gerühmt.

b) *Die bunte deutsche Edelziege.* Nach den einzelnen Zuchtgebieten zeigen sich einige geringfügige Unterschiede, so daß von einer bunten Edelziege des Frankenlandes oder des Schwarzwaldes gesprochen wird. Die bunte Edelziege ist durchwegs rehfarben (braungrau bis schwarzbraun oder schwarzgrau) mit kurzem,

[1] A. KIESLING: Studien zur Monographie der Schweizer Saanen-Ziege. Z. Züchtg. Reihe B 27 (1933). — G. WILSDORF: Die Schweizer Saanen-Ziege. Berlin: P. Parey, 1920.

[2] J. KLIESCH: Die deutsche Ziegenzucht. Dtsch. Ges. f. Züchtungskde., Berlin, 1937.

glänzendem Haar. Die Widerristhöhen bei weiblichen Ziegen schwanken je nach dem Alter von 64 bis 82 cm, das Lebendgewicht von 45 bis 60 kg. Im allgemeinen werden die durchschnittlichen Leistungen nach Milch in den absoluten Werten nicht erreicht wie bei der weißen Edelziege, dagegen kann in harter Umwelt und einfacher Haltungsweise das Ergebnis der Milchleistung vergleichsweise günstiger zu stehen kommen. Auch in gesundheitlicher Beziehung wird die bunte Edelziege als robuster beurteilt.

3. Die Toggenburger-Ziege. Sie stammt aus der Ostschweiz. Ihre züchterische Entwicklung wird durch Kreuzung aus der weißen Appenzeller- und der gemsfarbigen Alpen-Ziege abgeleitet. In Thüringen wurde sie stark eingeführt und wies ansehnliche Bestände auf. Die Farbe ist Hell- bis Dunkelbraunrot. Die Bestände sind gut ausgeglichen; in der Leistung erreicht diese Ziege aber die Höchstwerte der Saanen-Ziege nicht.

4. Die Angora-Ziege.[1] Ihre Zuchtheimat ist Kleinasien und ansehnliche Bestände sind in den Vereinigten Staaten von Amerika vorhanden. Die Angora-Ziege kann wohl als älteste unter den Zuchtrassen genannt werden. Es ist eine mittelgroße, großgehörnte Ziege mit langem Haarkleid. Ihre Leistung ist zufolge ihres Wollertrages an feiner eigenartiger Mohairwolle berühmt.

B. Die Rassen der Alpen- und Landziegen.

Es handelt sich bei dieser Gruppe um die oft sehr großen Bestände an Ziegen in bestimmten Gebieten, die für die heimische Bevölkerung von sehr großer wirtschaftlicher Bedeutung sein können. Ein allgemein kennzeichnendes Bild der Landziegen ist schwer zu geben und auch die einzelnen rasselichen Merkmale sind nicht immer leicht zu fassen, da große Unausgeglichenheit herrscht und zootechnische Bearbeitungen fast gar nicht oder nur selten vorhanden sind. Immerhin bleiben gewisse Unterschiede für die Beobachtung wichtig, sodaß nach den wichtigsten Rassen folgendes Übersichtsbild gegeben werden kann.

1. Die Pinzgauer-Ziege.[2] Ihre Zuchtheimat ist Salzburg, so daß sie vielfach auch als Salzburger-Alpenziege bezeichnet wird. Ihre Verbreitung erstreckt sich über Steiermark, Kärnten, Tirol und Vorarlberg. Es ist eine mittelgroße, rost- bis dunkelbraune (gemsfarben) Ziege, deren Fell langhaarig ist. Sie ist stark gehörnt, doch kommen auch hornlose Zuchten vor; das Lebendgewicht der weiblichen Tiere erreicht 40—60 kg. Die Rasse ist sehr hart und durch ihre Futtergenügsamkeit sowie Fruchtbarkeit berühmt. Die Jahresleistung wird als durchschnittliche Herdenleistung mit 350—450 kg Milch angegeben, was unter Bedachtnahme auf die Alpung und harten Umweltverhältnisse als sehr gut zu bezeichnen ist.

2. Die Hasli-Ziege. Bekannter ist sie unter der Bezeichnung der gemsfarbigen Alpenziege und in der Schweiz sehr verbreitet. Diese Rasse zeigt braunrote Farbe (gemsfarben); sie ist kurzbehaart. Ihre Leistung ist nur für Gebirgsgegenden oder ähnlichen Verhältnissen der Zuchtheimat entsprechend.

3. Die Walliser-Schwarzhalsziege. Das Vorkommen beschränkt sich heute auf die Gebirgslandschaften des Kantons Wallis. Es ist eine mächtig gehörnte, langhaarige Ziege. Der Vorderrumpf ist schwarz, die Mittel- und Hinterhand weiß. Sie ist als Gebirgsziege dankbar, besitzt Klimahärte und Widerstandsfähigkeit.

---

[1] G. F. Thompson: The Angora Goat. Washington: U. S. Department of Agriculture, 1901.

[2] E. Saffert: Zur Monographie der gemsfarbigen Pinzgauer-Ziege. Arb. Lehrk. Tierz. H. f. B. Wien, **3** (1925).

4. Die Schwarzwald-Ziege.[1] Ihre Zuchtheimat bilden die Täler des Schwarzwaldes. Es ist eine mittelgroße, verhältnismäßig klimaharte Ziege, die große Verbreitung gefunden hatte. In Verhältnissen ihrer Heimat wurde der Milchertrag durchschnittlich für das Jahr auf 500—600 l geschätzt.

5. Die Thüringer-Ziege. Ihr Zuchtgebiet umfaßte die Landschaften Thüringens, wo im nördlichen Teil der Schlag der Langensalzer-Ziege durch seine größere Milchergiebigkeit gerühmt wird. Es sind durchwegs mittelgroße Ziegen von brauner, schwarzer oder weißer Farbe, deren jährlicher Milchertrag mit 500 bis 900 l angegeben wird.

6. Die Harz-Ziege.[2] Das Zuchtgebiet umfaßt die Landschaft des Harzes. Diese Rasse wird zu den kleineren, aber sehr kräftigen Ziegen gezählt, die verschieden gefärbt sind. Weißlichgrau oder rötlich mit dunklem Aalstrich wird als vorherrschend angegeben. Die Milchleistung wird in guten Futterverhältnissen bei guten Zuchten mit etwa 500 l im Durchschnitt gemeldet.

7. Die sächsische Ziege. Unter diesem Namen wurden die Ziegen des Erzgebirges zusammengefaßt. Das Erzgebirge hatte als Zuchtgebiet heimischer Ziegen eine große Bedeutung, worunter die Wiesentaler-Ziege am bekanntesten ist. Die Erzgebirgsziegen waren teils gehörnt, teils ungehörnt und verschieden gefärbt. Weiß, schwarz, scheckig, rehfarbig usw. Die Milchergiebigkeit wird gerühmt; nach früheren Leistungsprüfungen wurde ein jährlicher Durchschnittsertrag von 725 kg angegeben.

8. Die Franken-Ziege.[3] Das Zuchtgebiet umfaßte Ober- und Unterfranken. Es ist eine mittelgroße, rehfarbene Ziege, die gute Leistung nach Milchergiebigkeit aufweist und die als robust gerühmt wird.

9. Die Poitou-Ziege. Diese Rasse ist in Mittel- und Westfrankreich sehr verbreitet. Es ist eine mittelgroße, verschiedenfarbige Ziege. Die Bestände sind sehr unausgeglichen; die Leistung entspricht nur in heimischen Verhältnissen.

10. Die Pyrenäen-Ziege. Das Pyrenäengebiet weist große Bestände unterschiedlicher Ziegenzuchten auf, die im Habitus sehr an unsere Alpenziegen erinnern. Die Ziegenschläge sind durchwegs gehörnt, braun bis wildfarben und weisen für die harten Umweltverhältnisse Leistungen auf, die der Milchergiebigkeit der zentraleuropäischen Rassen wesentlich nachstehen.

11. Die Ziegenrassen Italiens. Das Gebiet der Apenninhalbinsel beinhaltet große Bestände an Ziegen. Man unterscheidet in den einzelnen Gebieten verschiedene Typen, die vielfach an die Alpenziegen erinnern und zum Teil durch Schweizer-Rassen verbessert wurden. Nach ihren Leistungsergebnissen wird unter allen die Rasse aus der Landschaft Aosta sehr gerühmt.

12. Die Girgenti-Ziege.[4, 5] Auf Sizilien kommt diese Rasse neben der Malta-Ziege vor. Es ist eine mittelgroße, langhaarige Ziege mit einem kennzeichnenden Torsionsgehörn von Priska-Typus. Der Bestandsumfang dieser Rasse ist auf Sizilien ziemlich groß; die Milchergiebigkeit wird als gut bezeichnet.

13. Die Karpaten-Ziege. Im Gebiete der Waldkarpaten, ferner den rumänischen Gebietsteilen dieser Gebirge sind große Ziegenbestände vorhanden. Es

---

[1] AUG. HONECKER: Die Zucht der rehfarbenen, hornlosen Schwarzwald-Ziege usw. Stuttgart: E. Ulmer, 1908.

[2] BREHM: Beitrag zur Geschichte der rehfarbenen Harz-Ziege. Der Ziegenzüchter 8 (1931).

[3] H. GUTBROD: Die rehfarbene Franken-Ziege. Hannover: Schaper, 1927.

[4] L. ADAMETZ: Über Stellung der Ziege von Girgenti im zootechnischen System und ihrer angeblichen Herkunft von Capra falconri. Z. Züchtg. Reihe B **25** (1932).

[5] A. MAGLIANO: La capra girgentana. L'Italia agricola, Piacenza (1930).

Abb. 106. Ziege der Waldkarpaten. Torsionsgehörn vom Prisca-Typ. Graue Farbvarietät.

Abb. 107. Hornloser Ziegenbock der Waldkarpaten. Rötliche Farbvarietät.

sind meist langhaarige Ziegen von rötlicher oder grauschwarzer Farbe. Das Gehörn zeigt in gewissen Gebieten Übergänge zu dem Torsionsgehörn nach dem Priska-Typus. Die Milchleistung dieser Schläge ist gut; die Robustheit und Klimahärte wird gerühmt.

14. Die Ziegen des Balkans. In den verschiedenen Gebietsteilen der Balkanhalbinsel wird das Vorkommen großer Ziegenbestände festgestellt. Es handelt sich um unterschiedliche Schläge, die durchwegs alle dem Priska-Typus entsprechen und nach den Abbildungen dem Habitus der Karpaten-Ziegen nahekommen.

C. Die Ziegenrassen der Mittelmeer- und afrikanischen Gebiete.

Der Kreis der Gebiete des Mittelmeeres und bestimmte Gebietsteile Afrikas weisen ansehnliche Bestände an Ziegen auf. Über ihre rasseliche Gliederung sind nur vereinzelt Unterlagen greifbar; nach den zugänglichen Abbildungen zeigen sie, soweit sie nicht hornlos sind, durchwegs die Hornausbildung der europäischen Ziege nach dem Priska-Typ. Es ist hier meist nur der Name und das Bestandsgebiet der einzelnen Rassen angeführt. Zur vollständigen Übersicht stehen noch die Ziegen der größtenteils asiatischen Gebiete aus. Nachweislich kommen Ziegen noch im Kaukasus, Turkestan, in zentralasiatischen und indischen Gebietsteilen vor.

1. Die Murcia-Ziege.[1] In den Mittelmeergebieten Spaniens ist diese Rasse sehr verbreitet. Die Murcia-Ziege ist hornlos, kurzhaarig, mit glänzendem Fell, von meist rötlicher, oft fuchsroter Farbe. Abzeichen sind häufig. Die Körperformen deuten auf eine gute Milchziege hin.

2. Die Mancha-Ziege. Diese Rasse ist in Spanien sehr verbreitet. Sie ist verschieden gefärbt, teils gehörnt, und erinnert im Habitus sehr an die Pyrenäen-Ziegen. Bemerkenswert sind die kleinen Ohren dieser Ziege.

3. Die Malta-Ziege. Als ihre Zuchtheimat wird die Insel Malta angegeben, wird aber in Tunis und besonders häufig in der Gegend von Algier angetroffen. Die Rasse ist meist hornlos, langhaarig. In guten Verhältnissen, wie Versuche in Paris ergeben haben, soll diese Rasse sehr milchergiebig sein.

4. Die Mamber-Ziege. Das Verbreitungsgebiet dieser Rasse erstreckt sich über Syrien und auch Palästina. Diese Ziege ist langhaarig, meist von schwarzer Farbe und besitzt ungewöhnlich lange Ohren. Vielfach haben diese Ziegen rötliche Stellen zu beiden Seiten des Rumpfes nach der Art einer Sattelzeichnung. Sie sind meist ungehörnt, die Milchleistung wird gerühmt, namentlich von den Schlägen des Gebietes um Damaskus.

5. Die nubische Ziege. Ägypten und Oberägypten sollen gebietsweise Bestände an Ziegen aufweisen. Nach den Abbildungen handelt es sich um eine hornlose, kurzhaarige Ziege mit einem ungewöhnlich starken Ramskopf.

6. Die Sudan-Ziege. Bei gewissen Negerstämmen im Sudan wird eine Ziege als Haustier gehalten. Es ist eine kleine Ziege, die in der Kopfbildung stark an die nubische Ziege erinnert.

7. Die Kamerun-Zwergziege.[2] In der früheren deutschen Kolonie gilt eine Ziegenrasse als heimisches Haustier. Die Ziege ist klein, zeichnet sich durch Kurzbeinigkeit und ein glatthaariges, glänzendes Fell aus. Die gehörnten Ziegen zeigen ein Priska-Gehörn. Die Nutzung besteht in der Fleisch- und Fellgewinnung.

---

[1] JOSEPH CREPIN: La Chèvre. Paris: Hachette & Cie., 1906.
[2] F. CEHOVIN: Die Kameruner-Zwergziege. Unveröff. Diss. Wien, 1936.

Anhang.

Biologische Konvergenzvorgänge der allgemeinen Rassenkunde.

Aus den gesetzmäßigen Erscheinungen des biologischen Geschehens unserer Haustierwelt im Fragenkreis ihres Rassegutes und ihrer Beziehung zu seinem erblichen Verhalten vermag ein Erkenntnisweg beschritten werden, der Hinweise für die Vorgänge der menschlichen Rassengliederung ergibt. Es ist hier aber besonders hervorzuheben, daß wir nicht mit dem gleichen Ausdruck, wie der der Züchtung der Haustiere, von der Züchtung des Menschen sprechen dürfen. Denn die Verschiedenheit ist mit Hinblick auf die Sachlage und die Ursachen für die Menschenrassen so unterschiedlich gestaltet, daß wir hier bisher nur von einem Ausleseprozeß oder einer Auslesewirkung im Sinne natürlicher Kräfte sprechen können. Ich möchte die Anwendung der Ausdrücke der Züchtung oder züchterischen Vorgänge auch nicht für einen Gebrauch der Fragen aus der Menschheitsentwicklung empfehlen, da sie oft zu sehr und besonders in Laienkreisen für gewisse Analogien in der Biologie zur Ergänzung ihrer Kenntnisse herangezogen werden und so eine Quelle für viele Mißverständnisse oder für unzutreffende Vergleiche werden.

In der Stammeskunde der Menschenrassen stand das Bemühen durch lange Zeit, die Entwicklung des Menschen aus den nächststehenden Arten des Primatenstammes nachzuweisen, im Vordergrund. So weitgehende Unterschiede weisen auf Grund der bisherigen Kenntnisse der naturgesetzlichen Erscheinungen über viel weitere Zeiträume als wir ursprünglich in der Fassungskraft des Zeitbegriffes für bestimmte Generationsabläufe zugeben wollten oder konnten. Es ist deshalb die Stammeskunde der europäischen Rassen in einen viel jüngeren Zeitabschnitt der Menschheitsentwicklung zu verlegen, den wir hier nicht mit dem Vorgang eines Hausbarwerdens in Beziehung setzen können, es sei denn, daß wir den Gebrauch des Feuers durch die Vorfahren der gegenwärtigen Rassengemeinschaften als jenes Ereignis betrachten, das wir mit dem hausbaren Zustand gleichsetzen. Wenn nun die Entwicklungsstufen der Stammeskunde für die europäischen Rassen an Hand des Materials der osteologischen Grundlagen durchgegangen wird, so lassen sich bereits gewisse Leitmerkmale finden, die für eine Gliederung der europäischen Rassen als Weiser dienen. Als Stützen können die näheren Umstände einbezogen werden, die namentlich HAUSER und KLAATSCH aus ihren Untersuchungen erarbeiten konnten. Im Wesen stützt sich diese Richtung der Stammeskunde auf die Eigenschaftsbilder der Funde von Galley Hill, Combe Capelle, Brünn, Předmost, Grenelle, der Kindergrotte von Monako usw. Die abgeleiteten Formen, die als Rassengemeinschaften des Cromagnon-, des Grimaldi-, des Aurignac- und des Chancelademenschen in den Leitwerkmalen bestimmte unterschiedliche Formen ausgeprägt besitzen, können innerhalb großer Zeitabschnitte unter einem Entwicklungsgesetz ihres Erbgutes verschiedene Stufen durchlaufen haben, über deren Ursachen wir mehr oder weniger noch auf Vermutungen gestellt sind. Der Einfluß untereinander oder aus dem Kreis der euafrikanen Elemente, wie wir es in einem hamitoiden Stamm für den Westen Europas nachweisen können, mag eine der Ursachen solcher fortschreitenden Entwicklungsvorgänge betrachtet werden. Ebenso kann der Einfluß aus dem eurasiatischen Gebiet durch Elemente, die wir stammesmäßig den alpinen und dinarischen Formen einfügen, erfolgt sein. Wir können auch gewisse Bildungs- oder Verbreitungszentren bereits auf europäischen Boden unterscheiden, denen auch eine gewisse Rolle als Mutationsörtlichkeit zukommen mag. Der Vorgang

wird mit europäischen Gebieten in Zusammenhang gebracht, die mit dem
iberischen, alpinen, sudetischen, karpatischen bzw. sarmatischen und weiter mit
dem ostbaltischen und schließlich dinarischen Kreis umschrieben werden können.
Die Entwicklung leitet dann in bestimmter Ausprägung auf die verschiedenen
Merkmalsbilder der europäischen Rassen hin, die aus der Sonderstellung der
europäischen Bevölkerung die Erscheinungen der fortschreitenden Enzephali-
sation, der Differenzierung der Gesichtsweichteile, der Zunahme der Körperlänge
heraushebt und in der Stellung der einzelnen Rassen besonders berücksichtigt.
Es ergibt sich in dieser Folge einer Reihe von Gebieten, welche gegenüber den
vorerwähnten Mutationsörtlichkeiten eine andere Verteilung aufweisen, aber mit
den eigentlichen Lebensräumen der europäischen Rassen gleichgesetzt werden
oder in ihrem geschichtlichen Lebensablauf in eine bestimmte Beziehung gesetzt
werden. Es erfolgte eine Erweiterung des nordischen Gebietskreises und seines
Rassenstammes, der alpine und der westische bzw. mittelmeerländische Gebietskreis erfahren zeitweise eine starke Eindämmung, während je ein Gebietskreis der
orientalischen und Kurganrassen seine Einflußnahme aus Vorder- und West-
asien teilweise bis in europäische Bevölkerungselemente bemerkbar macht. Die
fälischen, dinarischen und ostbaltischen Bevölkerungselemente bleiben in ihren
Kreisen erhalten, erfahren aber aus noch unbekannten Gründen teilweise eine
Ausprägung, welche die Leitmerkmale gegenüber den anderen europäischen Rassen
nicht scharf trennen lassen, bzw. innerhalb der europäischen großen Rassen-
gebiete nicht mehr einer eigenen Entwicklung des Eigenschaftsganzen folgen;
in der Stufe von der rasselichen zu einer völkischen Entwicklung der europäischen
Bevölkerung sich in bestimmter Weise einfügen und in ihrem unterschiedlichen
Rasse- und Erbgut die Grenzen der Eigenschaftsbilder im rasselichen Sinne
innerhalb größerer Schwankungsbreiten ausbauen, die die rasselichen Elemente
in der heutigen europäischen Bevölkerung schwieriger erkennbar stellen.
    Trotz dieses Vorganges, der in seinem entwicklungsmäßigen Fortschreiten
lange Generationsfolgen in Anspruch nimmt und von den Grenzgebieten nach
dem Zentrum des Rassenkreises oder eines Rassenkernes sich im Normalfall
bewegt, bleibt für die europäischen Rassen heute noch die Erfassung einer Eigenschaftsnorm durchführbar, wenn nicht allein die anatomischen Merkmale einer
anthropologischen Auffassung des Rassebegriffes ins Treffen geführt werden,
sondern der weite Kreis des Eigenschaftsbildes im praktischen Sinne durch
körperliche Merkmale (Größe, Körpermaße, Habitus, Augen-, Haar- und Hautfarbe, Maßverhältnisse, Gesichtsschnitt und verschiedene andere Formausbil-
dungen) zu einer sogenannten Eigenschaftsnorm ergänzt wird. Die Schwierigkeiten
ergeben sich durch die vielfach großen Schwankungsbreiten und ferner überdies
durch das Auftreten der Konstitutionstypen, die die Mühen einer Feststellung
des jeweiligen Rassetypus aus Populationen in der Vielgestaltigkeit der Formausbildung vermehren. Ob das Auftreten der bisher bekannten Konstitutionstypen aus einer gewissen Umweltwirkung abgeleitet werden kann, steht nicht
unbedingt fest, da Anzeichen für den Einfluß einer bestimmten Auslese vielfach
beobachtet werden können. Für Europa ist heute noch im großen und ganzen
bei der Bevölkerung der Rassetypus der alpinen, der westischen, der dinarischen
und der nordischen Rasse bestimmbar. Allerdings ergeben sich für gewisse Teile
der Bevölkerung in bestimmten Gebieten nicht immer eindeutige Ergebnisse nach
dieser Festlegung des Rassetypus, da in gewissen Rückzugsgebieten sich einige
ursprünglichere Rasseelemente erhielten, ferner die gebietsmäßige Verteilung der
genannten Rassen zu verschiedenen Zeiten unterschiedlich und schließlich eine
Beeinflussung untereinander und auch bestimmter Rasseelemente des vorderasiatischen und euafrikanischen Kreises erfolgte. Eines ist indessen für die

europäischen Rassen kennzeichnend, daß durchwegs ihre Entwicklung nach einem gewissen Leistungsausdruck fortschreitet, die wir, wenn auch in einem entfernten Maße und in anderer Weise, bei den Rassen unserer Haustierwelt beobachten können. Diese bestimmte Ausprägung nach dem Leistungsausdruck läßt bestimmte Beziehung zur geistigen Leistung erkennen, die allerdings in seinem Maßwert bzw. seinem Leistungswert ungemein schwer faßbar wird, da ein Zusammenspiel verschiedener Elemente berücksichtigt werden muß, die wir in groben Umrissen nach dem Intellekt, dem Gefühl und dem Willen erkennen, aber in einer exakten Wertung nicht fassen können. Ein Maßstab wäre nach der Höhe der Kultur und der Höhe der Zivilisation gegeben, die vielleicht dem Ausdruck einer Gemeinschaftsleistung noch am nächsten käme. Ein besonderer Umstand wird aber gerade für die europäische Bevölkerung auffällig, daß in dieser Entwicklung aus den Rassenelementen zu einer völkischen Einheit der Ausdruck der geistig-seelischen Haltung vielleicht die erste Stufe der Entwicklung vorstellt, die den Weg zu einer bestimmten Ausprägung nach der Eigenschaftsnorm im völkischen Sinne ausrichtet, wenn die Auslesewirkungen aus den natürlichen und bewußt geleiteten rassehygienischen Kräften nachhaltig werden und über eine längere Zeitdauer sich erstrecken können. Eine kurze Übersicht der Rassenelemente der europäischen Bevölkerung in ihrer heutigen völkischen Gliederung mag diese Hinweise, die wir aus den Vorgängen bei unseren Haustierrassen ableiten können, verstärken bzw. veranschaulichen.

Die Kennzeichnung in geistig-seelischer Ausprägung als Merkmal der europäischen Rassenelemente wird in folgender Weise gegen, wobei der Ausdruck in der folgenden weiteren Stufe der völkischen Zusammenfassung und im Gesamtbild der europäischen Leistung nach dieser Richtung die gegenseitige Ergänzung und weitere Fortbildung eine der Erscheinungen vorstellt, die immer wieder in ihrer Erkenntnis betont werden muß, sosehr sie noch heute verschiedene Fassungsweisen zulassen will.

Das nordische Rassenelement zeigt sich am wenigsten einer Augenblickslösung in den geistigen Fragen und Fragen des Lebens hingegeben. Es übertrifft durchwegs alle Rassen in deutlicher Weise an sorgender Voraussicht, an Willensstetigkeit, und aus diesen Grundeigenschaften ergeben die Veranlagungen zu einer Organisationsleistung, zum Grübeln. Gering ist dagegen hier die Beeinflussung anderer Menschen, auch das Verhältnis der Ausübung einer Überzeugungskraft ist geringer, wenn der Vergleich mit anderen Rassen gezogen wird. Dagegen liegt die größte Stärke seines Einsatzes sowie die Willensbildung und Kraftaufwendung für bestimmte Pläne und bestimmte Gedanken, die allerdings auch viel häufiger zur Einseitigkeit und einer Abneigung gegen ruhige, stille Arbeit führen.

Die alpine Rasse neigt in dieser Verfassung mehr für die Veranlagung nach der Eignung zu zäher und steter Arbeit hin. Das hohe Intellekt erreicht seltener die höchsten Leistungswerte, wenn allgemein ein hoher Phantasieschwung als Mangel hier häufiger aufscheint, wird die Erfolgsmöglichkeit seiner Arbeiten durch Fleiß und kluges Ausnutzen der Verhältnisse den nordischen Erfolgsspitzen angeglichen, die besonders durch das Hervortreten eines Gemeinschaftsgefühles sehr unterstützt werden.

Für die westische Rasse, die besonders auch durch ihren Einzugsbereich in den Mittelmeerländern sich bemerkbar macht und vielfach Berührungen mit der orientalischen Rasse nach der geistig-seelischen Haltung erkennen läßt, wird die Anlage des Sinnes für Gestalt, Linie und Farbe zum hervortretenden Merkmal für die geistige Kennzeichnung. Ergänzend ist ihre Lebhaftigkeit, aber auch ihre Unbeständigkeit, ihre geringe Voraussicht, ihre Nachahmungsfähigkeit sowie ihre Beeinflußbarkeit zu vermerken.

Die dinarischen Rassenelemente zeigen viele ähnliche Züge mit der orientalischen Rasse, aber ihre seelische Grundveranlagung ist bisher aber noch weniger klar herausgearbeitet. Es tritt hier die Veranlagung zu einem besonderen Grad von Klugheit und eine besondere Fähigkeit, sich in die Seelenregungen anderer Menschen hineinzufügen, auf. Das Gemeinschaftsgefühl ist hier besonders entwickelt, die Einordnung bzw. Unterordnung erfolgt leichter, dafür auch die Fähigkeit, Fremdes anzunehmen, und eine besondere Kraft, auf andere einen Einfluß auszuüben. Für den weiteren Kreis der Rassenelemente aus dem ostischen Gebiet, der mit Kurganrassen in Beziehung gebracht wird, steht die Veranlagung mehr auf das gesellige Wesen sowie die Fähigkeit zur Nachahmung im Vordergrund. Bedürfnislosigkeit und Zähigkeit erhöhen die Erfolgsmöglichkeiten für besondere Leistungen in erster Linie.

Der französische Volkskreis zeigt, nach seiner rasselichen Stammeskunde der alpinen, westischen und nordischen Elemente, ein ziemlich ausgeglichenes Gesamtbild, indem allerdings der nordische Teil im Verlaufe der letzten zwei Jahrhunderte eine wesentliche Einbuße erhielt. Der Anteil aus einem verdeckten hamitischen bzw. früheren europäischen Erbgut scheint in manchen Leitmerkmalen vereinzelt auf, dürfte indessen für manche Verschiedenheit zu einer Erklärung sich heranziehen lassen. Ferner ist noch in seinem Einfluß die Auswirkung aus dem keltischen Blut klarzustellen, dessen rasseliche Kennzeichnung heute noch zu sehr mit vielen Widersprüchen behaftet erscheint. Der Leistungsausdruck des französischen Volkskreises nach seiner seelisch-geistigen Verfassung bleibt gekennzeichnet durch ein zähes Beharren des Errungenen, dem in lebenskundlicher Hinsicht sich ein Bild der Erstarrung hinzufügt, das in der Erschöpfung seiner Fortpflanzung eine Gefahr für sein Bestehen um so stärker hervortreten läßt, als durch die gelockerte Einwanderung fremder Volkselemente eher eine Verschärfung dieses Zustandes innerhalb der abgelaufenen zwei Jahrzehnte eingetreten ist. Der Einfluß der zu sehr unterschiedlichen Rasseelemente dürfte nach dieser Richtung auch den Auslesevorgang in der seelisch-geistigen Kennzeichnung des französischen Volksganzen ungünstiger gestalten.

Ein gleiches Bild bot der spanische Volkskreis, der in seiner rasselichen Stammeskunde weniger einheitlich zusammengesetzt und besonders in seinem nordischen Anteil durch die Abgabe in seine Kolonialgebiete nicht nur eine Einbuße der seinerzeitigen europäischen Führung hinnehmen mußte, sondern auch ein gewisses Absinken von seinem Gesamtleistungswert eines europäischen Rahmens erkennen ließ, das durch gewisse innere Verhältnisse verstärkt wurde und eine stetige innere Unruhe zur Folge hatte. Der gegenwärtige Kampf wird entscheidend sein für eine neue Ausrichtung der Auslese, der die Lebenskraft durch neue Impulse in einem Maß vergrößert, daß das spanische Volksbewußtsein den Ausdruck der Leistungswerte nach seinen Rasseelementen erreicht und zu einer Einheit verschmelzt. Für den italienischen Volkskreis stellt sich die Stufe seiner Entwicklung in einer stetigen aufsteigenden Linie dar, die durch den Weltkrieg einen glücklichen Auftrieb insofern erfuhr, als die Ausrichtung seiner seelisch-geistigen Ausdrucksweise in günstige Bahnen gelenkt werden konnte. Seine Stammformen in seiner rasselichen Kennzeichnung der westischen, nordischen und dinarischen Elemente lassen auch die Entwicklungsrichtung nach einer Einheit eines bestimmten italienischen Volksempfindens erkennen, deren schärfere Umschreibung oder Fassung durch genauere rassenbiologische Arbeiten heute sicher schon im Bereich der Möglichkeit gerückt ist. Ebenso ließe sich für einige Volkskreise Südosteuropas eine ähnliche Charakteristik zusammenstellen, wenn im größeren Maß der volkskundliche Teil nach der rasselichen Zusammensetzung erforscht wäre.

Die Gemeinschaft des deutschen Volkes läßt in seinen vorwiegend nordischen und alpinen Rasseelementen, von denen ein Teil von dinarischen und ursprünglichen Elementen Mitteleuropas bereits blutmäßig eingeschlossen wurde, ein wechselvolles Bild von Rückschlägen und Spitzen erkennen, wenn wir die stetige Entwicklungslinie in biologischer Hinsicht verfolgen können. Die großen Auslesewirkungen vieler Kriege und innerer Kämpfe, ferner die Wanderungen, besonders aber die Abgabe wertvoller Blutströme nach Übersee und besonders nach vielen europäischen Lebensräumen, führten immer noch zur Verstärkung seiner Lebenskräfte in der völkischen Auffassung. Aus vielen kleineren übernommenen Unterschieden, die sich auch in der Reichhaltigkeit der Zusammensetzung des Erbgutes ausdrücken, läßt sich ein Weg zur Vereinheitlichung des Eigenschaftsbildes erkennen, der nicht so sehr nach äußerer Form faßbar scheint, da die Züge der wertvollsten europäischen Rassen vielfach durchdringen, sondern nach dem physiologischen Eigenschaftsbild besonders im Ausdrucke eines Leistungswertes für eine wissenschaftlich peinlich ausgerichtete Arbeit ein deutliches Ergebnis bringen könnte. Die seelisch-geistige Haltung, besonders aber der im weiten Umfang gegebene Ausgleich der körperlichen Habitusform und der Leistungsfähigkeit scheint die stetige Steigerung innerhalb der Generationen von etwa 500 Jahren, die Entwicklung aus der rasselichen Stufe verschiedener verwandter und sehr nahestehender Kreise zu einem einheitlichen Ausdruckswert des Volksganzen, zu begünstigen. Die Übergänge von den einheimischen Rasseelementen der nordischen und alpinen Kennzeichnung über einem bestimmten, kaum faßbaren Bild des norischen Volkselementes im Alpen-, namentlich im Ostalpengebiet, ferner einem sudetischen Volkselement, einem mitteldeutschen, einem nordwest- und einem rein norddeutschen Volkselement führen die Beobachtung zu einem Tatsachenmaterial, welches die Entwicklung des Rassegutes und seines erblichen Verhaltens über eine unüberblickbare Reihe der Generationen nachweisbar gestalten könnte. Der Hinweis wird durch eine immer wahrnehmbare Behauptung des Lebenswillens und besonders im Ausdruckswert des Volksganzen verstärkt. Für den angelsächsischen Volkskreis in seiner Gesamtfassung können wir heute bereits zwei deutlich getrennte Gruppen unterscheiden, die sich im Gebiet des englischen Mutterlandes und des nordamerikanischen Festlandes ergeben. Im englischen Mutterland sehen wir vielleicht den Vorgang der Entwicklung aus verschiedenen Rasseelementen (hamitischen, westischen, alpinen, nordischen Rassestämmen) zur ausgesprochenen Vereinheitlichung eines Volkes am besten ausgeprägt. Es erweist sich, daß auch hier die Kennzeichnung nach dem körperlichen Eigenschaftsbild nicht so fortgeschritten ist, um von einer Einheit zu sprechen. Es ergibt sich die Einheit wieder mehr in einem Leistungsausdruck und vor allem einer geistig-seelischen Haltung, die in dem betonten englischen Volksbewußtsein bei bestimmten Anlässen am reinsten zum Durchbruch kommt. Deutlicher können diese feinen Unterschiede durch den Vergleich oder Gegenüberstellung zu fortschrittlichen europäischen Volkskreisen veranschaulicht werden. Es mag auch hier die abgeschlossene Lage, vor allem der überlegene Anteil an wertvollen europäischen Rasseelementen diese Entwicklung der Volkseinheit beschleunigt haben, welche auch weniger durch Störungen von außen beeinflußt werden konnte. Es zeigt sich allerdings, vielleicht als Folge dieses übermäßigen Kolonialbesitzes, eine immer stärker werdende Einflußnahme von einer fremden angelsächsischen Volkscharakteristik, die eine biologische Gefahr sein kann, wenn Auslesewirkung diesem Eindringen nicht eine stärkere Abwehrkraft als bisher entgegenstellen kann. Ein Vorgang, der mit Absinken einiger vorderasiatischer, ägyptischer, griechischer, phönizischer, römischer, türkischer Volkswerte in geschichtlicher Zeit die Hinweise verstärkt. Der angelsächsische